朝倉物理学選書

2

鈴木増雄・荒船次郎・和達三樹 編集

電磁気学

伊東敏雄 著

朝倉書店

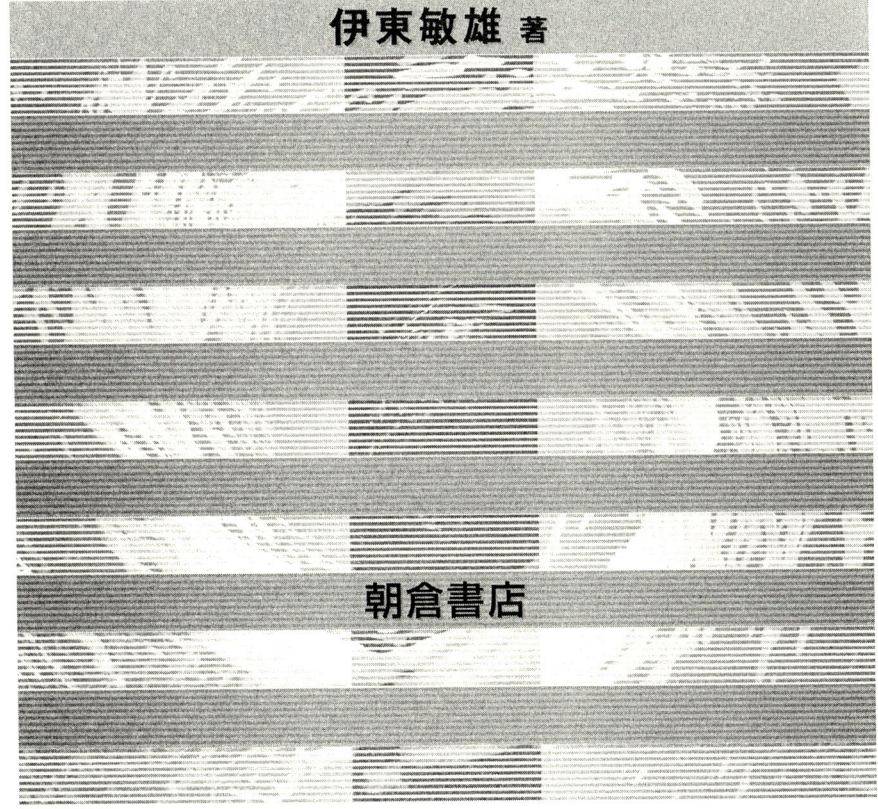

編　　者

鈴木増雄	東京大学名誉教授・東京理科大学教授
荒船次郎	大学評価･学位授与機構特任教授・東京大学名誉教授
和達三樹	東京理科大学教授・東京大学名誉教授

「朝倉物理学選書」刊行にあたって

2005年は，アインシュタインが光量子仮説に基づく光電効果の説明，ブラウン運動の理論および相対性理論を提唱した年から100年後にあたり，全世界で「世界物理年」と称しさまざまな活動・催し物が行われた．朝倉書店から『物理学大事典』が刊行されたのもこの年である．

『物理学大事典』（以降，大事典とする）は，物理学の各分野を大項目形式で，できるだけ少人数の執筆者により体系的にまとめられ，かつできるだけ個人的な知識に偏らず，バランスの取れた判りやすい記述にするよう留意し編纂された．

とくに基礎編には物理学の柱である，力学，電磁気学，量子力学，熱・統計力学，連続体力学，相対性理論がそれぞれ一人の執筆者により簡潔かつ丁寧に解説されており，編者と朝倉書店には編集段階から，いずれはこれを分けて単行本にしては，という思いがあった．刊行後も読者や執筆者からの要望もあり，まずはこの基礎編を，大事典からの分冊として「朝倉物理学選書」と銘打ち6冊の単行本とすることとした．単行本化にあたっては，演習問題を新たにつけ加えたり，その後の発展や図を加えたりするなどして，教科書・自習書としても活用できるようさらに充実をはかった．

分冊化によって，持ち歩きにも便利となり若い学生にも求め易く手頃なこのシリーズは，大学で上記教科を受け持つ先生方にもテキストとしてお薦めしたい．また逆に，この「朝倉物理学選書」が，物理学全分野を網羅した「大事典」を知るきっかけになれば幸いである．この6冊が好評を得て，大事典からさらなる単行本が生み出されることを期待したい．

編者　鈴木増雄・荒船次郎・和達三樹

はじめに

電磁気学は力学とともに物理学の重要な分野のひとつであるが，目に見えない「電場」と「磁場」を扱うので，マクスウェルによる電磁気学の理論の完成はニュートンによる古典力学の完成より 200 年以上も遅れ，19 世紀の後半であった．それから現在までの 150 年ほどのあいだに科学・技術は加速度的に進歩し，とくに現代物理学の発展とあいまって，電磁気学は私たちの生活の隅々にまで入り込んでいる．

今日，電磁気学は私たちの生活に密接に関係している．蛍光灯，炊飯器，掃除機等の光熱・電力を利用する機器から，テレビ，パソコン，携帯電話等の情報・通信を扱う機器まで，電磁気現象を利用したさまざまな製品があふれており，人々の生活様式は刷新された．

しかし，目にみえない「場」を扱うので，初学者には取り付きにくい面があるかもしれないが，電磁気現象の理解には理論の学習が不可欠である．電磁気学の理論の体系は，学べば学ぶほど美しいほどに見事にまとめ上げられていることがわかるだろう．本書では，マクスウェルの各方程式がもつ電磁気学の基本的な事項からわかりやすく解説し，物理的な内容を理解できることを目指した．

このたび電磁気学を分冊化するに当たって，章末に演習問題を付け加えた．問題は内容別になっており，難易度の順序ではないけれど，比較的平易な問題であり，理解の助けになるのでぜひ取り組んでいただきたい．

読者の皆さんには，電磁気学の諸法則を理解して，さまざまな問題に適用し，また応用することができるようになることを祈念している．

2008 年 4 月

伊 東 敏 雄

目　　次

0章
歴史と意義

磁気的な力は，物理学における基本的な力の１つである．原子の中の原子核と電子にはたらく力，原子や分子のあいだにはたらく力，固体や液体を構成する力，これらはいずれも電磁気的な力がもとになっている．

電磁気的な力による現象は，古代ギリシャの時代から知られていた．１つは，琥珀を擦ると軽いものを引きつける摩擦電気の現象，もう１つはある種の鉱石が鉄片を引きつける磁気現象である．これらの現象を体系的に最初に研究したのはギルバート (W. Gilbert, 1544–1603) である．英語の「電気」の語源はギリシャ語の「琥珀」に由来するが，これはギルバートが最初に使った．また,「磁石 (magnet)」の語源はギルバートによれば，磁鉄鉱の産地であるギリシャのマグネシア地方にちなんでいるという．

電気を担う電荷には2種類あることが発見されたのは18世紀になってからで，ガラス棒を擦ったときに生じる電荷を正，樹脂を擦ったときに生じる電荷を負と決めたのはフランクリン (B. Franklin, 1706–90) である．クーロン (C. A. de Coulomb, 1738–1806) は電荷間にはたらく力の定量的な測定を行い，クーロンの法則を確立し (1785)，静電気学の定量的な研究の礎を築いた．1800年，ボルタ (Alessandro G. A. A. Volta, 1745–1827) の電池の発明は定常的な電流を与え，電磁気時代の幕開けを告げることとなった．とはいえ，オーム (G. S. Ohm, 1789–1854) によるオームの法則は熱起電力による定常電流を用いて見いだされた (1826).

電気と磁気は1820年にエルステッド (H. C. Oersted, 1777–1851) が電流の磁気作用を発見するまではまったく別の現象であると思われていた．エルステッドが電流の流れる導線に磁針を近づけると，磁針が回転することを発見すると，すぐさまアンペール (A.-M. Ampère, 1775–1836) は平行電流間に作用する力を発見し，ビオ (J.-P. Biot, 1774–1862) とサバール (F. Savart, 1791–1841) らにより静磁場の基本法則ビオ–サバールの法則が確立された．

電磁気学の理論の確立にもっとも貢献した1人はファラデー (M. Faraday, 1791–1867) である．ファラデーは電場や磁場の概念を導入し，電気力線と磁力線によって電場と磁場を視覚化し，電場と磁場によって電磁気的な現象を説明しようとした．1831年，ファラデーは静止しているコイルに磁石を近づけたりコイルから磁石を遠ざけるとき，または静止している磁石の近くでコイルを移動させるときに，コイルに起電力が発生することを発見した．この電磁誘導の現象は，場の概念が単なる仮想的なものではないことを示していた．

ファラデーの電場と磁場の考え方に数学的な表現を与えたのはマクスウェル (J. C. Maxwell, 1831–79) である．マクスウェルは電場と磁場の概念を数式化し，1861年までに電磁気に関する理論を完成させた．また，得られた方程式から電磁波の存在を予言した．マクスウェルの理論を現代の "マクスウェルの方程式" の形に整えたのはヘビサイド (O. Heaviside, 1850–1925) とヘルツ (H. R. Hertz, 1857–94) である．マクスウェルは，理論的に導かれた電磁波の速度が真空中の光速度に等しいことから，光が電磁波であることを確信した (1873)．マクスウェルの理論が実験によって確かめられたのは，ヘルツが電磁波を初めて実験的に観測した1888年のことであった．電磁波は今日の情報化社会を支える立て役者であるが，人間が電磁波を制御できるようになってから，まだ1世紀余の時間しか経過していない．

電磁気学は，力学，熱力学とともに物理学の基礎をなす分野である．現代社会は，蛍光灯からテレビ，携帯電話，コンピューターにいたるまで，電磁気学なしにはありえない．技術革新も情報化も電磁気学のおかげである．しかし，力学現象を引き起こす力，熱現象のもととなる熱は知覚することができるが，電磁気現象を引き起こす電場と磁場は人間の五感はまったく

反応しない (眼に感じる光，すなわち可視域の電磁波を除いて)．したがって，力学現象は力学法則を知らなくてもかなりの程度利用できるし，熱現象も熱力学の法則を知らなくてもある程度利用できるが，電磁気現象は直観だけで利用することはほとんど不可能であり，理論的なことを知らなければ何も理解することはできない．ここに，電磁気学を学ぶ意味と楽しさがある．

電磁気学の基本法則であるマクスウェルの方程式はあらゆる電磁気現象を理論的に記述するが，ここから出発するにはかなりの数学的な知識が必要である．ここでは実験的に得られたクーロンの法則，ビオ–サバールの法則，ファラデーの法則などから出発し，それらを踏まえてマクスウェルの方程式にいたる．この過程でいろいろな電磁気現象に触れていく．電磁気学では空間の場の概念の考えが本質的に重要である．静電気と静磁気では電荷と電流からどのような電場とどのような磁場がつくられるのか考えてほしい．電場と磁場は抽象的概念と思われるかもしれないが，変動する電磁場を取り扱うとそれが実在するものであることが理解されよう．そして，携帯電話を使うたびに波として伝わる変動する電磁場を実感するようになるだろう．

EH 対応と EB 対応

電磁気学を組み立てるのに，EH 対応と EB 対応がある．基本的には，電場の起源を電荷，磁場の起源を磁荷と考えるのが EH 対応，電場の起源を電荷，磁場の起源を運動する電荷と考えるのが EB 対応である．歴史的には EH 対応が優勢であったが，磁荷の存在が確認されないので，現在は EB 対応が合理的と見なされており，本書も EB 対応をとる．すなわち，電荷に作用する力によって電場 $\boldsymbol{E}$ を定義し，運動する電荷に作用する力によって磁場 $\boldsymbol{B}$ を定義する．この場合，$\boldsymbol{E}$ を電場 (の強さ) とよぶのに対応して，$\boldsymbol{B}$ を磁場 (の強さ) とよぶのが望ましいのであるが，呼称に関しては EH 対応に基づく伝統的な名称 ($\boldsymbol{B}$ 磁束密度，$\boldsymbol{H}$ 磁場の強さ) を用いている．

電磁気の単位

電磁気の単位系はいろいろあり，どんな単位系を使うかで電磁気的な物理量の次元が異なる．ここでは国際単位系 (SI 単位系，Système International d'Unités) に準拠している MKSA 有理単位系を用いている．MKSA 単位系は，基本単位として長さ (m)，質量 (kg)，時間 (s) と電流 (A) を採用した単位系である．電流 (A)，電圧 (V)，電気抵抗 (Ω) などの実用単位がそのまま扱えるという利点がある．また，有理単位系とは静電気のクーロンの法則，静磁気のビオ–サバールの法則に 4π の因子を含めて組み立てるもので，マクスウェルの方程式において，電荷密度と電流密度に 4π の係数が現れず，すっきりした形となる．

1章
電荷と電場

物質の電気的な現象の根源は電荷である．電荷の分布が時間的に変わらないか，もしくはその変化が十分にゆっくりとしている場合に，その現象を静電気現象という[†1]．本書では静電気現象を扱う．

1.1 電　　荷

プラスチックの下敷きやガラスを布やティッシュで擦ると埃や紙片や髪の毛などを引き付ける．摩擦電気の現象である．この現象は，物体が電気を帯びる (帯電する) ことによって生じる．物質のもつ電気の実体を電荷 (electric charge) という．電荷には2種類あり，一方を正電荷，他方を負電荷という．ガラス棒を絹で擦ったときには正電荷が，樹脂を毛皮で擦ったときには負電荷が生じる．

微視的には，物質の電荷は電子と陽子に由来する．電子は負電荷，陽子は正電荷をもつが，その電気量の絶対値は等しく

$$e = 1.602177 \times 10^{-19}\,\mathrm{C} \tag{1}$$

である．これを電気素量または素電荷といい，物理学の基本定数の1つである．クーロン (coulomb，記号 C) は電気量の国際単位である．物質を構成する原子は陽子を含む原子核と電子からなっており，電子の数と陽子の数は等しく，全体としては電気的に中性である．物質を擦ると表面を通し

---

†1 “ゆっくり” とは，後述の磁気作用が無視できるくらいに変化が遅いことを意味する．

て電子が移動し，正負の電荷のバランスが崩れる．電子が入っていったほうは過剰な負電荷をもち，電子が出ていったほうは過剰な正電荷をもつ．これが帯電という現象である．ただし，電荷が物質間を移動しても，その総量は一定に保たれる．これを電荷保存則といい，物理学の基本法則の1つである．

すべての電気量は e の整数倍であるが，e は十分に小さいので，巨視的には電気量は連続的な量と見なして差し支えない．なお "電荷" という語は慣用的には "電気量" の意味にも，"電荷をもった粒子"(荷電粒子) の意味にも用いられる．

1.2 クーロンの法則

帯電した物体のあいだには，力が作用する．同種の電荷は反発し，異種の電荷は引き合う．電荷間に作用するこの力を静電気的な力という．

大きさが無視できる点状の電荷を点電荷という．真空中において2つの点電荷 q_1, q_2 (正電荷，負電荷に応じて正負の値をとる) のあいだには，つぎの式で表される力が作用する．

$$F = k_\mathrm{e} \frac{q_1 q_2}{r_{12}^2} \tag{2}$$

ただし，r_{12} は点電荷のあいだの距離である．力の方向は2つの点電荷を結ぶ直線に平行で，$F > 0$ のときは反発力，$F < 0$ のときは引力である．これをクーロンの法則 (Coulomb's law) という．比例定数 k_e は，真空中の光速度を m/s の単位で表した数値を c とすると ($c = 2.99792458 \times 10^8$)

$$k_\mathrm{e} = \frac{c^2}{10^7}\,\mathrm{N{\cdot}m^2/C^2} \cong 9.0 \times 10^9\,\mathrm{N{\cdot}m^2/C^2} \tag{3}$$

である．MKSA 有理単位系では $k_\mathrm{e} = 1/(4\pi\epsilon_0)$ と表し，ϵ_0 を真空の誘電率 (permittivity of vacuum) という．その値は

$$\epsilon_0 = \frac{10^7}{4\pi c^2}\,\mathrm{C^2/N{\cdot}m^2} \tag{4}$$

$$= 8.854188 \times 10^{-12}\,\mathrm{C^2/N{\cdot}m^2} \tag{5}$$

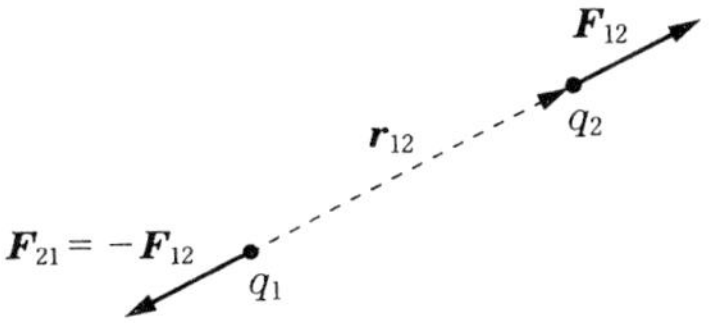

図 1　クーロンの法則

である．これを使うと力の大きさは

$$F=\frac{1}{4\pi\epsilon_0}\frac{|q_1q_2|}{r_{12}^2} \tag{6}$$

と表される．q_1 から q_2 に向かうベクトルを $\boldsymbol{r}_{12}$ と書くと，点電荷 q_1 が q_2 に及ぼす力 $\boldsymbol{F}_{12}$ はベクトル形式で

$$\boldsymbol{F}_{12}=\frac{1}{4\pi\epsilon_0}\frac{q_1q_2}{r_{12}^2}\frac{\boldsymbol{r}_{12}}{r_{12}}=\frac{1}{4\pi\epsilon_0}\frac{q_1q_2}{r_{12}^3}\boldsymbol{r}_{12} \tag{7}$$

と表される．ここで $\boldsymbol{r}_{12}/r_{12}$ は $\boldsymbol{r}_{12}$ の方向を向いた, 大きさ 1 のベクトル (単位ベクトル) である．静電気的な力はクーロンの法則によって記述されるのでクーロン力とよばれる．

式 (6) によれば，± 1 C の点電荷が距離 1 m を隔てて存在するとき，点電荷に作用するクーロン力の大きさは約 9×10^9 N $\cong 9\times10^8$ kg重 である．静電気における 1 C がいかに大きな電気量であるかわかるであろう．

周囲に n 個の点電荷 q_i $(i=1, 2, \cdots, n)$ があるとき，点電荷 q に作用する力 $\boldsymbol{F}$ は，それぞれの点電荷 q_i が q に及ぼす力 $\boldsymbol{F}_i$ のベクトル和である．クーロン力のこのような性質を重ね合わせの原理という．

$$\boldsymbol{F}=\sum_{i=1}^{n}\boldsymbol{F}_i, \quad \boldsymbol{F}_i=\frac{1}{4\pi\epsilon_0}\frac{qq_i}{r_i^{\,3}}\boldsymbol{r}_i \tag{8}$$

ここで，$\boldsymbol{r}_i$ は点電荷 q_i から q へ向かうベクトルである (図 2).

電荷が空間に連続的に分布している場合に，微小領域 dV 内の電荷を dQ とするとき，単位体積あたりの電荷 $\rho=\mathrm{d}Q/\mathrm{d}V$ を電荷密度という．領域が 2 次元の場合には，単位面積あたりの電荷を面電荷密度，領域が 1 次元の場合には単位長さあたりの電荷を線電荷密度という．

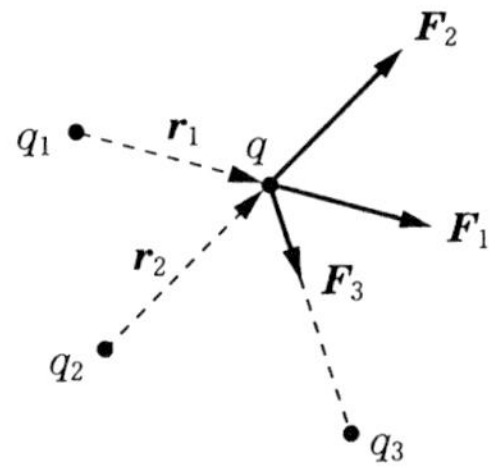

図 2　多くの電荷があるとき

電荷密度が空間の関数 $\rho(\boldsymbol{r})$ として与えられているとする．位置ベクトル $\boldsymbol{r}'$ の微小領域 $\mathrm{d}V'$ にある電荷 $\rho(\boldsymbol{r}')\,\mathrm{d}V'$ が位置ベクトル $\boldsymbol{r}$ にある点電荷 q に及ぼす力は，$\boldsymbol{r}'$ から $\boldsymbol{r}$ に向かうベクトル $\boldsymbol{r}-\boldsymbol{r}'$ を使って

$$\mathrm{d}\boldsymbol{F} = \frac{q}{4\pi\epsilon_0}\frac{\rho(\boldsymbol{r}')\,\mathrm{d}V'}{|\boldsymbol{r}-\boldsymbol{r}'|^3}(\boldsymbol{r}-\boldsymbol{r}') \tag{9}$$

と表される (図 3)．電荷密度が存在する全領域にわたって積分すれば，$\boldsymbol{r}$ にある点電荷 q に作用する力が求まる．

$$\boldsymbol{F}(\boldsymbol{r}) = \frac{q}{4\pi\epsilon_0}\int \frac{\rho(\boldsymbol{r}')\,(\boldsymbol{r}-\boldsymbol{r}')}{|\boldsymbol{r}-\boldsymbol{r}'|^3}\,\mathrm{d}V' \tag{10}$$

ただし，$\mathrm{d}V'$ は $\boldsymbol{r}'$ についての体積積分である．

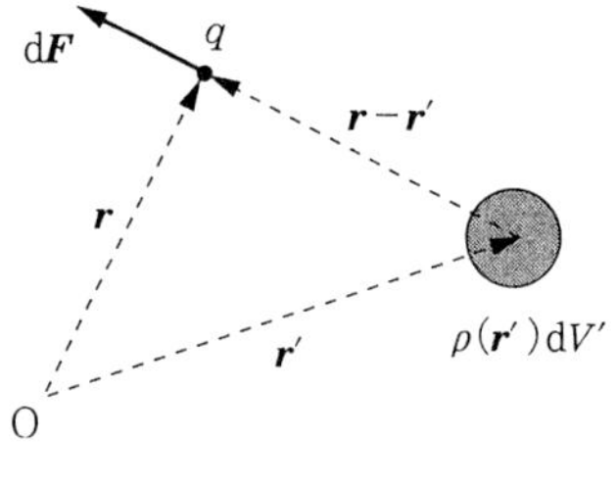

図 3　微小量域内の連続的に分布した電荷が点電荷 q に及ぼす力 $\mathrm{d}\boldsymbol{F}$

1.3 電　場

1.3.1 遠隔作用と近接作用

ニュートン力学の万有引力のように，空間的に離れて存在する 2 つの物体が，その間の距離とは無関係に瞬間的に作用しあうと考えるとき，その相互作用を遠隔作用という．遠隔作用の立場に立つと，クーロン力は 2 つの電荷が存在して初めて作用しあう．一方の電荷が存在するだけでは，周囲の空間は電荷が存在しないときと何も変わらない．

これに対して，電荷が存在するとそのまわりの空間に電気的な “ひずみ” が生じ，その中に別の電荷を置くと “ひずみ” を通して力が作用すると考えるのが近接作用の立場である．

静電気的な現象を扱うかぎりは，遠隔作用と近接作用のどちらの考え方でも同じであるが，電荷が時間的に変化する場合には，空間に生じた電気的な “ひずみ” が周囲へつぎつぎと伝わっていくと考える近接作用の立場をとらなければ現象を正しく説明できない．今日ではすべての相互作用は近接作用であって，遠隔作用するものは存在しないと考えられている．

1.3.2 電場の定義

電荷のまわりの空間の電気的な “ひずみ” を電場または電界 (electric field) とよぶ．空間のある点 $\boldsymbol{r}$ における電場 $\boldsymbol{E}(\boldsymbol{r})$ は，その点に電荷 q を置いたときに，それに作用する力を $\boldsymbol{F}(\boldsymbol{r})$ とすると，つぎの関係で定義される．

$$\boldsymbol{F}(\boldsymbol{r}) = q\boldsymbol{E}(\boldsymbol{r}) \tag{11}$$

電場 $\boldsymbol{E}$ はベクトル量であり，その大きさの単位は N/C である．後述する電位の単位ボルト (volt, 記号 V) を使って V/m と表すことが多い．

1.3.3 点電荷のまわりの電場

点電荷 q_1 から位置ベクトル $\boldsymbol{r}_{12}$ の点にある電荷 q_2 に作用する力 $\boldsymbol{F}_{12}$ は，式(7)で表されるから，その点の電場は $\boldsymbol{F}_{12}/q_2$ である．一般に，原点にある点電荷 q が位置ベクトル $\boldsymbol{r}$ の点につくる電場は，つぎの式で表される．

$$\boldsymbol{E}(\boldsymbol{r}) = \frac{1}{4\pi\epsilon_0}\frac{q\,\boldsymbol{r}}{r^3} \tag{12}$$

1.3.4 多くの点電荷によってつくられる電場

多くの点電荷によってつくられる電場は，個々の点電荷がつくる電場のベクトル和である．i 番目の点電荷 q_i から電場の観測点に向かうベクトルを $\boldsymbol{r}_i$ とすれば，電場は次式で表される．

$$\boldsymbol{E} = \sum_{i=1}^{n}\boldsymbol{E}_i\,, \quad \boldsymbol{E}_i = \frac{1}{4\pi\epsilon_0}\frac{q_i\,\boldsymbol{r}_i}{{r_i}^3} \tag{13}$$

1.3.5 連続的に分布する電荷のつくる電場

電荷が空間的に分布している場合には，位置ベクトル $\boldsymbol{r}$ にある微小点電荷 q に作用する力は式(10)で与えられるから，空間の電場 $\boldsymbol{E}(\boldsymbol{r}) = \boldsymbol{F}(\boldsymbol{r})/q$ はつぎの式となる．

$$\boldsymbol{E}(\boldsymbol{r}) = \frac{1}{4\pi\epsilon_0}\int\frac{\rho(\boldsymbol{r}')\,(\boldsymbol{r}-\boldsymbol{r}')}{|\boldsymbol{r}-\boldsymbol{r}'|^3}\,\mathrm{d}V' \tag{14}$$

$\rho(\boldsymbol{r}')$ は電荷密度である．電荷が2次元的に分布している場合には，面電荷密度 $\sigma(\boldsymbol{r}')$ を使って

$$\boldsymbol{E}(\boldsymbol{r}) = \frac{1}{4\pi\epsilon_0}\int\frac{\sigma(\boldsymbol{r}')\,(\boldsymbol{r}-\boldsymbol{r}')}{|\boldsymbol{r}-\boldsymbol{r}'|^3}\,\mathrm{d}S' \tag{15}$$

と表される．$\mathrm{d}S'$ は $\boldsymbol{r}'$ についての面積分である．

1.3.6 電気力線

空間の電場の様子を示すのに電気力線が使われる．電気力線とは図4に示すように，曲線上の各点における接線方向がその点の電場の方向に等しいような曲線であり，電場を視覚化するのに便利である．電気力線の例を

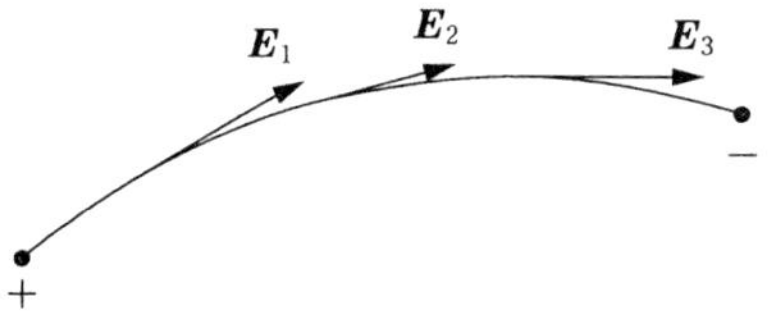

図 4　電気力線

図 5，6 に示す．

電気力線は正電荷から湧き出し，負電荷に吸い込まれる．電荷の存在しない空間で電気力線が途切れたり交わることはない．なぜならば，もしそのようなことが起これば，その点で電場の方向が一義的に定まらないからである[†2]．

電気力線の本数を定量的に記述するために，電場に垂直な微小面積 $\mathrm{d}S$ を通過する電気力線の数 $\mathrm{d}N$ をつぎのように取り決める[†3]．

$$\mathrm{d}N = kE\,\mathrm{d}S, \quad k = 1\,\mathrm{C/N{\cdot}m^2} \tag{16}$$

電場が強いところでは電気力線は密となり，電場が弱いところでは疎となる．

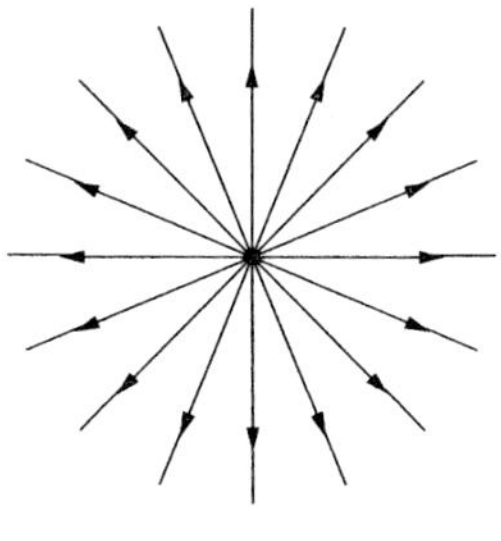

図 5　1 つの点電荷 (+) のまわりの電気力線

[†2] 図 6(a) において，中央の点で電気力線が交わっているようにみえるが，この点では電場は 0 である．

[†3] $\mathrm{d}N$ は MKSA 単位で表した $E\,\mathrm{d}S$ の数値に等しい．すなわち，1 N/C(=1 V/m) の一様な電場を考えると，電場に垂直な単位面積 ($1\,\mathrm{m}^2$) を貫く電気力線の数は 1 本である．

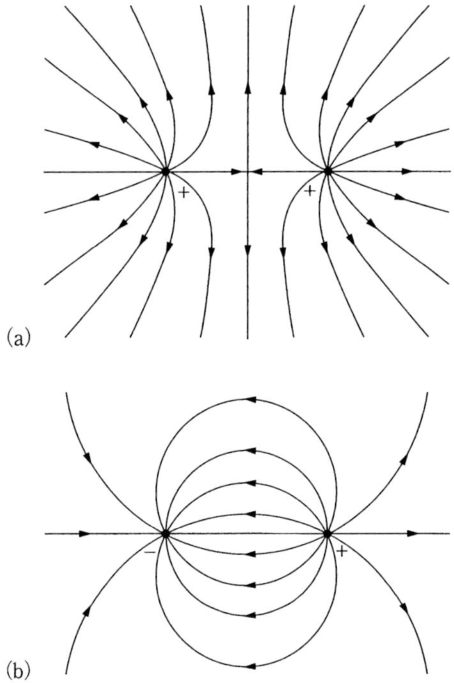

図 **6**　大きさの等しい2つの点電荷のまわりの電気力線．(a) 同符号の電荷の場合，(b) 異符号の電荷の場合

1.4　平面角と立体角

1.4.1　平 面 角 度

ある曲線 C を点Oからみるときの平面角度をつぎのように定義する．点Oから曲線上のすべての点に引いた直線が，Oを中心とする半径 R の円と交わる点の全体の長さを L とするとき，比 L/R を平面角度という (図7)．角度は無次元であるが，必要に応じてラジアン (radian, 記号 rad) という単位をつけて表す．

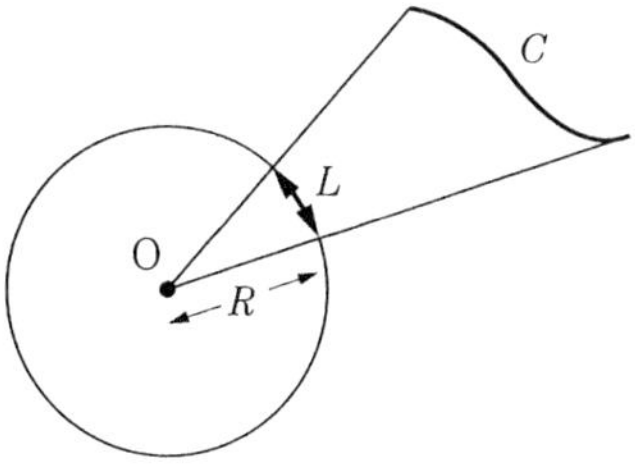

図 7 角度の定義. 点 O から曲線 C をみる角度は L/R

1.4.2 立 体 角

ある曲面 $\mathcal{A}$ を点 O からみるときの立体角をつぎのように定義する. 曲面上のすべての点と O とを結ぶ直線が, O を中心とする半径 R の球面と交わる点の全体の面積を S とする. 比 S/R^2 を立体角という (図 8(a)). 無次元の量であるが, 必要に応じてステラジアン (steradian, 記号 sr) という単位をつけて表す.

任意の微小面積 $\mathrm{d}S$ を点 O からみるときの立体角 $\mathrm{d}\Omega$ は, O から微小面積までの距離を r, O から引いた直線に垂直な面に投影した面積を $\mathrm{d}S'$ とすれば

$$\mathrm{d}\Omega = \frac{\mathrm{d}S'}{r^2} = \frac{\mathrm{d}S\,\cos\theta}{r^2} \tag{17}$$

である (図 8(b)). ここで, θ は微小面積 $\mathrm{d}S$ の法線が O から $\mathrm{d}S$ に引いた

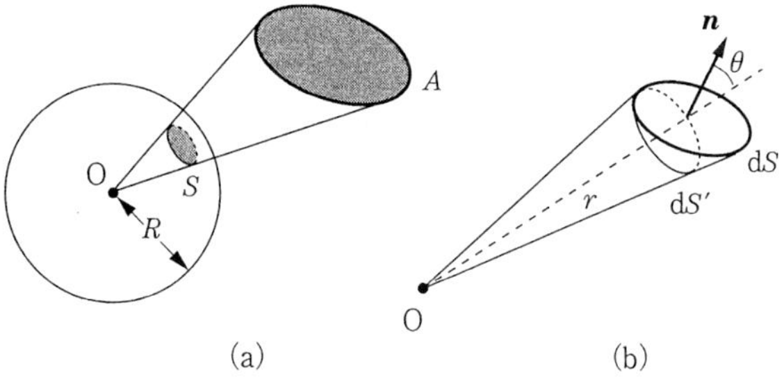

図 8 (a) 立体角の定義. 点 O から曲面 $\mathcal{A}$ をみる立体角は S/R^2.
(b) 微小面積をみる立体角.

直線となす角度である．$\theta > \pi/2$ の場合には立体角は負ととる．微小面積 $\mathrm{d}S$ の法線方向の単位ベクトルを $\boldsymbol{n}$ とするとき[†4]

$$\mathrm{d}\boldsymbol{S} = \boldsymbol{n}\,\mathrm{d}S \tag{18}$$

を面素ベクトルという．面素ベクトルを使うと微小立体角は

$$\mathrm{d}\Omega = \frac{\boldsymbol{r}\cdot\mathrm{d}\boldsymbol{S}}{r^3} \tag{19}$$

と表すことができる．$\boldsymbol{r}$ は O を始点とする微小面積の位置ベクトルである．

1.5　ガウスの法則

点電荷 q から出ていく電気力線の総数を考える[†5]．点電荷 q を中心とする半径 R の球面上の任意の点において，電場の方向は球面に垂直で，電場の大きさは $q/(4\pi\epsilon_0 R^2)$ である．したがって，q から出ていく電気力線の数は式 (16) の k を使って

$$k\frac{q}{4\pi\epsilon_0 R^2} \times 4\pi R^2 = k\frac{q}{\epsilon_0} \tag{20}$$

に等しい．結果が R に依存せず一定であるのは，クーロンの法則が逆 2 乗則であることによる．

点電荷を取り囲む任意の閉曲面に対して，閉曲面から出ていく電気力線の総数は kq/ϵ_0 であることを示そう．閉曲面上の微小面積 $\mathrm{d}S$ を考える．外向き法線方向の単位ベクトルを $\boldsymbol{n}$，電場 $\boldsymbol{E}$ と $\boldsymbol{n}$ のなす角を θ とする．微小面積 $\mathrm{d}S$ を，そこを通過する電気力線に垂直な面に投影すると，その面積は $\mathrm{d}S\cos\theta$ である．この面積を通過する電気力線の数は $kE\,\mathrm{d}S\cos\theta = k\boldsymbol{E}\cdot\boldsymbol{n}\,\mathrm{d}S = k\boldsymbol{E}\cdot\mathrm{d}\boldsymbol{S}$ である．よって閉曲面 $\mathcal{S}$ を通過する電気力線の総数は積分

$$k\oint_{\mathcal{S}} E\cos\theta\,\mathrm{d}S \quad \text{または} \quad k\oint_{\mathcal{S}} \boldsymbol{E}\cdot\mathrm{d}\boldsymbol{S} \tag{21}$$

によって表される．ここで，$\oint_{\mathcal{S}}$ は閉曲面 $\mathcal{S}$ の全面積にわたって面積分す

[†4] 微小面積が閉曲面の一部であるときは，$\boldsymbol{n}$ は外向き方向にとる．

[†5] $q < 0$ の場合には，「点電荷 q に入っていく電気力線」を意味する．

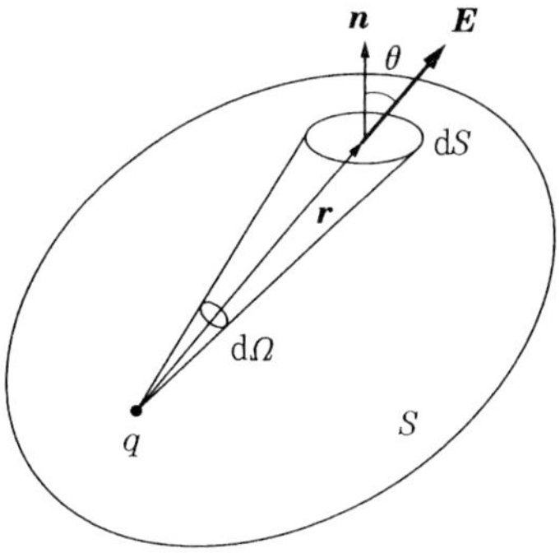

図 9　任意の閉曲面から出ていく電気力線の総数

ることを意味する．電場 $\boldsymbol{E}$ に式 (12) を代入して

$$\oint_S \boldsymbol{E}\cdot \mathrm{d}\boldsymbol{S} = \frac{q}{4\pi\epsilon_0}\oint_S \frac{\boldsymbol{r}\cdot \mathrm{d}\boldsymbol{S}}{r^3} \tag{22}$$

を得る．ここで，$\boldsymbol{r}\cdot \mathrm{d}\boldsymbol{S}/r^3$ は微小面積が点電荷に対して張る立体角に等しい (式 (19) 参照) ので，閉曲面の全体にわたって積分すると点電荷のまわりの全立体角 4π を与える．したがって，つぎの結果を得る．

$$\oint_S \boldsymbol{E}\cdot \mathrm{d}\boldsymbol{S} = \frac{q}{\epsilon_0} \tag{23}$$

もし，閉曲面が点電荷を内部に含まない場合には

$$\oint_S \boldsymbol{E}\cdot \mathrm{d}\boldsymbol{S} = 0 \tag{24}$$

となる．なぜならば，図 10 において，点電荷を頂点とする微小立体角 $\mathrm{d}\Omega$ の円錐は閉曲面と 2 か所で交わる．近いほうの微小面積を $\mathrm{d}S_1$，遠いほうを $\mathrm{d}S_2$ とすると

$$\boldsymbol{E}_1\cdot \mathrm{d}\boldsymbol{S}_1 = \frac{q}{4\pi\epsilon_0}\frac{\cos\theta_1}{r_1^2}\,\mathrm{d}S_1 = -\frac{q}{4\pi\epsilon_0}\,\mathrm{d}\Omega \tag{25}$$

$$\boldsymbol{E}_2\cdot \mathrm{d}\boldsymbol{S}_2 = \frac{q}{4\pi\epsilon_0}\frac{\cos\theta_2}{r_2^2}\,\mathrm{d}S_2 = \frac{q}{4\pi\epsilon_0}\,\mathrm{d}\Omega \tag{26}$$

であるので

$$\boldsymbol{E}_1\cdot \mathrm{d}\boldsymbol{S}_1 + \boldsymbol{E}_2\cdot \mathrm{d}\boldsymbol{S}_2 = 0 \tag{27}$$

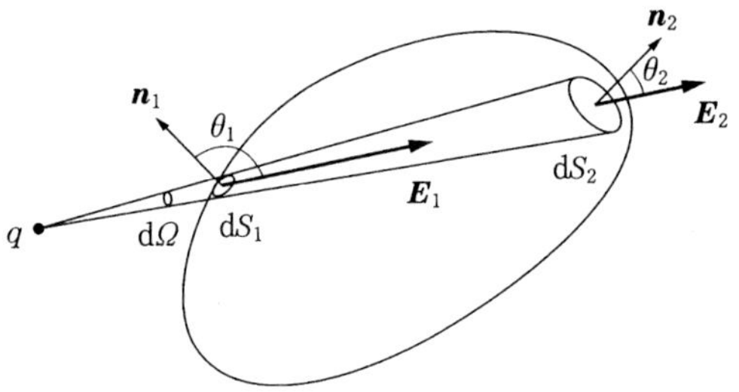

図 10 点電荷が閉曲面の内部にない場合

である．したがって，閉曲面全体の面積分は 0 となる．

以上では，閉曲面がいたるところで外に凸であると考えていたが，より複雑な閉曲面に対しても式 (23)，(24) は成り立つ．たとえば，図 11 の場合に，微小面積 $\mathrm{d}S_1$ と $\mathrm{d}S_2$ の寄与，$\mathrm{d}S_3$ と $\mathrm{d}S_4$ の寄与はそれぞれ相殺するからである．

閉曲面 $\mathcal{S}$ の内外に多数の点電荷がある場合，空間の電場 $\boldsymbol{E}(\boldsymbol{r})$ は各点電荷がつくる電場 $\boldsymbol{E}_i(\boldsymbol{r})$ の和である．

$$\oint_{\mathcal{S}} \boldsymbol{E} \cdot \mathrm{d}\boldsymbol{S} = \sum_i \oint_{\mathcal{S}} \boldsymbol{E}_i \cdot \mathrm{d}\boldsymbol{S} \tag{28}$$

各点電荷 q_i がつくる電場 $\boldsymbol{E}_i$ の面積分について式 (23) または (24) が成り立つので

$$\oint_{\mathcal{S}} \boldsymbol{E} \cdot \mathrm{d}\boldsymbol{S} = \sum_{\mathcal{S}\text{ 内の } q_i} \frac{q_i}{\epsilon_0} \tag{29}$$

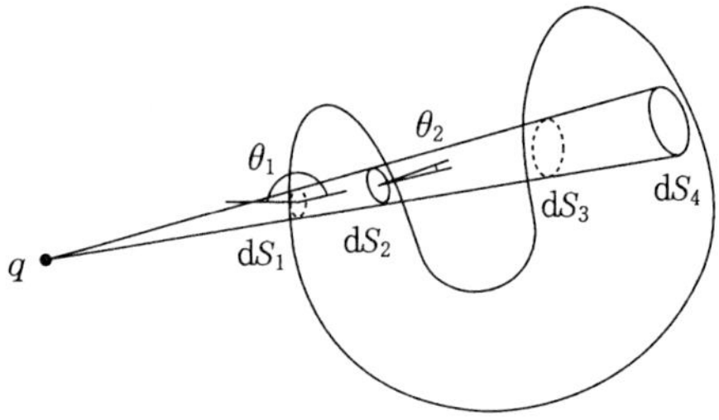

図 11 閉曲面がいたるところで凸でない場合

を得る．電荷が空間に連続的に分布している場合には，電荷密度を $\rho(\boldsymbol{r})$ とすると式 (29) は

$$\oint_S \boldsymbol{E}\cdot \mathrm{d}\boldsymbol{S} = \frac{1}{\epsilon_0}\int_V \rho(\boldsymbol{r})\,\mathrm{d}V \tag{30}$$

と表される．右辺の体積積分は，左辺の面積分を行う閉曲面 $\mathcal{S}$ に囲まれる領域 V にわたって行う．つまり，空間の電場を任意の閉曲面上で面積分した結果は閉曲面内の電気量を ϵ_0 で割った値に等しい．これをガウスの法則 (Gauss' law) という．

1.6　ガウスの法則の応用

ガウスの法則を使うと，電荷の空間分布の対称性がよい場合には，簡単に電場を求めることができる．いくつかの例を示す．

1.6.1　一様に帯電した直線

無限に長い直線上に，電荷が線電荷密度 λ で一様に分布している場合には，電気力線は直線に垂直で放射状，電場の強さは直線からの距離 r だけの関数 $E(r)$ である．図 12 のような軸の長さ h，底面の半径 r の円筒面にガウスの法則を適用する．円筒の上面と下面は，電場の方向が面に平行なので，面積分への寄与はない．円筒の側面は電場の方向に垂直なので

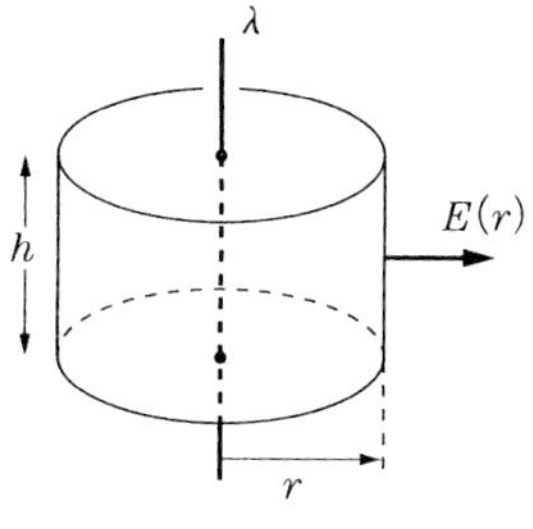

図 12　一様に帯電した直線のまわりの電場

$$\int \boldsymbol{E} \cdot \mathrm{d}\boldsymbol{S} = 2\pi rhE(r) \tag{31}$$

である．円筒内の電荷は λh であるから

$$2\pi rhE(r) = \frac{\lambda h}{\epsilon_0} \tag{32}$$

よって，つぎの結果を得る．

$$E(r) = \frac{\lambda}{2\pi\epsilon_0 r} \tag{33}$$

1.6.2 一様に帯電した平面

無限に広い平面上に電荷が面電荷密度 σ で一様に分布している場合には，電気力線は平面の両側に，面に垂直に生じる．電気力線が平行であるということは電場の強さは平面からの距離に依存しないことを意味する．平面を含む底面積 ΔS の微小円筒の閉曲面にガウスの法則 (30) を適用する (図 13)．円筒側面では，面の法線方向と電場の方向が垂直なので面積分の寄与はない．円筒の上面と下面における面積分はいずれも $E\Delta S$ である．円筒内の電荷の総量は $\sigma\Delta S$ である．よって，ガウスの法則は $2E\Delta S = \sigma\Delta S/\epsilon_0$ を与える．ゆえに，つぎの結果を得る．

$$E = \frac{\sigma}{2\epsilon_0} \tag{34}$$

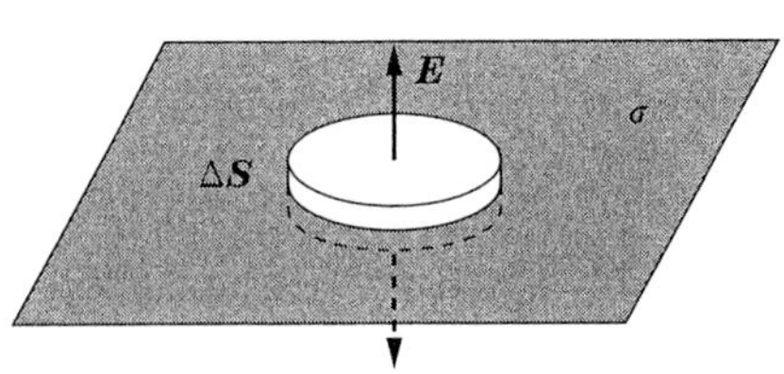

図 13 一様に帯電した平面のまわりの電場

1.6.3 一様に帯電した球

半径 a の球の内部に電荷 Q が一様に分布している場合には，対称性から電気力線は放射状であり，電場の強さは球の中心からの距離 r の関数 $E(r)$ である．そこで，半径 r の球面にガウスの法則を適用する．球面上の任意の点において電場は球面に垂直であるから

$$\oint \boldsymbol{E} \cdot \mathrm{d}\boldsymbol{S} = 4\pi r^2 E(r) \tag{35}$$

である．$r > a$ の場合には，球面の内部の電荷は Q であるから

$$4\pi r^2 E(r) = \frac{Q}{\epsilon_0} \quad \text{ただし} \quad r > a \tag{36}$$

である．$r \leqq a$ の場合には，半径 r の球内の電荷は $Q\,(r/a)^3$ であるから

$$4\pi r^2 E(r) = \frac{Q}{\epsilon_0}\left(\frac{r}{a}\right)^3 \quad \text{ただし} \quad r \leqq a \tag{37}$$

である．以上からつぎの結果を得る．

$$E(r) = \begin{cases} \dfrac{Q}{4\pi\epsilon_0 r^2} & r > a \\ \dfrac{Q\,r}{4\pi\epsilon_0 a^3} & r \leqq a \end{cases} \tag{38}$$

球の外側 $(r > a)$ の電場は，球の中心にある点電荷 Q がつくる電場に等しい．

1.7 電　　位

1.7.1 電荷を運ぶのに必要な仕事

電場 $\boldsymbol{E}$ の中にある点電荷 q' には力 $q'\boldsymbol{E}$ が作用する．この力を打ち消す外力 $\boldsymbol{F}' = -q'\boldsymbol{E}$ を加えて，点電荷を任意の曲線に沿って十分にゆっくりと移動させるのに必要な仕事を求めよう．点電荷を微小距離 $\mathrm{d}\boldsymbol{s}$ 移動させるときに，外力 $\boldsymbol{F}'$ のなす仕事 $\mathrm{d}W$ は

$$\mathrm{d}W = \boldsymbol{F}' \cdot \mathrm{d}\boldsymbol{s} = -q'\boldsymbol{E} \cdot \mathrm{d}\boldsymbol{s} \tag{39}$$

である．点電荷を曲線 C に沿って点 A から点 B まで動かすときに，外力のなす仕事 W_{AB} はつぎの線積分によって表される．

$$W_{\mathrm{AB}} = -q' \int_{\mathrm{A}}^{\mathrm{B}} \boldsymbol{E}(\boldsymbol{r}) \cdot \mathrm{d}\boldsymbol{s} \tag{40}$$

最初に，電場が原点にある点電荷 q によってつくられる場合を考えよう．電場の式 (12) を (40) に代入して

$$W_{\mathrm{AB}} = -\frac{q'q}{4\pi\epsilon_0} \int_{\mathrm{A}}^{\mathrm{B}} \frac{\boldsymbol{r} \cdot \mathrm{d}\boldsymbol{s}}{r^3} \tag{41}$$

を得る．点電荷 q' が $\mathrm{d}\boldsymbol{s}$ 変位するとき，原点から点電荷までの距離の変化 $\mathrm{d}r$ は $\mathrm{d}\boldsymbol{s}$ とつぎの関係にある．

$$\boldsymbol{r} \cdot \mathrm{d}\boldsymbol{s} = r\,\mathrm{d}s\,\cos\theta = r\,\mathrm{d}r \tag{42}$$

ただし，θ は $\mathrm{d}\boldsymbol{s}$ と $\boldsymbol{r}$ のなす角度である (図 14)．したがって，式 (14) は

$$W_{\mathrm{AB}} = -\frac{q'q}{4\pi\epsilon_0} \int_{r_{\mathrm{A}}}^{r_{\mathrm{B}}} \frac{\mathrm{d}r}{r^2} \tag{43}$$

となる．$r_{\mathrm{A}}, r_{\mathrm{B}}$ はそれぞれ原点から点 A, B までの距離である．W_{AB} は経路 C に関係なく，始点 A と終点 B を与えれば決定される．

$$W_{\mathrm{AB}} = \frac{q'q}{4\pi\epsilon_0} \left(\frac{1}{r_{\mathrm{B}}} - \frac{1}{r_{\mathrm{A}}} \right) \tag{44}$$

電場が多くの点電荷 q_i によってつくられる場合には，電場の重ね合せの性質により仕事は個々の点電荷の寄与の和となる．点電荷 q_i の位置 $\boldsymbol{r}_i$ から点 A，点 B までの距離 $|\boldsymbol{r}_{\mathrm{A}} - \boldsymbol{r}_i|$，$|\boldsymbol{r}_{\mathrm{B}} - \boldsymbol{r}_i|$ を使って表すと

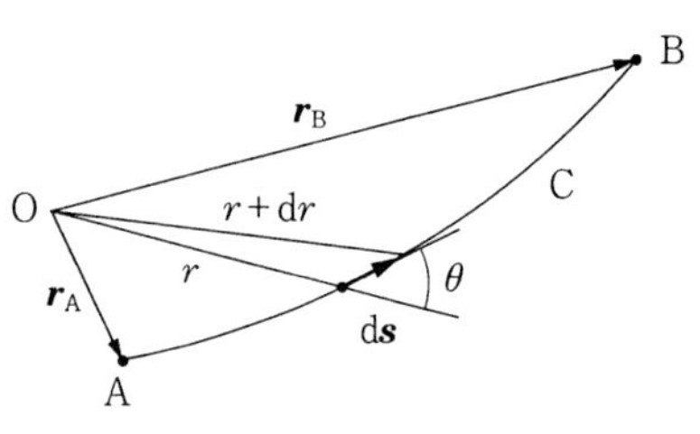

図 14　$\boldsymbol{r} \cdot \mathrm{d}\boldsymbol{s} = r\,\mathrm{d}r$

$$W_{\rm AB} = q' \sum_i \frac{q_i}{4\pi\epsilon_0} \left(\frac{1}{|\boldsymbol{r}_{\rm B} - \boldsymbol{r}_i|} - \frac{1}{|\boldsymbol{r}_{\rm A} - \boldsymbol{r}_i|} \right) \tag{45}$$

となる．電場が空間に連続的に分布している電荷密度 $\rho(\boldsymbol{r})$ によってつくられる場合には

$$W_{\rm AB} = q' \int \frac{\rho(\boldsymbol{r}')}{4\pi\epsilon_0} \left(\frac{1}{|\boldsymbol{r}_{\rm B} - \boldsymbol{r}'|} - \frac{1}{|\boldsymbol{r}_{\rm A} - \boldsymbol{r}'|} \right) {\rm d}V' \tag{46}$$

である．

1.7.2 電位 (静電ポテンシャル)

静電場においては，ある点から別な点まで点電荷を運ぶのに必要な仕事は途中の経路によらない．このことは，点電荷が受ける力は保存力であることを意味する．適当に定めた基準点 O から任意の点 P まで単位電荷を運ぶのに必要な仕事

$$\phi_{\rm P} = -\int_{\rm O}^{\rm P} \boldsymbol{E}(\boldsymbol{r}) \cdot {\rm d}\boldsymbol{s} \tag{47}$$

は点 P を与えれば決まる．$\phi_{\rm P}$ を点 P の電位または静電ポテンシャル (electrostatic potential) とよぶ．点 A から点 B まで電荷 q' を運ぶのに必要な仕事 $W_{\rm AB}$ は

$$\begin{aligned} W_{\rm AB} &= -q' \int_{\rm A}^{\rm B} \boldsymbol{E} \cdot {\rm d}\boldsymbol{s} = -q' \left(\int_{\rm O}^{\rm B} \boldsymbol{E} \cdot {\rm d}\boldsymbol{s} - \int_{\rm O}^{\rm A} \boldsymbol{E} \cdot {\rm d}\boldsymbol{s} \right) \\ &= q' \left(\phi_{\rm B} - \phi_{\rm A} \right) \end{aligned} \tag{48}$$

すなわち，点 A と点 B の電位差と q' との積に等しい．

$$W_{\rm AB} = q' \left(\phi_{\rm B} - \phi_{\rm A} \right) \tag{49}$$

電位 0 とする基準点はどこに選んでもよいが，静電気では無限遠の電位を 0 とすることが多い．この場合には，空間の電位は

$$\phi(\boldsymbol{r}) = -\int_{\infty}^{\boldsymbol{r}} \boldsymbol{E}(\boldsymbol{r}') \cdot {\rm d}\boldsymbol{s}' \tag{50}$$

と表され，点電荷 q' を無限遠から $\boldsymbol{r}$ まで運ぶのに必要な仕事 $W(\boldsymbol{r})$ は

$$W(\boldsymbol{r}) = q' \, \phi(\boldsymbol{r}) \tag{51}$$

である．$W(\boldsymbol{r})$ は点電荷 q' の位置エネルギー (ポテンシャルエネルギー) である．

電位の単位は，その定義から J/C であるが，これをボルト (volt，記号 V) と表す[†6]．1 C の電荷を電位が 1 V 高いところへ運ぶのに必要な仕事は 1 J である．電位の単位 V を使うと電場の単位 N/C は V/m と表される．

点電荷 q のまわりの電位は，点電荷からの距離 r だけの関数で

$$\phi(r) = \frac{q}{4\pi\epsilon_0 r} \tag{52}$$

である．2 つ以上の点電荷 q_i によってつくられる電位は

$$\phi(\boldsymbol{r}) = \frac{1}{4\pi\epsilon_0}\sum_i \frac{q_i}{|\boldsymbol{r}-\boldsymbol{r}_i|} \tag{53}$$

である．ただし，$|\boldsymbol{r}-\boldsymbol{r}_i|$ は点電荷 q_i の位置 $\boldsymbol{r}_i$ から点 $\boldsymbol{r}$ までの距離である．空間に連続的に分布した電荷密度 $\rho(\boldsymbol{r})$ によってつくられる電位は

$$\phi(\boldsymbol{r}) = \frac{1}{4\pi\epsilon_0}\int \frac{\rho(\boldsymbol{r}')}{|\boldsymbol{r}-\boldsymbol{r}'|}\mathrm{d}V' \tag{54}$$

である．ここで，$\mathrm{d}V'$ は $\boldsymbol{r}'$ についての空間積分である．積分は電荷密度が存在する全領域にわたって行う．

ところで式 (47) の線積分が途中の経路に依存しないということは，任意の閉曲線 C に沿っての線積分が 0 であることを意味する．

$$\oint_C \boldsymbol{E}(\boldsymbol{r})\cdot\mathrm{d}\boldsymbol{s} = 0 \tag{55}$$

閉曲線に沿って 1 周する線積分を循環または閉路積分という．任意の循環が 0 であるような場を保存場という．電場が保存場であることは，電位が定義できるために必要十分な条件である．式 (55) は，ガウスの法則と並んで静電場を規定する基本法則である．特別な名前はついていないが，電気力線がループを描かないことを意味するので渦なしの法則あるいは循環ゼロの法則とよばれる．

---

†6　「ボルト」は，電池を発明したイタリアの科学者ボルタ (A. Volta, 1745–1827) に由来する．

1.7.3 等電位面

電位が 3 次元空間内である一定値をとる点の集まりは曲面を形成する．この曲面を等電位面という．2 次元空間 (平面) においては等電位線という．等電位面に沿って電荷を移動させる場合には仕事を必要としない．このことは，電気力線と等電位面 (または等電位線) が直交することを意味する．

点電荷 q のまわりの電位 (52) は点電荷からの距離 r を与えれば決定されるから，等電位面は点電荷を中心とする球面である（図 15）．

2 つの点電荷のまわりの電位は，2 つの点電荷 q_1，q_2 からの距離を r_1，r_2 とすると

$$\phi = \frac{1}{4\pi\epsilon_0}\left(\frac{q_1}{r_1} + \frac{q_2}{r_2}\right) \tag{56}$$

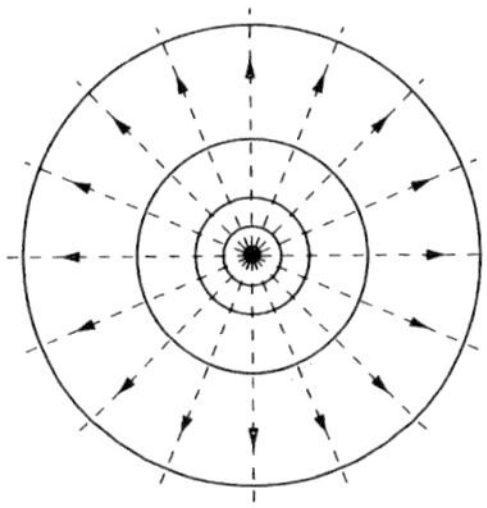

図 15　点電荷のまわりの等電位面．破線は電気力線．

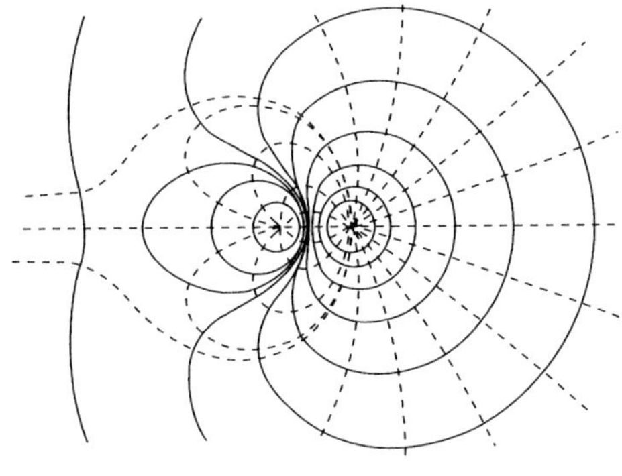

図 16　2 つの点電荷 $-q$，$+2q$ による等電位線．破線は電気力線．

である．図 16 に $q_1 = -q$, $q_2 = +2q$ の場合の等電位線と電気力線を示す．

1.7.4 電位と電場の関係

電位から電場を求める式を導こう．点 (x, y, z) から $\mathrm{d}\boldsymbol{s} = (\mathrm{d}x, \mathrm{d}y, \mathrm{d}z)$ 変位した点 $(x + \mathrm{d}x, y + \mathrm{d}y, z + \mathrm{d}z)$ を考える．2 点間の電位差 $\mathrm{d}\phi$ は

$$\begin{aligned}\mathrm{d}\phi &= \phi(x + \mathrm{d}x, y + \mathrm{d}y, z + \mathrm{d}z) - \phi(x, y, z) \\ &\cong \frac{\partial \phi}{\partial x}\mathrm{d}x + \frac{\partial \phi}{\partial y}\mathrm{d}y + \frac{\partial \phi}{\partial z}\mathrm{d}z \end{aligned} \tag{57}$$

と表される．一方，電位の定義式 (50) からつぎの関係が成り立つ．

$$\mathrm{d}\phi = -\boldsymbol{E}(\boldsymbol{r}) \cdot \mathrm{d}\boldsymbol{s} = -(E_x \mathrm{d}x + E_y \mathrm{d}y + E_z \mathrm{d}z) \tag{58}$$

以上からつぎの結果を得る．

$$E_x = -\frac{\partial \phi}{\partial x}, \quad E_y = -\frac{\partial \phi}{\partial y}, \quad E_z = -\frac{\partial \phi}{\partial z} \tag{59}$$

電場と電位のこの関係は，力と位置エネルギー (ポテンシャルエネルギー) の関係と同じである．式 (59) はベクトルの関係式として

$$\boldsymbol{E}(\boldsymbol{r}) = -\left(\frac{\partial \phi}{\partial x}\hat{\boldsymbol{e}}_x + \frac{\partial \phi}{\partial y}\hat{\boldsymbol{e}}_y + \frac{\partial \phi}{\partial z}\hat{\boldsymbol{e}}_z\right) \tag{60}$$

$$= -\mathrm{grad}\,\phi(\boldsymbol{r}) \tag{61}$$

と表される．$\hat{\boldsymbol{e}}_x$, $\hat{\boldsymbol{e}}_y$, $\hat{\boldsymbol{e}}_z$ は x, y, z 方向の単位ベクトルである．記号 grad は勾配 (gradient) という．式 (61) は微分演算子

$$\nabla = \frac{\partial}{\partial x}\hat{\boldsymbol{e}}_x + \frac{\partial}{\partial y}\hat{\boldsymbol{e}}_y + \frac{\partial}{\partial z}\hat{\boldsymbol{e}}_z \tag{62}$$

を使って

$$\boldsymbol{E} = -\nabla\phi \tag{63}$$

とも表す．∇ はナブラ (nabla) と読む．

軸対称または球対称の系を扱うときには，2 次元または 3 次元の極座標を使うと便利である．2 次元極座標 (r, θ) における勾配は

$$\mathrm{grad}\,\phi = \frac{\partial \phi}{\partial r}\hat{\mathbf{e}}_r + \frac{1}{r}\frac{\partial \phi}{\partial \theta}\hat{\mathbf{e}}_\theta \tag{64}$$

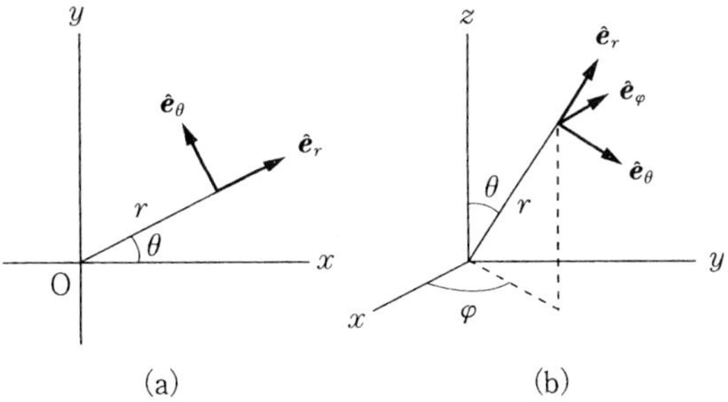

図 17　(a) 2 次元極座標，(b) 3 次元極座標

と表される．$\hat{e}_r$, $\hat{e}_\theta$ は r, θ 方向の単位ベクトルである．また 3 次元極座標 (r, θ, φ) における勾配は

$$\mathrm{grad}\phi = \frac{\partial \phi}{\partial r}\hat{e}_r + \frac{1}{r}\frac{\partial \phi}{\partial \theta}\hat{e}_\theta + \frac{1}{r\sin\theta}\frac{\partial \phi}{\partial \varphi}\hat{e}_\varphi \tag{65}$$

と表される．$\hat{e}_r$, $\hat{e}_\theta$, $\hat{e}_\varphi$ は r, θ, φ 方向の単位ベクトルである（図 17）．

電荷の空間分布の対称性がよい場合には，ガウスの法則を使って求めた電場から容易に電位を求めることができる．

例 1：一様に帯電した直線のまわりの電位

十分に長い直線上に電荷が線密度 λ で一様に分布している場合に，直線から垂直方向に距離 r 離れた点における電位 $\phi(r)$ は

$$\phi(r) = -\int_{r_0}^{r} \boldsymbol{E}(r')\,\mathrm{d}r' \tag{66}$$

と表される．r_0 は電位を 0 とする点までの距離である．電場の式 (33) を代入して

$$\phi(r) = -\frac{\lambda}{2\pi\epsilon_0}\int_{r_0}^{r}\frac{\mathrm{d}r'}{r'} = \frac{\lambda}{2\pi\epsilon_0}\log\frac{r_0}{r} \tag{67}$$

である．この場合には，$r_0 = 0$ ととることも $r_0 \to \infty$ ととることもできない．

例 2：一様に帯電した球のまわりの電位

半径 a の球の内部に電荷 Q が一様に分布している場合に，球の中心から距離 r の点における電位 $\phi(r)$ は

$$\phi(r) = -\int_{\infty}^{r} E(r')\,\mathrm{d}r' \tag{68}$$

と表すことができる．ただし，無限遠における電位を 0 ととった．電場の式 (38) を代入して，つぎの結果を得る（図 18）．

$$\phi(r) = -\int_{\infty}^{r} \frac{Q}{4\pi\epsilon_0 r^2}\,\mathrm{d}r = \frac{Q}{4\pi\epsilon_0 r} \qquad r > a \tag{69}$$

$$\begin{aligned}\phi(r) &= -\int_{\infty}^{a} \frac{Q}{4\pi\epsilon_0 r^2}\,\mathrm{d}r - \int_{a}^{r} \frac{Qr}{4\pi\epsilon_0 a^3}\,\mathrm{d}r \\ &= \frac{Q}{8\pi\epsilon_0 a^3}(3a^2 - r^2), \quad r \leqq a\end{aligned} \tag{70}$$

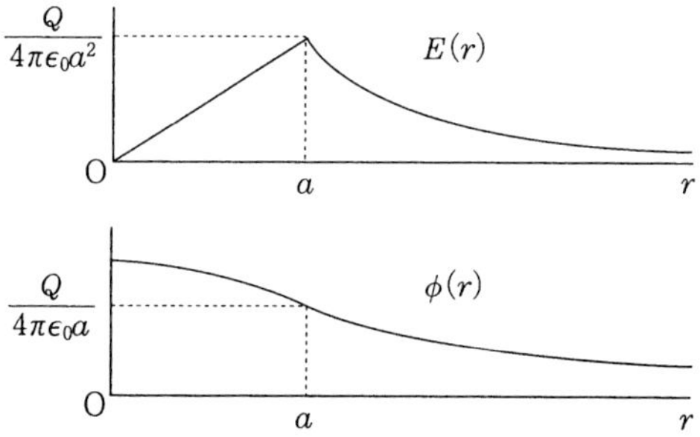

図 18 電荷が一様に分布している球の内外の電場と電位

1.8 電 気 双 極 子

1.8.1 電気双極子モーメント

正負の点電荷が微小距離隔てて存在するとき，これを電気双極子 (electric dipole) という．負電荷 $-q$ から正電荷 q に向かうベクトルを $\boldsymbol{l}$ とするときベクトル量

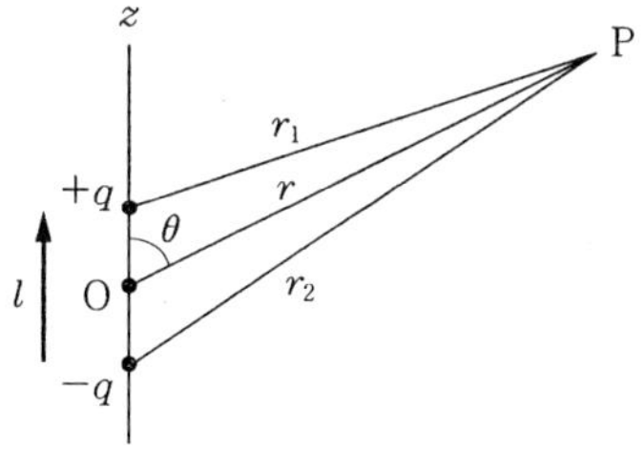

図 19 双極子モーメント $\boldsymbol{p} = q\boldsymbol{l}$

$$\boldsymbol{p} = q\boldsymbol{l} \tag{71}$$

を電気双極子モーメントという．数学的には $p = ql$ を一定にして $l \to 0$, $q \to \infty$ の極限として定義される．

1.8.2 電気双極子のまわりの電位

電気双極子が遠方につくる電位を求めよう．点電荷 $\pm q$ の位置をそれぞれ z 軸上の $z = \pm l/2$ とする．原点から距離 r の点 P の電位 ϕ は，点電荷 q，$-q$ から点 P までの距離を r_1，r_2 とすると

$$\phi = \frac{1}{4\pi\epsilon_0}\left(\frac{q}{r_1} + \frac{-q}{r_2}\right) \tag{72}$$

である．z 軸と OP のなす角度を θ とすると

$$r_1 = \sqrt{r^2 + \left(\frac{l}{2}\right)^2 - rl\cos\theta} = r\sqrt{1 + \left(\frac{l}{2r}\right)^2 - \frac{l}{r}\cos\theta} \tag{73}$$

$$r_2 = \sqrt{r^2 + \left(\frac{l}{2}\right)^2 + rl\cos\theta} = r\sqrt{1 + \left(\frac{l}{2r}\right)^2 + \frac{l}{r}\cos\theta} \tag{74}$$

と表される．$|l/r| \ll 1$ と考えているので，l/r の 2 次以上の項は省略する．微小量 ε ($|\varepsilon| \ll 1$) に対する近似式 $(1+\varepsilon)^{-1/2} \cong 1 - \varepsilon/2$ を用いると

$$\frac{1}{r_1} \cong \frac{1}{r}\left(1 + \frac{l}{2r}\cos\theta\right) \tag{75}$$

$$\frac{1}{r_2} \cong \frac{1}{r}\left(1 - \frac{l}{2r}\cos\theta\right) \tag{76}$$

である．したがって，点 P の電位は

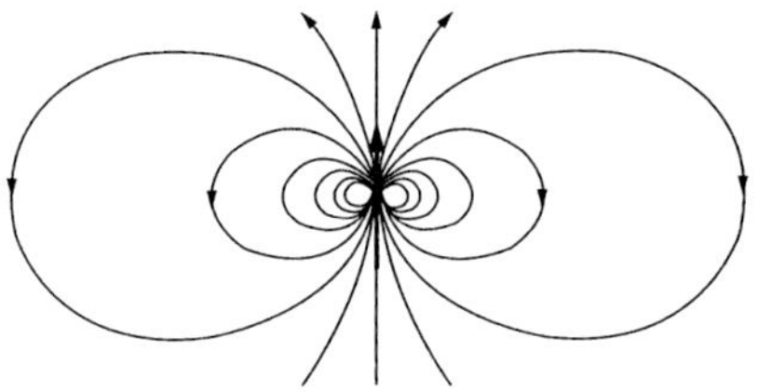

図 20　双極子モーメントのまわりの電気力線

$$\phi = \frac{1}{4\pi\epsilon_0}\frac{ql}{r^2}\cos\theta \tag{77}$$

と表される．電気双極子モーメント $\boldsymbol{p}$ を使うと

$$\phi(\boldsymbol{r}) = \frac{\boldsymbol{p}\cdot\boldsymbol{r}}{4\pi\epsilon_0 r^3} \tag{78}$$

と表される．$\boldsymbol{r}$ は点 P の位置ベクトルである．とくに z 軸上 $z>0$ においては $\boldsymbol{p}\cdot\boldsymbol{r} = pz,\ r = z$ を代入して次式を得る．

$$\phi(z) = \frac{p}{4\pi\epsilon_0 z^2} \tag{79}$$

1.8.3　電気双極子のまわりの電場

電気双極子のまわりの電場は，次式で表される．

$$\boldsymbol{E}(\boldsymbol{r}) = -\mathrm{grad}\left(\frac{\boldsymbol{p}\cdot\boldsymbol{r}}{4\pi\epsilon_0 r^3}\right) \tag{80}$$

$\mathrm{grad}\,(\boldsymbol{p}\cdot\boldsymbol{r}/r^3)$ の x 成分を計算すると

$$\begin{aligned}\frac{\partial}{\partial x}\left(\frac{\boldsymbol{p}\cdot\boldsymbol{r}}{r^3}\right) &= (\boldsymbol{p}\cdot\boldsymbol{r})\frac{\partial}{\partial x}\left(\frac{1}{r^3}\right) + \frac{1}{r^3}\frac{\partial}{\partial x}(\boldsymbol{p}\cdot\boldsymbol{r}) \\ &= -\frac{3(\boldsymbol{p}\cdot\boldsymbol{r})x}{r^5} + \frac{p_x}{r^3}\end{aligned} \tag{81}$$

となる．y 成分，z 成分についても同様である．ベクトル表記にまとめて次式を得る．

$$\boldsymbol{E}(\boldsymbol{r}) = \frac{1}{4\pi\epsilon_0}\left\{\frac{3(\boldsymbol{p}\cdot\boldsymbol{r})\,\boldsymbol{r}}{r^5} - \frac{\boldsymbol{p}}{r^3}\right\} \tag{82}$$

電場は距離とともに r^{-3} で小さくなる．とくに，z 軸上における電場の強さ $E(z)$ は次式で与えられる．

$$E(z) = \frac{p}{2\pi\epsilon_0 z^3} \tag{83}$$

z 軸は電気力線の 1 つであるので，式 (79) の $\phi(z)$ と $E(z) = -\mathrm{d}\phi/\mathrm{d}z$ の関係にある．

1.8.4 電気 2 重層

厚さ l の薄い板の両面に面密度 σ，$-\sigma$ の電荷が一様に分布しているとき，これを電気 2 重層という．電気双極子が面に垂直に連続的に並んだものとみることができる．単位面積あたりの電気双極子モーメントは $\tau = \sigma l$ である．微小面素 $\mathrm{d}\boldsymbol{S}$ の双極子モーメント $\tau\,\mathrm{d}\boldsymbol{S}$ がベクトル $\boldsymbol{r}$ 離れた点 P につくる電位は，式 (78) の $\boldsymbol{p}$ に $\tau\,\mathrm{d}\boldsymbol{S}$ を代入して

$$\mathrm{d}\phi = \frac{\tau\,\mathrm{d}\boldsymbol{S}\cdot\boldsymbol{r}}{4\pi\epsilon_0 r^3} = \frac{\tau}{4\pi\epsilon_0}\mathrm{d}\Omega \tag{84}$$

と表される．ただし，$\mathrm{d}\Omega$ は点 P から微小面素をみる立体角である．したがって，電気 2 重層全体が点 P につくる電位は次式で与えられる．

$$\phi = \frac{\tau}{4\pi\epsilon_0}\Omega \tag{85}$$

Ω は点 P から電気 2 重層をみる立体角である．

電気 2 重層のプラス側の面上の点 ($\Omega = 2\pi$) とマイナス側の面上の点 ($\Omega = -2\pi$) との電位差は

$$\phi_+ - \phi_- = \frac{2\pi\tau}{4\pi\epsilon_0} - \frac{-2\pi\tau}{4\pi\epsilon_0} = \frac{\tau}{\epsilon_0} \tag{86}$$

である．電気以外のエネルギーによってこのような 2 重層が維持されるときには起電力が生じる．

1.8.5 電場中の電気双極子が受ける力

電場の中に置かれた電気双極子が受ける力を調べよう．電気双極子モーメント $\boldsymbol{p}$ が一様な電場 $\boldsymbol{E}$ と角度 θ をなすとき，電荷 q と $-q$ が受ける力の大きさは等しく qE であり，力の方向は逆向きである．このような力の対を偶力といい．偶力のモーメント (トルク)

$$N(\theta) = -qE \cdot l \sin\theta = -pE \sin\theta \tag{87}$$

が定義される．マイナスは θ を減らす向きに回転させようとすること，つまり電気双極子を電場の方向に向けようとすることを意味する．ベクトル量としての力のモーメントの方向は $\boldsymbol{p}$ と $\boldsymbol{E}$ に垂直で，回転の向きに右ねじを回すときの右ねじの進行方向である．したがって，力のモーメント $\boldsymbol{N}$ は

$$\boldsymbol{N} = \boldsymbol{p} \times \boldsymbol{E} \tag{88}$$

と表される（図 21）．

偶力のモーメント $N(\theta)$ は，回転に対する位置エネルギー $U(\theta)$ と

$$N = -\frac{\partial U}{\partial \theta} \tag{89}$$

の関係にある．したがって

$$U = -\int_{\theta_0}^{\theta} N(\theta')\,\mathrm{d}\theta' = pE \int_{\theta_0}^{\theta} \sin\theta'\,\mathrm{d}\theta' \tag{90}$$

と書ける．ただし，角度 θ_0 のときの位置エネルギーを 0 とする．通常，$\theta_0 = \pi/2$ ととる．すなわち，$\boldsymbol{p}$ と $\boldsymbol{E}$ が直角をなすときの位置エネルギーを 0 とする．このとき，位置エネルギー $U(\theta)$ は次式で表される．

$$U = -pE\cos\theta = -\boldsymbol{p} \cdot \boldsymbol{E} \tag{91}$$

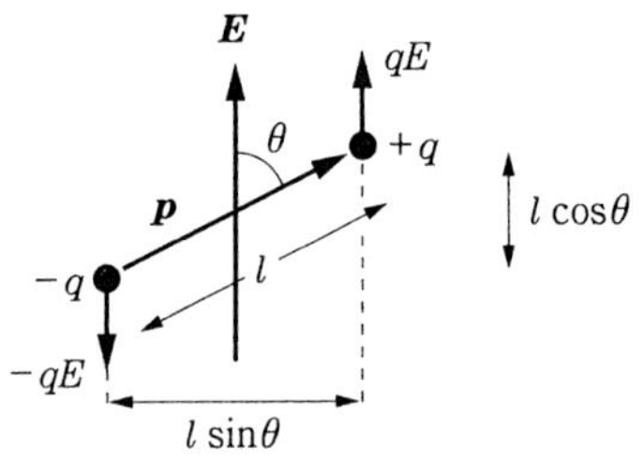

図 21　電場の中の電気双極子

1.9　静電場の基本法則

1.9.1　基本法則の積分表現

クーロンの法則から静電場を規定する 2 つの法則が得られた．ガウスの法則 (30) と渦なしの法則 (55) である．再掲しておこう．

$$\oint_S \boldsymbol{E}\cdot \mathrm{d}\boldsymbol{S} = \frac{1}{\epsilon_0}\int_V \rho(\boldsymbol{r})\,\mathrm{d}V \tag{92}$$

$$\oint_C \boldsymbol{E}\cdot \mathrm{d}\boldsymbol{s} = 0 \tag{93}$$

1.9.2　ガウスの法則の微分表現

空間に連続的に分布している電荷密度を $\rho(\boldsymbol{r})$ とする．図 22 の微小直方体にガウスの法則を適用しよう．式 (92) の左辺の面積分は直方体の 6 面における面積分の和である．x 軸に垂直な 2 つの面 (面積 $\Delta y\Delta z$) における面積分の和は

$$\{E_x(x+\Delta x,\, y,\, z) - E_x(x,\, y,\, z)\}\Delta y\Delta z \cong \frac{\partial E_x}{\partial x}\Delta x\Delta y\Delta z \tag{94}$$

である．同様に y 軸，z 軸に垂直な面における面積分を計算して，これらすべてを加えると次式を得る．

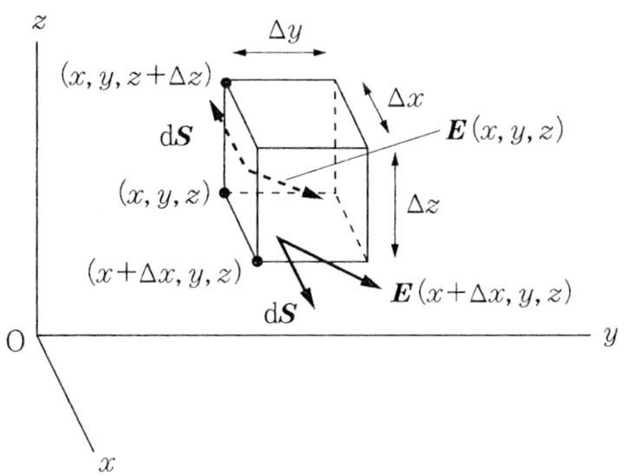

図 22　微小直方体にガウスの法則を適用

$$\oint_S \boldsymbol{E}\cdot \mathrm{d}\boldsymbol{S} = \left(\frac{\partial E_x}{\partial x}+\frac{\partial E_y}{\partial y}+\frac{\partial E_z}{\partial z}\right)\Delta V \tag{95}$$

$\Delta V = \Delta x\Delta y\Delta z$ は微小直方体の体積である．直方体の内部の電荷密度は $\rho(x,\, y,\, z)$ で代表してよいから，式 (92) の右辺の体積積分は $\rho\Delta V$ と書ける．以上から

$$\left(\frac{\partial E_x}{\partial x}+\frac{\partial E_y}{\partial y}+\frac{\partial E_z}{\partial z}\right)\Delta V \cong \frac{1}{\epsilon_0}\rho\,\Delta V \tag{96}$$

を得る．$\Delta V \to 0$ の極限でつぎの結果を得る．

$$\frac{\partial E_x}{\partial x}+\frac{\partial E_y}{\partial y}+\frac{\partial E_z}{\partial z} = \frac{\rho}{\epsilon_0} \tag{97}$$

この式の左辺の量を電場 $\boldsymbol{E}$ の発散 (divergence) といい，$\mathrm{div}\boldsymbol{E}$ と表す．

$$\mathrm{div}\boldsymbol{E} = \frac{\partial E_x}{\partial x}+\frac{\partial E_y}{\partial y}+\frac{\partial E_z}{\partial z} \tag{98}$$

式 (62) の演算子 ∇ を使うと形式的に ∇ と $\boldsymbol{E}$ のスカラー積 $\nabla\cdot\boldsymbol{E}$ と表される．以上からガウスの法則は微分形式で

$$\mathrm{div}\boldsymbol{E} = \frac{\rho}{\epsilon_0} \quad \text{または} \quad \nabla\cdot\boldsymbol{E} = \frac{\rho}{\epsilon_0} \tag{99}$$

と記述される．

1.9.3 ガウスの定理 (発散定理)

関係式 (95) は数学的な恒等式である．微小領域を考えているので，右辺は $\int \mathrm{div}\boldsymbol{E}\,\mathrm{d}V$ と書くことができる．$\boldsymbol{E}$ を任意のベクトル場 $\boldsymbol{A}(\boldsymbol{r})$ に置きかえると

$$\oint_S \boldsymbol{A}\cdot \mathrm{d}\boldsymbol{S} = \int \mathrm{div}\boldsymbol{A}\,\mathrm{d}V \tag{100}$$

となる．空間の任意の領域を微小直方体に分けて，各微小領域における式 (100) の総和をとってみよう．

$$\sum_i \oint_{S_i} \boldsymbol{A}_i\cdot \mathrm{d}\boldsymbol{S} = \sum_i \int_{V_i} \mathrm{div}\boldsymbol{A}_i\,\mathrm{d}V \tag{101}$$

左辺の和において，隣り合う直方体の境界面における面積分は，面素ベクトルの方向が逆向きであるので，和をとると 0 となる．したがって，領域の

内部の面積分の寄与はなく，領域を囲む閉曲面上の面積分だけが残る．右辺は領域全体の体積積分にほかならない．以上から，任意のベクトル場 $\boldsymbol{A}(\boldsymbol{r})$ に対して

$$\oint_S \boldsymbol{A}\cdot \mathrm{d}\boldsymbol{S} = \int_V \mathrm{div}\boldsymbol{A}\,\mathrm{d}V \tag{102}$$

が成り立つ．V は閉曲面 S 内の領域である．この関係は，ガウスの定理または発散定理とよばれる．

1.9.4　渦なしの法則の微分表現

x 軸に垂直な平面内の微小な長方形の閉曲線に渦なしの法則を適用する (図 23)．y 軸に平行な辺に沿っての線積分は

$$\{E_y(x,y,z) - E_y(x,y,z+\Delta z)\}\Delta y \cong -\frac{\partial E_y}{\partial z}\Delta y\Delta z \tag{103}$$

z 軸に平行な辺に沿っての線積分は

$$\{E_z(x,y+\Delta y,z) - E_z(x,y,z)\}\Delta z \cong \frac{\partial E_z}{\partial y}\Delta y\Delta z \tag{104}$$

となる．$\Delta y\Delta z$ は長方形の面積 ΔS に等しいから

$$\oint_C \boldsymbol{E}\cdot \mathrm{d}\boldsymbol{s} = \left(\frac{\partial E_z}{\partial y} - \frac{\partial E_y}{\partial z}\right)\Delta S \tag{105}$$

を得る．したがって，循環ゼロは

$$\frac{\partial E_z}{\partial y} - \frac{\partial E_y}{\partial z} = 0 \tag{106}$$

を与える．同様に y 軸，z 軸に垂直な微小長方形を考えて次式を得る．

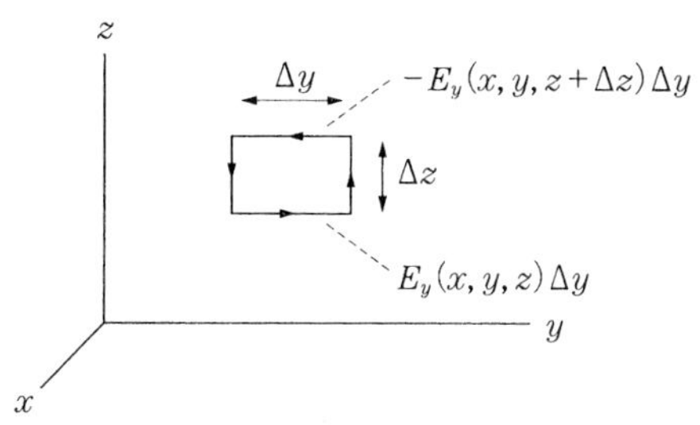

図 23　微小長方形に渦なしの法則を適用

$$\frac{\partial E_x}{\partial z} - \frac{\partial E_z}{\partial x} = 0 \tag{107}$$

$$\frac{\partial E_y}{\partial x} - \frac{\partial E_x}{\partial y} = 0 \tag{108}$$

式 (106)～(108) の左辺の量を x, y, z 成分とするベクトルをベクトル $\boldsymbol{E}$ の回転 (rotation または curl) とよび，rot$\boldsymbol{E}$ または curl$\boldsymbol{E}$ と表す．

$$\mathrm{rot}\boldsymbol{E} = \left(\frac{\partial E_z}{\partial y} - \frac{\partial E_y}{\partial z}\right)\hat{\mathbf{e}}_x + \left(\frac{\partial E_x}{\partial z} - \frac{\partial E_z}{\partial x}\right)\hat{\mathbf{e}}_y + \left(\frac{\partial E_y}{\partial x} - \frac{\partial E_x}{\partial y}\right)\hat{\mathbf{e}}_z \tag{109}$$

形式的には ∇ と $\boldsymbol{E}$ のベクトル積 $\nabla \times \boldsymbol{E}$ として表される．以上から渦なしの法則は

$$\mathrm{rot}\boldsymbol{E} = 0 \tag{110}$$

と表される．

1.9.5　ストークスの定理 (回転定理)

関係式 (105) は数学的な恒等式である．図 23 の微小長方形領域の面素ベクトル d$\boldsymbol{S}$ は x 方向を向いているので，右辺は $\int \mathrm{rot}\boldsymbol{E}\cdot\mathrm{d}\boldsymbol{S}$ と表すことができる．$\boldsymbol{E}$ を任意のベクトル場 $\boldsymbol{A}$ に置きかえる．

$$\oint_{\mathcal{C}} \boldsymbol{A}\cdot\mathrm{d}\boldsymbol{s} = \int_{\mathcal{S}} \mathrm{rot}\boldsymbol{A}\cdot\mathrm{d}\boldsymbol{S} \tag{111}$$

この式は微小長方形の向きに関係なく成り立つ．任意の 2 次元領域を微小長方形に分けて，各微小領域 $\mathcal{S}_i$ における式 (111) の総和をとってみよう．

$$\sum_i \oint_{\mathcal{C}_i} \boldsymbol{A}_i\cdot\mathrm{d}\boldsymbol{s} = \sum_i \int_{\mathcal{S}_i} \mathrm{rot}\boldsymbol{A}_i\cdot\mathrm{d}\boldsymbol{S} \tag{112}$$

左辺の和において，隣り合う長方形の境界線上の線積分は，積分路の向きが逆であるので，和をとると 0 となる．したがって，領域を取り囲む閉曲線上の線積分だけが残る．右辺は領域全体の面積分にほかならない．以上から，任意のベクトル場 $\boldsymbol{A}(\boldsymbol{r})$ に対して

$$\oint_{\mathcal{C}} \boldsymbol{A}\cdot\mathrm{d}\boldsymbol{s} = \int_{\mathcal{S}} \mathrm{rot}\boldsymbol{A}\cdot\mathrm{d}\boldsymbol{S} \tag{113}$$

が成り立つ．領域 S は閉曲線 C に囲まれる曲面である．これをストークスの定理または回転定理といい，ガウスの定理 (発散定理) とともに電磁気学の理解に重要な定理である．

また，証明は省くが，つぎの積分定理も成り立つ．

$$\oint_S \mathrm{d}\boldsymbol{S} \times \boldsymbol{A} = \int_V \mathrm{rot}\,\boldsymbol{A}\,\mathrm{d}V \tag{114}$$

演 習 問 題

電気量

[1] アルミニウム製の1円硬貨の質量は 1.00 g である．1円硬貨の中の電子の電荷はどれほどか．ただしアルミニウムの原子番号は 13，1 mol あたりの質量は 27.0 g/mol である．

クーロンの法則

[2] 下図のように

(1) 一辺 a の正三角形の頂点に $+q$, $+q$, $-q$ の点電荷がある．

(2) 一辺 a の正方形の頂点に $+q$, $+q$, $+q$, $-q$ の点電荷がある．

各図の大きな・印の頂点にある点電荷 $+q$ に作用する力 (大きさと方向) を求めよ．

[3] 質量 m の小さな導体球2個を，長さ l の絶縁糸で同じ点から吊るした．各導体球に電荷 q を与えるとき，釣り合いの位置の球の間隔 x を求めよ．ただし微小角の近似 $\tan\theta \cong \sin\theta$ を使ってよい．

電場と電位

[4] 半径 a，角度 α の円弧状の細い導線に電荷 Q が一様に帯電している．

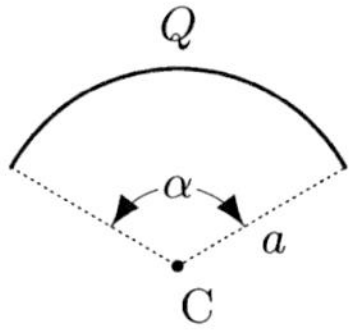

(1) 無限遠の電位を 0 として円弧の中心 C における電位 ϕ を求めよ．

(2) 円弧の中心 C における電場の方向と強さ E を求めよ．

[5] 長さ l の真っ直ぐな細い針金に電荷 Q が一様に帯電している．

(1) 針金の延長線上の，中点から距離 x $(x > l/2)$ の点における電位と電場を求めよ．

(2) 針金の中点を通り針金に垂直な直線上の，中点から距離 y の点における電位と電場を求めよ．

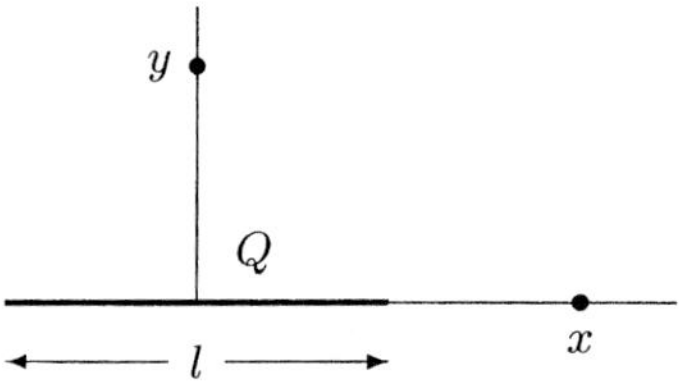

[6] 半径 a の円形導線に電荷 Q が一様に帯電している．円の中心を通る軸上の，中心から距離 z の点における電位と電場を求めよ．

[7] (1) 電荷 Q が一様に帯電した半径 a の絶縁体の薄い円板がある．円板の中心から，面に垂直方向に z 離れた点における電位 $\phi(z)$ と電場 $E(z)$ を求めよ．

(2) 電荷 Q が一様に帯電した外半径 a，内半径 b の絶縁体の薄いリング状円板がある．リングの中心から，面に垂直方向に z 離れた点における電位 $\phi(z)$ と電場 $E(z)$ を求めよ．

[8] 面電荷密度 σ で一様に帯電した絶縁体の薄板がある．面積は十分に大きいとする．

(1) 面から距離 z の点における電場 $E(z)$ を求めよ．

(2) 板から半径 a の円を取り除いた．円の中心から面に垂直に z 離れた点の電場 $E(z)$ を求めよ．

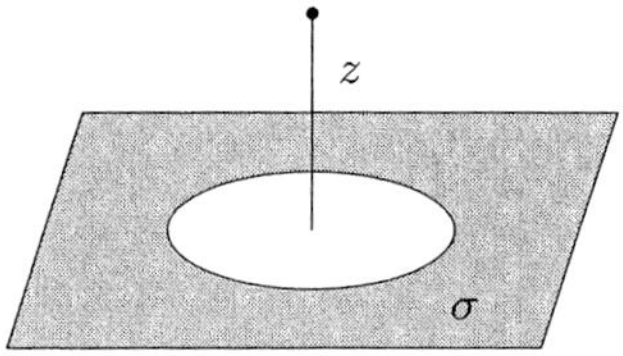

[9] x–y 平面上において，原点に $+q$，点 $(a, 0)$ に $-2q$ の点電荷がある．無限の遠方における電位を 0 とするとき，無限遠以外で電位が 0 となる点の軌跡が

円となることを示せ．この円の半径と中心の位置座標を求めよ．

[10] 一辺 a の小さな正方形の頂点に図のように点電荷 $+q$，$-q$，$+q$，$-q$ がある．正方形の中心から図の方向に距離 x 離れた点における電場の方向と大きさを求めよ．ただし $x \gg a$ とする．この電荷分布は電気 4 極子の一例である．

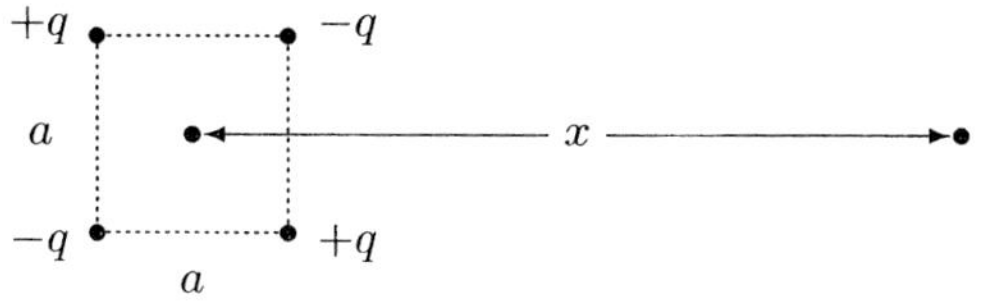

ガウスの法則

[11] 4 つの点電荷がある．図のように点電荷 q_1, q_2 を含む閉曲面 $\mathcal{S}$ 上における面積分 $\oint \boldsymbol{E} \cdot \mathrm{d}\boldsymbol{S}$ の値を求めよ．

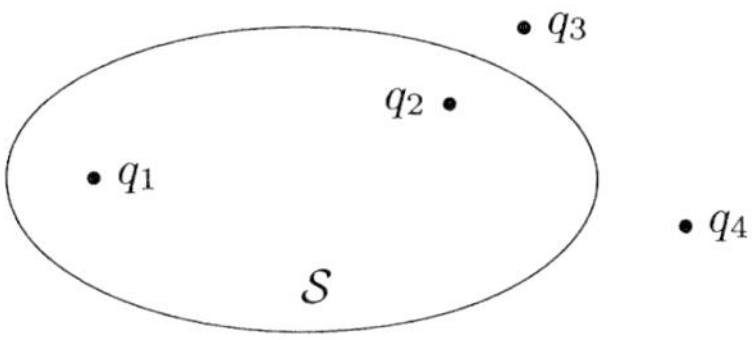

[12] 一辺 a の正方形の中心を通り，面に垂直な直線上の，正方形の中心から $a/2$ の位置に点電荷 q がある．点電荷が正方形の面上につくる電場 $\boldsymbol{E}$ について $\int \boldsymbol{E} \cdot \mathrm{d}\boldsymbol{S}$ を求めよ．この値は正方形を貫く電気力線の数に等しい．

【ヒント】稜の長さが a の立方体の中心に点電荷がある場合を考えよ．

[13] 半径 a の球の中心に点電荷 q があり，球の外側には中心からの距離 r に反比例する電荷密度 $\rho(r) = k/r$ (k は定数) で電荷が分布している．

(1) 中心から距離 $a \sim r$ ($r > a$) のあいだにある電荷 $Q(r)$ を求めよ．

(2) 中心から距離 r ($r > a$) における電場の強さ $E(r)$ を求めよ．

(3) $r > a$ において電場の強さが一定であるという．定数 k を q，a を用いて表せ．

[14] 半径 a の球内に一様に電荷が分布している．電荷密度を ρ としよう．

(1) 球の中心から球内の任意の点への位置ベクトルを $\boldsymbol{r}$ とすると，その点の電場ベクトルは $\boldsymbol{E} = \rho\boldsymbol{r}/3\epsilon_0$ と表されることを示せ．

(2) 一様に電荷が分布した球内に，電荷が存在しない球状空洞がある．空洞の中心の位置ベクトルを $\boldsymbol{r}_0$ とすると，空洞内の電場は $\boldsymbol{E} = \rho\boldsymbol{r}_0/3\epsilon_0$ と表され，一定であることを示せ．

【ヒント】電荷密度 $-\rho$ の球を重ね合わせよ．

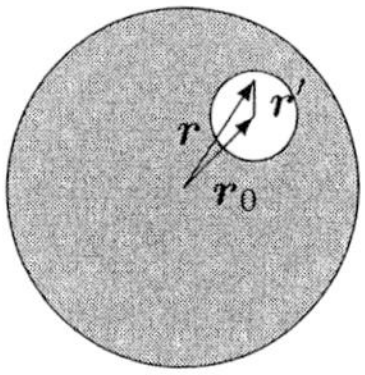

[**15**] 原点から距離 r の点における電位 $\phi(r)$ が次の式で表される (湯川ポテンシャルとよばれる)．

$$\phi(r) = \frac{q}{4\pi\epsilon_0}\frac{\mathrm{e}^{-r/\lambda}}{r}$$

(1) 電場の強さ $E(r)$ を求めよ．

(2) 原点を中心とする半径 r の球内の電荷を求めよ．

(3) 原点に点電荷 q があることを説明し，$r > 0$ における電荷密度 $\rho(r)$ を求めよ．

2章
導　　体

ほとんど自由に動ける荷電粒子をもった物質は[†7]，荷電粒子の移動によって電気をよく伝えるので導体 (conductor) とよばれる．これに対して，移動可能な荷電粒子をもたない，電気を伝えない物質を絶縁体 (insulator) という．内部に自由電子をもつ金属は格段によく電気を伝えるので，静電気的には理想的な導体として扱うことができる．

2.1　導体の静電気的特徴

自由な荷電粒子をもつ理想的な導体の静電気的な特徴を考察しよう．

①　導体の内部には電場は存在しない．

もし，導体内部の電場が 0 でないとすれば，導体内の自由に動ける荷電粒子は力を受けて運動を始め，電荷分布が静止しているという静電気の仮定に反する．

②　導体の内部および表面の電位はいたるところで等しい．

導体の内部では電場が 0 であることから，電位を ϕ とすると $\mathrm{grad}\,\phi = 0$，したがって ϕ は一定である．この一定値を導体の電位という．導体の表面は等電位面となる．

③　導体の内部には電荷は存在しない．

もし，電荷 q が存在するとすれば，導体内にとった電荷を取り囲む閉曲面にガウスの法則を適用して $\oint_S \boldsymbol{E} \cdot \mathrm{d}\boldsymbol{S} = q/\epsilon_0$ が成り立つことになる．し

[†7]　“自由に動ける” とは，粒子を移動させるのに仕事を要しないことを意味する．

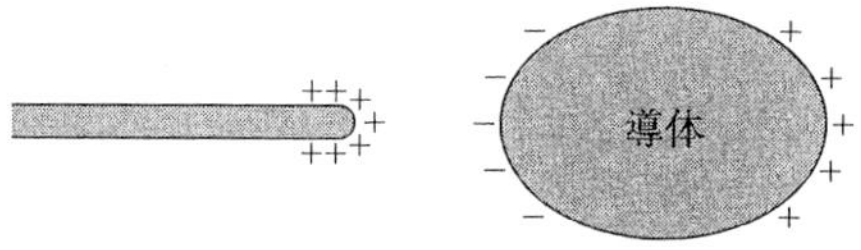

図 24　導体に帯電体を近づけると静電誘導が起きる.

かし，導体内の閉曲面上で電場 $\boldsymbol{E}$ は 0 であるから $q = 0$ でないとすれば矛盾である．ゆえに，導体内部に電荷は存在しない.

このことは，導体が帯電するとき電荷は表面に存在することを意味する．導体に帯電体を近づけると，あるいは一般に導体を電場の中に置くと，導体内部の電場が 0 となるように表面に電荷が現れる．この現象を静電誘導といい，表面に現れた電荷を誘導電荷とよぶ.

導体に外部から電場をかけるとき，仮に導体内部に空洞があったとしても，空洞の内側の表面に電荷が誘導されることはない．したがって，ある空間を導体で囲むことによって，外部から電気的に遮断することができる．これを静電遮蔽という.

④　導体の表面は等電位面なので，表面付近の電場は導体表面に垂直である．導体表面の面電荷密度 σ と表面付近の電場の強さ E のあいだには，つぎの関係がある.

$$E = \frac{\sigma}{\epsilon_0} \tag{115}$$

この関係は，導体表面を含む図 25 のような円筒にガウスの法則を適用して求めることができる．導体中では，電場は 0 なので面積分は円筒上面の

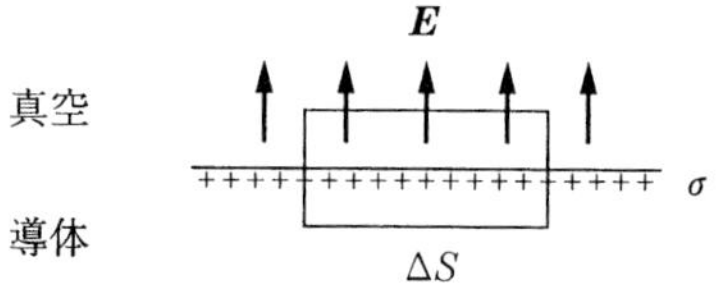

図 25　導体表面における電場

$E\Delta S$ のみである．したがって，ガウスの法則は $E\Delta S = \sigma\Delta S/\epsilon_0$ となり，式 (115) を得る．

2.2 電 気 容 量

2.2.1 電気容量の定義

孤立した1つの導体を考える．導体に電荷 Q を与えたとき，電荷は導体の表面に分布する．空間の電場は面電荷密度 $\sigma(\boldsymbol{r})$ がわかっていれば，式 (15) を使って求めることができる．導体に与えた電荷と導体の表面電荷密度は比例関係にあるから，空間の電場は導体の電荷に比例する．したがって，導体の電位 ϕ は電荷 Q に比例する．すなわち

$$Q = C\phi \tag{116}$$

が成り立つ．比例定数 C を孤立導体の電気容量 (capacitance) または静電容量という．その単位は C/V であるが，これをファラド (farad，記号 F) と表す[†8]．静電気における 1 C はきわめて大きな電気量であるので，1 F (1 C/V) も実用的にはきわめて大きな電気容量である．なお，電位の単位 V は $\mathrm{V = J/C = N{\cdot}m/C}$ であるので $\mathrm{F = C/V = C^2/N{\cdot}m}$ の関係があり，誘電率の単位 $\mathrm{C^2/N{\cdot}m^2}$ は F/m と表される．真空の誘電率は $\epsilon_0 = 8.854 \times 10^{-12}\,\mathrm{F/m}$ と書くことが多い．

例：導体球の電気容量

孤立した導体球の電気容量を求めよう．半径 a の導体球の表面に電荷 Q が一様に分布しているとき，球の外側の電場は球の中心にある点電荷 Q がつくる電場に等しい．球の表面の電位は

$$\phi = \frac{Q}{4\pi\epsilon_0 a} \tag{117}$$

[†8] ファラド (farad) という名称はファラデー (Michael Faraday, 1791–1867) の名前に由来する．彼はコンデンサーの電極板のあいだに絶縁体を挿入すると，電気容量が増大することを発見した (1837).

である．したがって，導体球の電気容量は

$$C = \frac{Q}{\phi} = 4\pi\epsilon_0 a \tag{118}$$

である．

地球は，静電気的には半径約 6400 km の導体とみなすことができる．式 (118) によれば，地球の電気容量は約 7×10^{-4} F=700 μF と計算される．いろいろな場合に導体の電位を一定に保つために，導体を導線で地球につなぐ．これを接地 (アース，earth) という．接地することによって導体がもっている電荷は地球に流れ，導体は電気的に中性になる．これを放電という．このとき電荷 ΔQ が地球に流れたとすると，地球の電位は $\Delta Q/C$ だけ変化するが，$C = 700\,\mu$ F は実用上は十分に大きいために電位の変化は無視できるほど小さく，地球の電位はつねにほぼ 0 とみなしてよいのである．

2.2.2 コンデンサーの電気容量

2 つの導体を近づけて配置し，それぞれに $+Q$，$-Q$ の電荷を与えたとしよう．正に帯電した導体から出た電気力線がすべて負に帯電した導体に入るとき，2 つの導体系をコンデンサー (condenser) またはキャパシター (capacitor) という．正負に帯電した導体の電位 ϕ_1，ϕ_2 は Q に比例し，電位差 (電圧) $\phi_{12} = \phi_1 - \phi_2$ も Q に比例する．

$$Q = C\,\phi_{12} \tag{119}$$

比例定数 C をコンデンサーの電気容量または静電容量という．なお，電気回路を扱うときには "電位差" は "電圧"(voltage) とよばれることが多い．

例 1：平行板コンデンサー

2 つの平板導体を狭い間隔 d で平行に向かい合わせた平行板コンデンサーを考えよう (図 26)．それぞれの導体板 (極板という) に $+Q$，$-Q$ の電荷を与えたとき，縁の付近を除いて電荷は極板の内側の面に一様に分布し，極板間には面に垂直に一様な電場が生じる．極板の面積を S とすると面電荷密度は $\pm\sigma = \pm Q/S$ であるので，導体間の電場の強さは $E = \sigma/\epsilon_0 = Q/\epsilon_0 S$,

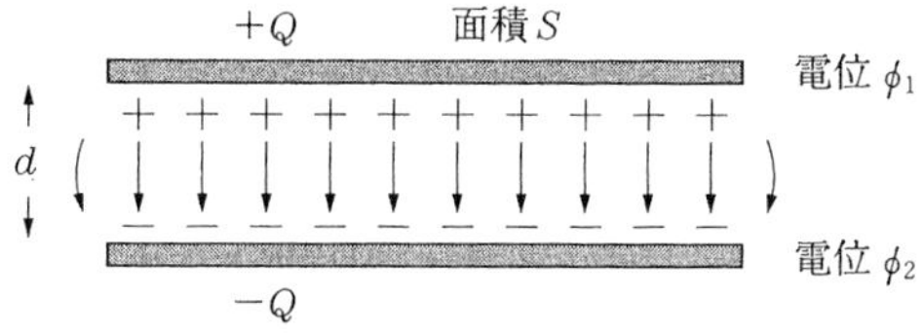

図 **26** 平行板コンデンサー

電位差は $\phi_{12} = Ed = Qd/\epsilon_0 S$ と表せる．したがって，電気容量は次式で与えられる．

$$C = \frac{Q}{\phi_{12}} = \frac{\epsilon_0 S}{d} \tag{120}$$

例 2：円筒型コンデンサー

半径 a_1，a_2，長さ l の 2 つの同軸円筒電極から構成されるコンデンサーを考えよう．内側電極に電荷 $+Q$，外側電極に電荷 $-Q$ を与えたとき，軸から距離 r の点における電場の強さを $E(r)$ とすると，ガウスの法則より

$$2\pi l r E(r) = \frac{Q}{\epsilon_0} \tag{121}$$

すなわち

$$E(r) = \frac{Q}{2\pi\epsilon_0 l r} \tag{122}$$

である．電極間の電位差は

$$\phi_{12} = \phi(a_1) - \phi(a_2) = -\int_{a_2}^{a_1} E(r)\,\mathrm{d}r = \frac{Q}{2\pi\epsilon_0 l}\log\frac{a_2}{a_1} \tag{123}$$

となる．したがって，電気容量は次式で与えられる．

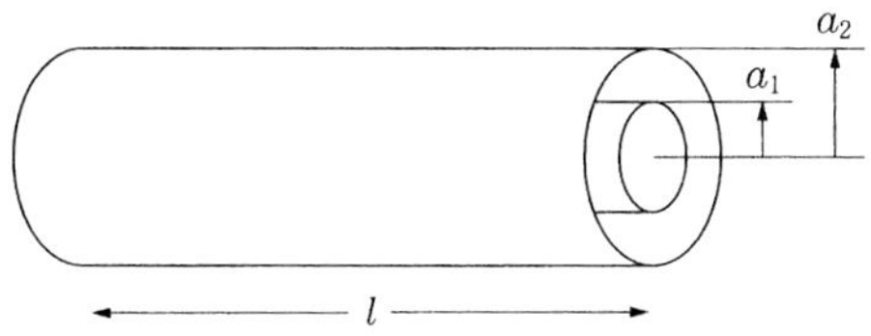

図 **27** 円筒型コンデンサー

$$C = \frac{Q}{\phi_{12}} = \frac{2\pi\epsilon_0 l}{\log\dfrac{a_2}{a_1}} \tag{124}$$

$a_2 - a_1 \ll a_1$ の場合には $d = a_2 - a_1$ と置くと $\log(a_2/a_1) \cong d/a_1$ と近似できるので，電極の面積 $S \cong 2\pi l a_1$ を使うと平行板コンデンサーの式 (120) に帰着される．

2.2.3 容量係数と電位係数

多くの導体があるとき，それらがもつ電荷 Q_1，Q_2，$\cdots$ と電位 ϕ_1，ϕ_2，$\cdots$ は線形の関係にある．

$$Q_i = \sum_j C_{ij}\phi_j \tag{125}$$

$$\phi_i = \sum_j D_{ij}Q_j \tag{126}$$

C_{ij} を容量係数，D_{ij} を電位係数という．電位係数と容量係数についてつぎの性質がある．

$$D_{ij} = D_{ji},\ D_{ii} > 0,\ D_{ij} \geqq 0 \quad (i \neq j) \tag{127}$$

$$C_{ij} = C_{ji},\ C_{ii} > 0,\ C_{ij} \leqq 0 \quad (i \neq j) \tag{128}$$

$D_{ij} = D_{ji}$ および $C_{ij} = C_{ji}$ の関係を相反定理とよんでいる．

2.3 静電エネルギー

2.3.1 点電荷の系

電位が 0 の無限遠から電位が ϕ の点まで点電荷 q' を運ぶのに必要な仕事 W は $W = q'\phi$ である．電位 ϕ が 1 つの点電荷 q によってつくられる場合には ϕ は式 (52) で与えられる．2 つの点電荷のあいだの距離を r とすると

$$W = \frac{1}{4\pi\epsilon_0}\frac{qq'}{r} \tag{129}$$

となる．仕事によって加えられたこのエネルギーは静電気的なエネルギーとして点電荷の系に蓄えられる．一般に，電荷分布がもつ静電気的なエネルギーを静電エネルギーという．

2つの点電荷 q_1，q_2 が距離 r_{12} 離れて存在するときの静電エネルギー U は

$$U = \frac{1}{4\pi\epsilon_0}\frac{q_1 q_2}{r_{12}} \tag{130}$$

である．ここに，第3の点電荷 q_3 を無限遠からもってくるとしよう (図 28)．2つの点電荷 q_1，q_2 が第3の点電荷の位置につくる電位を ϕ_3 とすると，必要な仕事は $q_3\phi_3$ である．点電荷 q_1，q_2 から q_3 までの距離をそれぞれ r_{13}，r_{23} とすると

$$q_3\phi_3 = q_3\left(\frac{1}{4\pi\epsilon_0}\frac{q_1}{r_{13}} + \frac{1}{4\pi\epsilon_0}\frac{q_2}{r_{23}}\right) \tag{131}$$

である．式 (130) と (131) の和

$$U = \frac{1}{4\pi\epsilon_0}\left(\frac{q_1 q_2}{r_{12}} + \frac{q_1 q_3}{r_{13}} + \frac{q_2 q_3}{r_{23}}\right) = \frac{1}{4\pi\epsilon_0}\sum_{i=1}^{3}\sum_{\substack{j=1\\ j>i}}^{3}\frac{q_i q_j}{r_{ij}} \tag{132}$$

は3つの点電荷の系がもつ静電エネルギーである．一般に，n 個の点電荷からなる系の静電エネルギーは次式で与えられる．

$$U = \frac{1}{4\pi\epsilon_0}\sum_{i=1}^{n}\sum_{\substack{j=1\\ j>i}}^{n}\frac{q_i q_j}{r_{ij}} = \frac{1}{8\pi\epsilon_0}\sum_{i=1}^{n}\sum_{j=1}^{n}{}'\frac{q_i q_j}{r_{ij}} = \frac{1}{2}\sum_{i=1}^{n} q_i\,\phi_i' \tag{133}$$

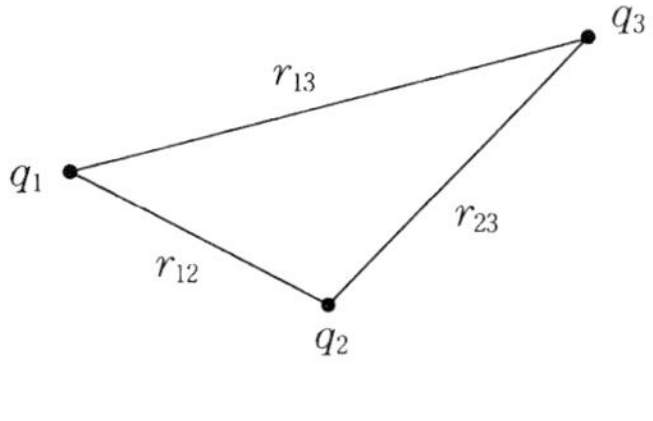

図 28　3つの点電荷の系

$$\phi_i' = \frac{1}{4\pi\epsilon_0} \sum_{j=1}^{n}{}' \frac{q_j}{r_{ji}} \tag{134}$$

ただし，$\sum'$ は $j = i$ を除くことを意味する．r_{ij} は点電荷 q_i と q_j のあいだの距離である．ϕ_i' は q_i を除く他のすべての点電荷が点電荷 q_i の位置につくる電位である．

2.3.2 電荷が連続的に分布している系

電荷が連続的に分布している場合には，点電荷を微小体積内の電荷 $\rho(\boldsymbol{r})\,\mathrm{d}V$ に置きかえて体積積分すればよい．

$$U = \frac{1}{2}\int \rho(\boldsymbol{r})\,\phi(\boldsymbol{r})\,\mathrm{d}V \tag{135}$$

$$\phi(\boldsymbol{r}) = \frac{1}{4\pi\epsilon_0}\int \frac{\rho(\boldsymbol{r}')}{|\boldsymbol{r}' - \boldsymbol{r}|}\mathrm{d}V' \tag{136}$$

ここで，点電荷の場合と違って，位置 $\boldsymbol{r}$ の電位を求める式 (136) において，$\boldsymbol{r}'$ の積分から $\boldsymbol{r}' = \boldsymbol{r}$ の近傍を除外する必要はない．

例：一様に帯電した球の静電エネルギー

半径 a の球の内部に電荷 Q が一様に電荷が分布しているとする．球内の電荷密度は

$$\rho = \frac{3Q}{4\pi a^3} \tag{137}$$

である．式 (70) で与えられる球の内部の電位 $\phi(r)$ を使って静電エネルギーは

$$\begin{aligned} U &= \frac{1}{2}\int_0^a \rho\,\phi(r)\,4\pi r^2\,\mathrm{d}r = \frac{\pi\rho^2}{3\epsilon_0}\int_0^a (3a^2 - r^2)\,r^2\,\mathrm{d}r \\ &= \frac{4\pi}{15\epsilon_0}\rho^2 a^5 = \frac{3}{5}\,\frac{Q^2}{4\pi\epsilon_0 a} \end{aligned} \tag{138}$$

と求まる．

Q を一定に保つとき，$a \to 0$ の極限で U は発散する．このことは，点電荷が無限大の自己エネルギーをもつことを意味する．このため，点電荷

の自己エネルギーは静電エネルギーには含めない．これが式 (134) において q_i の寄与を除外する理由である．一方，ρ を一定に保つときには $a \to 0$ の極限で $U = 0$ である．ゆえに，式 (136) において $\boldsymbol{r}'$ の積分から $\boldsymbol{r}' = \boldsymbol{r}$ の近傍を除外する必要はない．

2.3.3 導 体 系

多くの導体からなる系を考える．式 (135) は，電荷密度 $\rho(\boldsymbol{r})$ を表面電荷密度に，体積積分を表面積分に置きかえれば導体に適用できる．n 個の導体系における i 番目の導体の電位を ϕ_i，表面電荷密度を $\sigma_i(\boldsymbol{r})$ とすると静電エネルギーは

$$U = \frac{1}{2}\sum_{i=1}^{n}\oint_S \sigma_i(\boldsymbol{r})\,\phi_i\,\mathrm{d}S \tag{139}$$

である．面積分は個々の導体の全表面にわたって行う．導体の表面は等電位面であるから，つぎの結果を得る．

$$U = \frac{1}{2}\sum_{i=1}^{n}\phi_i\oint_S \sigma_i(\boldsymbol{r})\,\mathrm{d}S = \frac{1}{2}\sum_{i=1}^{n} Q_i\,\phi_i \tag{140}$$

ここで，ϕ_i は i 番目の導体の電位，Q_i は電荷である．点電荷の静電エネルギーの式 (133) においては ϕ_i' は q_i の寄与を含まないが，導体の静電エネルギーの式 (140) においては ϕ_i は Q_i の寄与を含む．点電荷を形成するためのエネルギーは，無限大なので静電エネルギーの対象には含めない (つまり点電荷はすでに存在するものとして扱う) が，導体を帯電させるためのエネルギーは，静電エネルギーの重要な対象である．

例 1：帯電した孤立導体の静電エネルギー

電気容量 C の孤立導体の電荷を Q，電位を ϕ とすると $Q = C\phi$ である．したがって，静電エネルギー U は

$$U = \frac{1}{2}Q\phi = \frac{1}{2}C\phi^2 \tag{141}$$

である．

例 2：帯電したコンデンサーの静電エネルギー

コンデンサーを構成する 2 つの導体の電荷を $+Q$，$-Q$，電位を ϕ_1，ϕ_2 とする．コンデンサーがもつ静電エネルギーは

$$U = \frac{1}{2}\{Q\phi_1 + (-Q)\phi_2\} = \frac{1}{2}Q\,\phi_{12} = \frac{Q^2}{2C} = \frac{1}{2}C\,\phi_{12}^2 \tag{142}$$

と表される．ただし，$\phi_{12} = \phi_1 - \phi_2$ は 2 つの導体の電位差である．

2.3.4　電場のエネルギー密度

平行板コンデンサーに蓄えられる静電エネルギー U は，電極の面積を S，間隔を d，電気容量を C $(= \epsilon_0 S/d)$ とすると

$$U = \frac{Q^2}{2C} = \frac{d}{2\epsilon_0 S}Q^2 \tag{143}$$

または電位差を ϕ とすると

$$U = \frac{1}{2}C\,\phi^2 = \frac{\epsilon_0 S}{2d}\phi^2 \tag{144}$$

と表される．極板間の電場の強さ $E = \phi/d$ を用いて書き直すと

$$U = \frac{1}{2}\epsilon_0 E^2\,(Sd) = \frac{1}{2}\epsilon_0 E^2\,V \tag{145}$$

である．ここで，$V = Sd$ は電場が E である極板間の体積である (電極の縁の付近における電場のはみ出しは無視できるとする)．したがって，電場 E の空間は単位体積あたり

$$u = \frac{1}{2}\epsilon_0 E^2 \tag{146}$$

のエネルギーをもっていることがわかる．u は電場のエネルギー密度である．この関係は，5.8 節で一般的に導く．

2.4　導体に作用する力

帯電した平行板コンデンサーの電荷 Q を一定に保って極板間の距離を Δd だけ引き離すことを考えよう．静電エネルギーの増加 ΔU は式 (143) から

$$\Delta U = \frac{\partial U}{\partial d}\Delta d = \frac{Q^2}{2\epsilon_0 S}\,\Delta d = \frac{1}{2}\epsilon_0 E^2 S\Delta d \tag{147}$$

である．極板を引き離す ($\Delta d > 0$) とき静電エネルギーが増える ($\Delta U > 0$) ということは，仕事が必要であること，つまり 2 つの極板は互いに引き合っていることを意味する．極板に作用する力を F とすると

$$F = -\frac{\Delta U}{\Delta d} = -\frac{1}{2}\epsilon_0 E^2 S \tag{148}$$

である．マイナスは d を減少させる向きの力であることを意味する．極板に作用する単位面積あたりの力 (応力) は $\epsilon_0 E^2/2$ である．

つぎに，コンデンサーの極板が縦，横の長さ a, b ($a, b \gg d$) の長方形であり，横の長さ b は自由に変えられるとしよう (電気的接触を保って摩擦なく滑る 2 枚重ねの軽い極板を考えよ)．電荷 Q を一定に保って b を Δb だけ変化させるとき，静電エネルギーの変化は

$$\Delta U = \frac{\partial U}{\partial b}\Delta b = -\frac{Q^2 d}{2\epsilon_0 a b^2}\,\Delta b = -\frac{1}{2}\epsilon_0 E^2\,(ad)\Delta b \tag{149}$$

と表される．ここで，ad は辺 b に垂直な断面積である．辺の長さを増やす ($\Delta b > 0$) とき静電エネルギーが減少する ($\Delta U < 0$) ということは，極板には b を増やそうとする力が作用していることを意味する．この力を F とすると

$$F = -\frac{\Delta U}{\Delta b} = \frac{1}{2}\epsilon_0 E^2\,(ad) \tag{150}$$

断面の面積 ad で割った単位面積あたりの力 (応力) はこの場合も $\epsilon_0 E^2/2$ である．

以上から電気力線の方向には張力が，電気力線と垂直方向には圧力が作

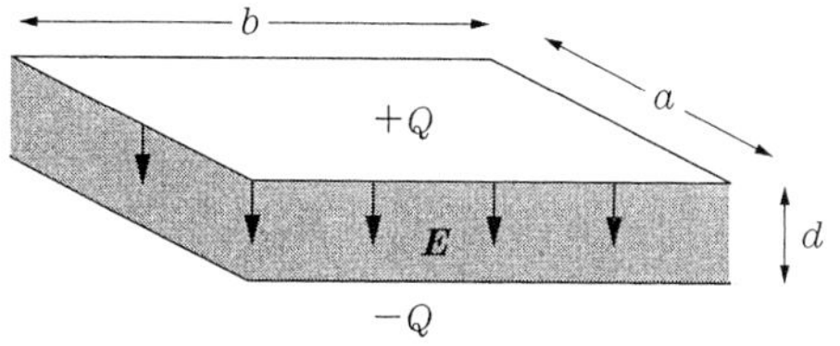

図 **29** 平行平板コンデンサーの蓄える静電エネルギー

用していることになる．単位面積あたりの張力または圧力は

$$\frac{1}{2}\epsilon_0 E^2 \tag{151}$$

である．これをマクスウェルの応力 (Maxwell's stress) とよぶ．

電気力線が長さ方向には縮もうとしており，隣接する電気力線とは互いに押し合っていることを認めて，2つの点電荷による電気力線の図 6(a)，(b) をみれば，同種の点電荷は反発し，異種の点電荷は引き合うことが視覚的に表されていると感じるであろう．

2.5 ポアソンの方程式

2.5.1 ポアソン方程式とラプラスの方程式

ガウスの法則の微分表現 (99) に電場と電位の関係式 (61) を代入すると

$$\mathrm{div}\,(\mathrm{grad}\,\phi) = -\frac{\rho}{\epsilon_0} \tag{152}$$

を得る．ここで

$$\mathrm{div}\,(\mathrm{grad}\,\phi) = \frac{\partial^2\phi}{\partial x^2} + \frac{\partial^2\phi}{\partial y^2} + \frac{\partial^2\phi}{\partial z^2} \tag{153}$$

である．左辺は $\nabla^2\phi$ とも表す．微分演算子

$$\nabla^2 = \frac{\partial^2}{\partial x^2} + \frac{\partial^2}{\partial y^2} + \frac{\partial^2}{\partial z^2} \tag{154}$$

をラプラシアン (Laplacian) とよび，Δ と表すこともある．∇^2 を使うと式 (152) は

$$\nabla^2\phi(\boldsymbol{r}) = -\frac{\rho(\boldsymbol{r})}{\epsilon_0} \tag{155}$$

と書ける．この式をポアソンの方程式 (Poisson's equation) という．とくに，電荷が存在しない領域では $\rho = 0$ なので

$$\nabla^2\phi(\boldsymbol{r}) = 0 \tag{156}$$

である．これをラプラスの方程式 (Laplace's equation) という．静電気学の重要なテーマは, 電荷分布や導体の電位が与えられたときに, 空間の電場

を決定することである．ポアソンの方程式またはラプラスの方程式を与えられた境界条件のもとで解けば，空間の電位が決定でき，$\boldsymbol{E} = -\mathrm{grad}\,\phi$ の関係から電場を求めることができる．

[簡単な例]

2つの平行な導体板のあいだに電荷が一様に分布している．板面に垂直な方向に x 軸をとり，一方の導体面を $x = 0$，電位を $\phi = 0$，他方の導体面を $x = d$，電位を $\phi = \phi_0$ とするとき，その間の電位 $\phi(x)$ を求めよう．

一様な電荷密度を ρ とすると, ポアソンの方程式は

$$\frac{\mathrm{d}^2\phi}{\mathrm{d}x^2} = -\frac{\rho}{\epsilon_0} \tag{157}$$

である．ρ は一定なので解は容易に求まる．

$$\phi(x) = -\frac{\rho}{2\epsilon_0}x^2 + c_1 x + c_2 \tag{158}$$

積分定数 c_1, c_2 は境界条件 $\phi(0) = 0$, $\phi(d) = \phi_0$ から決定され $c_1 = (\rho d/2\epsilon_0) + (\phi_0/d)$, $c_2 = 0$ である．電位と電場は，次式で与えられる．

$$\phi(x) = \frac{\rho}{2\epsilon_0}x\,(d - x) + \frac{\phi_0}{d}x \tag{159}$$

$$\boldsymbol{E}(x) = -\frac{\mathrm{d}\phi}{\mathrm{d}x} = \frac{\rho}{2\epsilon_0}\,(2x - d) - \frac{\phi_0}{d} \tag{160}$$

2.5.2　ポアソン方程式の解の特徴

ポアソンの方程式 (155) の解は，つぎの特徴をもつ．

① 電荷の存在しない領域において電位が極大または極小となることはない．

もし，電位 $\phi(\boldsymbol{r})$ がある点で極大 (または極小) になるとすれば，その点で $\partial^2\phi/\partial x^2$, $\partial^2\phi/\partial y^2$, $\partial^2\phi/\partial z^2$ の値はすべて負 (または正) であるから $\nabla^2\phi \neq 0$ である．これは，電荷が存在しない領域では $\nabla^2\phi = 0$ であることと矛盾する．ゆえに，電荷の存在しない領域において電位が極大または極小となることはない．

② 等電位の閉曲面の内部に電荷が存在しなければ，内部の電位はいたるところで一定であり，その値は閉曲面の電位に等しい．

もしも電位が一定でなければ，極大または極小となる点があるはずであるが，① で述べたように，これは電荷が存在しないことに矛盾する．

③ ある領域の内部の電荷分布と領域の境界面における電位が与えられれば，内部の電位は唯一に決定される．

仮に，もし 2 つの解 $\phi_1(\boldsymbol{r})$ と $\phi_2(\boldsymbol{r})$ が存在するとしよう．考えている領域の内部でつぎの式が成り立つ．

$$\nabla^2\phi_1 = -\frac{\rho(\boldsymbol{r})}{\epsilon_0} \quad \text{および} \quad \nabla^2\phi_2 = -\frac{\rho(\boldsymbol{r})}{\epsilon_0} \tag{161}$$

また，境界面においては

$$\phi_1(\boldsymbol{r}) = \phi_2(\boldsymbol{r}) \tag{162}$$

である．2 つの電位の差 $\phi(\boldsymbol{r}) = \phi_1(\boldsymbol{r}) - \phi_2(\boldsymbol{r})$ を考えると

$$\text{内部で} \qquad \nabla^2\phi(\boldsymbol{r}) = 0 \tag{163}$$

$$\text{境界面で} \quad \phi(\boldsymbol{r}) = 0 \tag{164}$$

である．したがって，② の議論により，考えている領域では $\phi(\boldsymbol{r}) = 0$ である．すなわち，$\phi_1(\boldsymbol{r}) = \phi_2(\boldsymbol{r})$ であり，解は唯一であることがわかる．なお，境界面上で電位を与える代わりに電場を与えても，解は唯一であることを示すことができる．

2.6 鏡　像　法

空間の電荷分布が既知ならば，電場を決定することができる．しかし，導体を含む場合には，静電誘導によって導体表面に電荷が誘導される．この表面の電荷分布は，空間の電場がわかっていなければ決まらない．表面電荷密度と電場は互いに整合するように決定しなければならないことになる．

空間の電荷分布と境界条件が与えられれば，電位は唯一に（一意に）決定されるという静電場の特徴を利用すると，導体を含む領域の電位と電場を容易に求めることができる場合がある．そのような例をみてみよう．

2.6.1 導体平面と点電荷

接地された無限に広い導体平面から距離 a だけ離れた点 A $(a, 0, 0)$ に点電荷 q がある場合に $x > 0$ の空間の電位を求める．求める電位 $\phi(x, y, z)$ は $x > 0$ において点電荷の位置を除いてラプラスの方程式を満たし，導体平面 $x = 0$ で $\phi = 0$ である．

いま，導体を取り除き，点 B $(-a, 0, 0)$ に点電荷 $-q$ を置いたとする．2 つの点電荷によって $x \geqq 0$ の領域につくられる電位は

$$\phi(x, y, z) = \frac{1}{4\pi\epsilon_0}\left\{\frac{q}{\sqrt{(x-a)^2+y^2+z^2}} - \frac{q}{\sqrt{(x+a)^2+y^2+z^2}}\right\} \tag{165}$$

である．この $\phi(x, y, z)$ は $x > 0$ において点 A を除いてラプラスの方程式を満足し，導体表面があった場所 $x = 0$ においては $\phi = 0$ である．解が唯一であることから，$x \geqq 0$ における $\phi(x, y, z)$ は求める解である．導体表面を鏡面と考えて点電荷 q の鏡像点に点電荷 $-q$ を置き，導体を除いて電位を求める上述の解法は鏡像法 (method of images) とよばれる．鏡像点の電荷を鏡像電荷という．

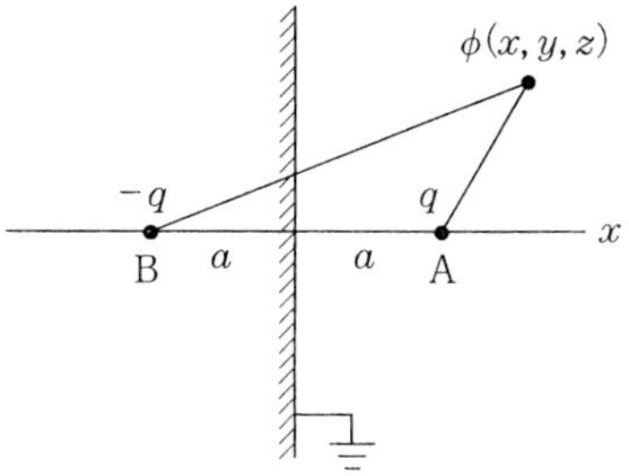

図 30 導体平面と点電荷

導体平面上の電場は

$$E_x(0, y, z) = -\left(\frac{\partial\phi}{\partial x}\right)_{x=0} = -\frac{q}{2\pi\epsilon_0}\frac{a}{(a^2+y^2+z^2)^{3/2}} \tag{166}$$

であり，導体の表面に誘導される面電荷密度は $r = \sqrt{y^2+z^2}$ の関数として表される．

$$\sigma(r) = \epsilon_0 E_x(0, y, z) = -\frac{qa}{2\pi(a^2+r^2)^{3/2}} \tag{167}$$

導体表面に誘導された電荷の総量は

$$\int_0^\infty \sigma(r)\, 2\pi r \mathrm{d}r = -q \tag{168}$$

に等しい．

点電荷 q と導体面上の誘導電荷とのあいだに作用する力は，導体を取り除いて点電荷 q と鏡像電荷 $-q$ のあいだに作用する引力に等しく，その大きさは

$$F = \frac{q^2}{16\pi\epsilon_0 a^2} \tag{169}$$

である．

2.6.2 導体球と点電荷

半径 a の接地した導体球の中心 O から距離 l $(l > a)$ の点 A に点電荷 q が置かれている場合を考えよう．線分 OA 上，O から距離 $d = a^2/l$ の点 B に鏡像電荷 $q' = -qa/l$ を置くと，球面上で電位が 0 となることを示そう（図 31）．

球面上の点 P を考えよう．三角形 OAP と OPB は相似である．したがって，$r_1 = \mathrm{AP}$，$r_2 = \mathrm{BP}$ とすると

$$\frac{r_2}{r_1} = \frac{a}{l} = -\frac{q'}{q} \tag{170}$$

である[†9]．したがって，点 P の電位は

†9 図の円は点 A，点 B からの距離の比が $l : a$ に等しい点の軌跡，すなわち，アポロニウスの円である．

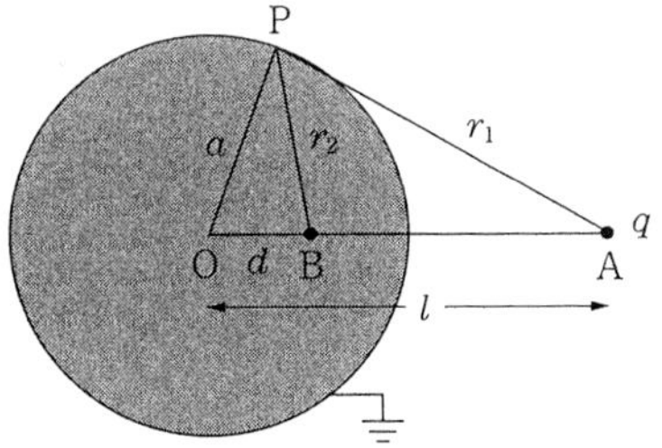

図 31　導体球と点電荷

$$\phi_{\mathrm{P}} = \frac{1}{4\pi\epsilon_0}\left(\frac{q}{r_1} + \frac{q'}{r_2}\right) = 0 \tag{171}$$

である．つまり，2 つの点電荷が半径 a の球面上につくる電位は導体表面の電位に等しい．このことは，導体球の外側の電位は，点電荷 q とその鏡像電荷 $q' = -qa/l$ がつくる電位として与えられることを意味する．

導体球が接地されていない場合には，導体表面に誘導される電荷の総量は 0 でなければならない．このためには，球の中心 O に電荷 $-q'$ を置けばよい．球面上で電位は一定であるから境界条件は満たされている．導体のまわりの電場は点 A，B，O にある点電荷 q，$q' = -qa/l$，$-q' = qa/l$ がつくる電場に等しい．

2.6.3　円柱導体と線電荷

線電荷密度 λ に帯電した直線と，単位長さあたり $-\lambda$ の電荷をもつ半径 a の円柱導体が平行に置かれている．円柱の軸から直線までの距離を l $(l > a)$ とする．この場合には，線電荷密度 $-\lambda$ の鏡像電荷を円柱の軸から $d = a^2/l$ の位置に置けばよい (図 32)．線密度 λ の線電荷のまわりの電位は式 (67) で与えられる．線電荷 $+\lambda$, $-\lambda$ から円柱表面までの距離をそれぞれ r_1, r_2，電位の基準点までの距離を r_{01}，r_{02} とすると，円柱表面の電位 ϕ は

$$\phi = \frac{\lambda}{2\pi\epsilon_0}\left(-\log\frac{r_1}{r_{01}} + \log\frac{r_2}{r_{02}}\right) = -\frac{\lambda}{2\pi\epsilon_0}\left(\log\frac{r_1}{r_2} - \log\frac{r_{01}}{r_{02}}\right) \tag{172}$$

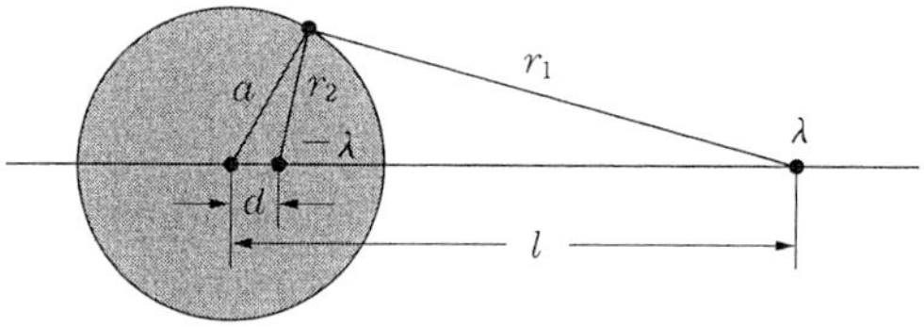

図 32　円柱導体と線電荷

ここで，図31の場合と同様に $r_2/r_1 = a/l$ であるので ϕ は一定である．電位0の点を2つの線電荷の中点に選べば $r_{01} = r_{02}$ なので円柱表面の電位は

$$\phi = -\frac{\lambda}{2\pi\epsilon_0}\log\frac{l}{a} \tag{173}$$

である．

2つの平行な円柱導体が軸方向の単位長さあたり $+\lambda$，$-\lambda$ の電荷をもって帯電している場合に，周囲の電場は図33の点A，Bにある線密度 $+\lambda$，$-\lambda$ の平行な直線電荷がつくる電場に等しいことは以上の議論から明らかであろう．2つの円柱の半径を a，円柱の軸のあいだの距離を D とすると，d はつぎの関係から求まる．

$$d = \frac{a^2}{l}, \quad l = D - d \tag{174}$$

マイナス側の円柱表面の電位 ϕ_1 は式(173)で与えられ，プラス側の電位 ϕ_2 はその絶対値であるから，2つの円柱導体の電位差 $\phi_2 - \phi_1$ は

$$\phi_2 - \phi_1 = \frac{\lambda}{\pi\epsilon_0}\log\frac{l}{a} \tag{175}$$

単位長さあたりの電気容量は

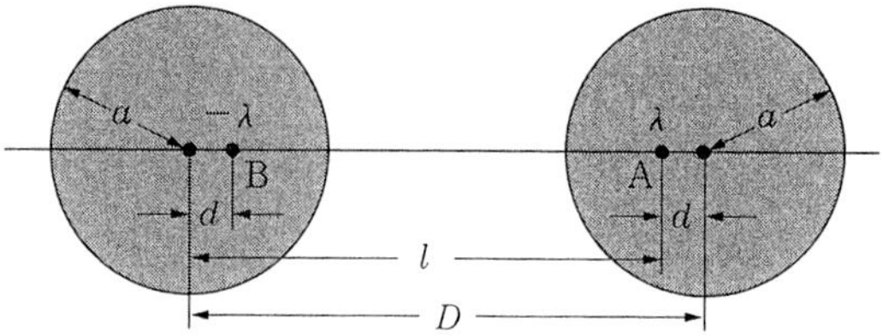

図 33　2つの平行な円柱導体

$$C = \frac{\lambda}{\phi_2 - \phi_1} = \frac{\pi\epsilon_0}{\log(l/a)} \tag{176}$$

である．なお，D を使って表せば

$$C = \frac{\pi\epsilon_0}{\cosh^{-1}(D/2a)} \tag{177}$$

である[†10]．

2.6.4 一様な電場中の導体球

鏡像法でなくとも，与えられた境界条件を満足する静電場は唯一であること利用して静電場を求めることができる．一様な電場 $\boldsymbol{E}_0$ の中に置かれた半径 a の接地した導体球のまわりの電場を求めよう．導体表面の誘導電荷によって導体のまわりにつくられる電場が，導体球の中心にある電場の方向を向いた電気双極子モーメント $\boldsymbol{p}$ がつくる電場に等しいと仮定しよう．球の中心に対して (r, θ) の位置における電位 $\phi(r, \theta)$ は，一様な電場による電位

$$\phi(r, \theta) = -E_0 r \cos\theta \tag{178}$$

と電気双極子モーメント $\boldsymbol{p}$ による電位

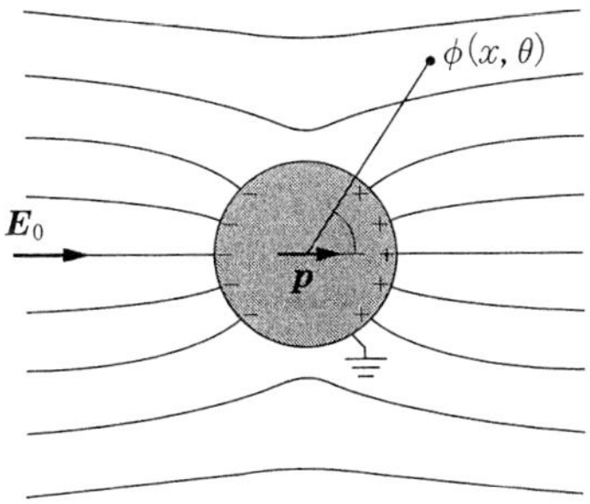

図 **34** 一様な電場中の接地した導体球

---

†10 $\log(l/a) = \gamma$ と置くと，$l/a = \mathrm{e}^{\gamma}$．$D = l + d = l + a^2/l = a\{(l/a) + (a/l)\} = a(\mathrm{e}^{\gamma} + \mathrm{e}^{-\gamma}) = 2a\cosh\gamma$．ゆえに，$\gamma = \cosh^{-1}(D/2a)$．

$$\phi(r,\,\theta) = \frac{p\cos\theta}{4\pi\epsilon_0 r^2} \tag{179}$$

との和である．

$$\phi(r,\,\theta) = -E_0 r\cos\theta + \frac{p\cos\theta}{4\pi\epsilon_0 r^2} \tag{180}$$

ここで，双極子モーメントの大きさを

$$p = 4\pi\epsilon_0 a^3 E_0 \tag{181}$$

と選ぶと，球の表面 $r = a$ において境界条件 $\phi = 0$ を満足する．境界条件を満たす解は唯一であることから，導体のまわりの電位は

$$\phi(r,\,\theta) = -E_0\,r\cos\theta + E_0\frac{a^3\cos\theta}{r^2} \tag{182}$$

と与えられる．球の表面における電場の強さは

$$E_r(\theta) = -\left.\frac{\partial\phi}{\partial r}\right|_{r=a} = 3E_0\cos\theta \tag{183}$$

球の表面電荷密度は

$$\sigma(\theta) = \epsilon_0 E_r(\theta) = 3\epsilon_0 E_0\cos\theta \tag{184}$$

と求まる．

演 習 問 題

孤立導体球の電気容量

[1] 空気は 3×10^6 m/s の電場に耐えることができる (それ以上の電場がかかると絶縁破壊，すなわち放電が起きる)．半径 10 cm の孤立導体球がもつことのできる最大の電気量を求めよ．またそのときの導体球の電位 (無限遠の電位を 0 とする) を求めよ．

[2] 冬の乾燥した日に，金属性のドアの取っ手に触れようとしたら，5 mm の間隔でスパークした．乾燥空気は約 30 kV/cm の電場で絶縁破壊することを考えると，人体は約 15 kV に帯電していたことを意味する．人の電気容量を，孤立した直径 50 cm の導体球と同じと考えて，体に蓄えられた電気量の概算を求めよ．

コンデンサー

[3] 半径 a の導体球と，内半径 b，外半径 c の導体球殻を，中心を一致させて置いて，導体球に電荷 Q_1 を，導体球殻に電荷 Q_2 を与えた．

(1) 無限遠の電位を 0 として各導体の電位 ϕ_1，ϕ_2 を求めよ．

(2) 容量係数 C_{11}，C_{12}，C_{21}，C_{22} を求めよ．

(3) この導体系をコンデンサーとするときの電気容量 C を求めよ．

[4] 電気容量 C_1，C_2 のコンデンサーを直列につなぎ，それぞれに電位差 ϕ_1，ϕ_2 を与えた後，両端子 A，B を導線でつないだ (下図参照)．

(1) つないだ導線を流れる電荷を求めよ．

(2) その後の各コンデンサーに蓄えられている電荷を求めよ．

(3) および，各コンデンサーの電位差を求めよ．

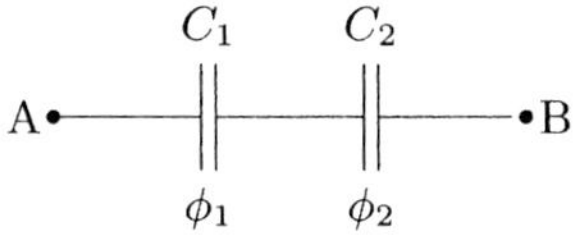

静電エネルギー

[5] x–y 平面上において，原点に点電荷 $+q$ が固定されている．

(1) 無限遠から点電荷 $+q$ を $(a, 0)$ まで運ぶのに必要な仕事 u_1 を求めよ．

(2) さらに点電荷 $+q$ を無限遠から $(0, a)$ まで運ぶのに必要な仕事 u_2 を求めよ．

(3) さらに点電荷 $+q$ を無限遠から (a, a) まで運ぶのに必要な仕事 u_3 を求めよ．

[6] 半径 a の球の表面上に一様に電荷 q が分布している，静電エネルギーを求めよ．

特殊相対論によれば，質量 m の物体は mc^2 のエネルギーをもつ (c は真空中の光速度)．仮に電子の電荷 $q = -1.60 \times 10^{-19}$ C が半径 $a = 2.82 \times 10^{-15}$ m (古典電子半径) の球面上に分布していると考え，その静電エネルギーを $c = 3.00 \times 10^8$ m/s の 2 乗で割って，電子の質量 m を求めよ．実際の電子の質量 9.11×10^{-31} kg と比較せよ．

ポアソンの方程式

[7] 無限に広い平行平板電極の間に電荷密度 ρ_0 の一様な電荷が分布している．

各電極の静電ポテンシャルを ϕ_1, ϕ_2 とする．

(1) 電極間のポテンシャル $\phi(x)$ を求めよ．

(2) 電極表面の電場 E_1, E_2 を求めよ．

(3) 電極表面の表面電荷密度 σ_1, σ_2 を求めよ．

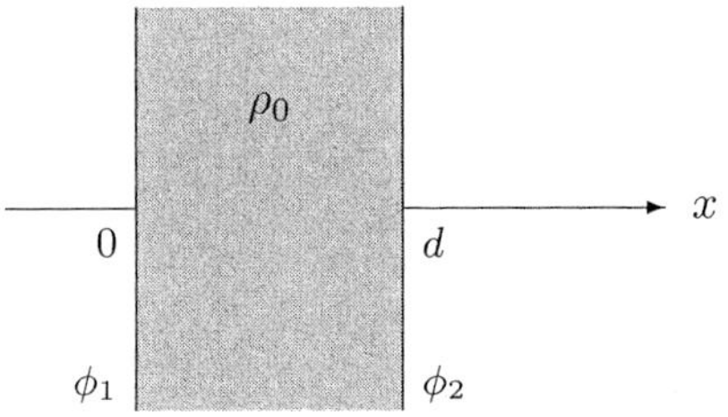

鏡像法

[8] ある地点 A の上空，高度 $h_1 = 5000\,\mathrm{m}$ に $Q = 10\,\mathrm{C}$，$h_2 = 3000\,\mathrm{m}$ に $-Q = -10\,\mathrm{C}$ の電荷がある．A 点から $d = 20\,\mathrm{km}$ 離れた B 点における電場の強さを求めよ．なお地面は導体と考えてよい．

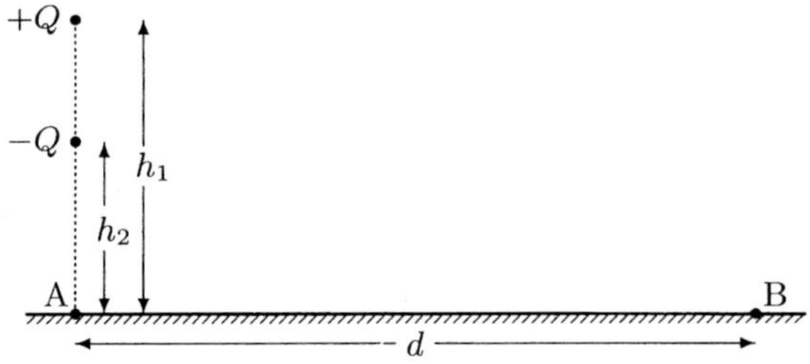

[9] 無限に広い平面導体 (電位 $\phi = 0$) に平行に真っ直ぐな導線が張られている．導線は単位長さ当たり σ に帯電している．導線の半径を a，導線と平面導体の間の距離を h ($h \gg a$ とする) として，導線の電位 ϕ を求めよ．導線の単位長さ当たりの電気容量 C を求めよ．$a = 1\,\mathrm{mm}$，$h = 1\,\mathrm{cm}$ として C を計算せよ．

[10] 図のように直交する 2 つの平面導体から等距離 a にある点電荷 q が受ける力を求めよ．

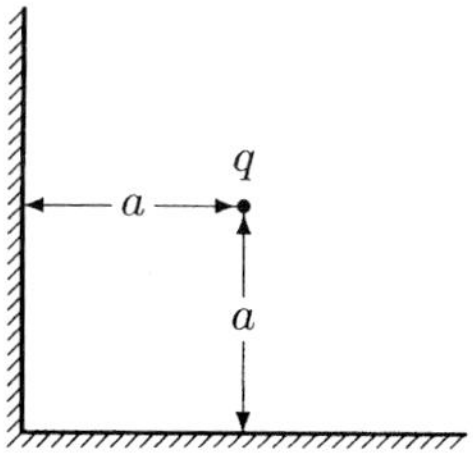

[11] 無限に長い半径 a の中空導体円筒が接地されている．円筒内には無限に長い細い導線が円筒の軸と平行に，軸から距離 d の位置に張られている．導線が単位長さ当たり σ の電荷をもつとき，円筒内の電位を求めよ．

【ヒント】点 A を通る線電荷密度 $-\sigma$ の導線を考えよ．

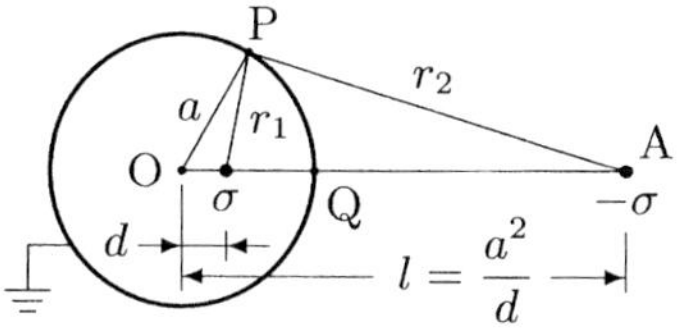

[12] 半径 a の導体球の中心から距離 l のところに点電荷 q がある．導体球が接地されているとき点電荷に作用する力 F を求めよ．導体球が帯電しており，その電位が ϕ_0 のときはどうか．

3章
定　常　電　流

荷電粒子の流れを電流という．金属中では自由電子が，電解質溶液中では正イオンや負イオンが電流を運ぶ．電子，負イオンのように電荷が負の場合には，電流の流れは電荷の流れと逆向きである．通常，電流を定常的に流すには起電力が必要である．

3.1　電　　流

3.1.1　電流の定義

導体中には，ほとんど自由に移動できる荷電粒子が存在し，電場をかけると移動する．荷電粒子の移動を電流 (electric current) という．導体のある断面を微小時間 $\mathrm{d}t$ のあいだに電荷 $\mathrm{d}Q$ が通過するとき，単位時間あたりの電荷

$$I = \frac{\mathrm{d}Q}{\mathrm{d}t} \tag{185}$$

を電流の強さという．電流の強さの単位は C/s であるが，これをアンペア (ampere，記号 A) と記す[†11]．

金属内で電子が移動して電流が流れている場合には，巨視的に見ればいたるところで電気的には中性である．このような電流を伝導電流という．真空中の荷電粒子の流れや液体中のイオンの流れによる電流を対流電流または携帯電流という．

[†11] アンペアの由来については，4 章の脚注 †22 を参照のこと．

3.1.2　電流密度

電流の流れに垂直な微小断面 $\mathrm{d}S$ を流れる電流の強さを $\mathrm{d}I$ とするとき，単位面積あたりの電流

$$i = \frac{\mathrm{d}I}{\mathrm{d}S} \tag{186}$$

を電流密度という．一般には，電流の流れの方向をもつベクトル量として扱う．電流密度 $\boldsymbol{i}$ の方向が微小面積 $\mathrm{d}S$ に垂直でない場合には，$\mathrm{d}S$ を通過する電流の強さ $\mathrm{d}I$ は次式で表される．

$$\mathrm{d}I = i\,\mathrm{d}S\cos\theta = \boldsymbol{i}\cdot\boldsymbol{n}\,\mathrm{d}S = \boldsymbol{i}\cdot\mathrm{d}\boldsymbol{S} \tag{187}$$

ただし，$\boldsymbol{n}$ は微小面積の法線方向の単位ベクトル，θ は $\boldsymbol{i}$ と $\boldsymbol{n}$ のなす角度，$\mathrm{d}\boldsymbol{S} = \boldsymbol{n}\,\mathrm{d}S$ は面素ベクトルである．電流密度の単位は $\mathrm{A/m^2}$ である．

平面または曲面上を電流が流れている場合に，流れに直角な長さ $\mathrm{d}s$ の線分を通過する電流の強さを $\mathrm{d}I$ とするとき

$$j = \frac{\mathrm{d}I}{\mathrm{d}s} \tag{188}$$

を面電流密度という．単位は A/m である．

3.1.3　連続の式

閉曲面 $\mathcal{S}$ の内部にある電荷を Q，閉曲面を通して外へ流れ出る電流の強さを I とする．電荷保存則によれば，微小時間 $\mathrm{d}t$ のあいだに $\mathcal{S}$ から流れ出た電荷 $I\,\mathrm{d}t$ は $\mathcal{S}$ 内の電荷の減少量 $-\mathrm{d}Q$ に等しい．したがって

$$I = -\frac{\mathrm{d}Q}{\mathrm{d}t} \tag{189}$$

である．電流密度 $\boldsymbol{i}(\boldsymbol{r})$ と電荷密度 $\rho(\boldsymbol{r})$ を使って表すと式 (189) は

$$\oint_{\mathcal{S}} \boldsymbol{i}\cdot\mathrm{d}\boldsymbol{S} = -\frac{\mathrm{d}}{\mathrm{d}t}\int_{\mathsf{V}} \rho\,\mathrm{d}V \tag{190}$$

となる．V は $\mathcal{S}$ に囲まれる領域である．ガウスの定理 (発散定理) を使うと左辺の面積分は

$$\oint_{\mathcal{S}} \boldsymbol{i}\cdot\mathrm{d}\boldsymbol{S} = \int_{\mathsf{V}} \mathrm{div}\,\boldsymbol{i}\,\mathrm{d}V \tag{191}$$

と書くことができるので，次式を得る．

$$\int_V \operatorname{div} \boldsymbol{i} \, \mathrm{d}V = -\frac{\mathrm{d}}{\mathrm{d}t}\int_V \rho \, \mathrm{d}V = -\int_V \frac{\partial \rho}{\partial t} \mathrm{d}V \tag{192}$$

上式は，任意の閉曲面に囲まれた領域に対して成り立つので，つぎの関係式を得る．

$$\operatorname{div} \boldsymbol{i} + \frac{\partial \rho}{\partial t} = 0 \tag{193}$$

この式は電荷保存則を表しており，電荷に関する連続の式とよばれる．

電流の強さと流れる方向が時間的に変化しない電流を定常電流という．定常電流の場合には $\partial\rho/\partial t = 0$ であるから

$$\oint_S \boldsymbol{i} \cdot \mathrm{d}\boldsymbol{S} = 0 \quad \text{または} \quad \operatorname{div} \boldsymbol{i} = 0 \tag{194}$$

である．これを定常電流の保存則という．

3.2 オームの法則

金属などの導線に電位差 (電圧) ϕ を与えたときに流れる電流の強さを I とすると，通常 ϕ と I は比例関係にある．

$$\phi = RI \tag{195}$$

この経験則をオームの法則といい[†12]，比例定数 R を導線の電気抵抗 (electric resistance) あるいは単に抵抗という．抵抗の単位は V/A であるが，これをオーム (ohm，記号 Ω) と定義する．抵抗の逆数をコンダクタンス (conductance) という．コンダクタンスの単位 Ω^{-1} にはジーメンス (siemens, 記号 S) が使われる[†13]．

導線の抵抗は導線の長さ l に比例し，断面積 S に反比例する．

$$R = \rho \frac{l}{S} \tag{196}$$

比例定数 ρ は物質に固有な量で，抵抗率 (resistivity) と呼ばれる．抵抗率

---

†12 ドイツの物理学者オーム (G. C. Ohm, 1789–1854) により 1826 年に発見された．なお，オームの法則は金属などで成り立つ経験則であって，普遍的に成り立つ“法則”ではない．

†13 ジーメンス (E. W. von Siemens, 1816–1892)．1870 年ごろに交流発電機を開発し，電力技術の発展の基礎を築いたドイツの技術者．

表 1 いくつかの物質の抵抗率と電気伝導率. 室温における値.

金属	抵抗率 (Ω·m)	電気伝導率 (S/m)
銀	1.51×10^{-8}	6.62×10^{7}
銅	1.56×10^{-8}	6.41×10^{7}
アルミニウム	2.45×10^{-8}	4.08×10^{7}
鉄	$8.9\ \times10^{-8}$	1.12×10^{7}
ニクロム	1.10×10^{-6}	$9.1\ \times10^{5}$

の逆数を電気伝導率 (conductivity) または導電率といい，σ で表すことが多い[†14]. いくつかの物質の抵抗率と電気伝導率を表 1 に掲げる.

場所によって電流の強さや流れる方向が変化している場合に，オームの法則を一般化しよう. 電流に平行な軸の長さ $\mathrm{d}x$，断面積 $\mathrm{d}S$ の微小円筒領域を考えよう. 断面を流れる電流は $\mathrm{d}I = i\,\mathrm{d}S$，円筒領域の抵抗は $\rho\,\mathrm{d}x/\mathrm{d}S$ であるから，軸方向の電位の変化を $\mathrm{d}\phi$ とすると，オームの法則は

$$-\mathrm{d}\phi = \frac{\rho\,\mathrm{d}x}{\mathrm{d}S}\,\mathrm{d}I = i\,\rho\,\mathrm{d}x \tag{197}$$

と表される. ただし，左辺の負号は，電流は電位が低い方向に流れることを表す. この式から，つぎの関係を得る.

$$i = -\frac{1}{\rho}\frac{\mathrm{d}\phi}{\mathrm{d}x} = \sigma\,E \tag{198}$$

ここで，$\sigma = 1/\rho$ は電気伝導率である. $E = -\mathrm{d}\phi/\mathrm{d}x$ であることを使った. この式は，ベクトル表記に一般化できる.

$$\boldsymbol{i} = \sigma\boldsymbol{E} \tag{199}$$

これは，局所的なオームの法則である.

[†14] ρ, σ を静電気における電荷密度，面電荷密度と混同しないこと.

3.3　ジュール熱

抵抗に電流が流れているとき，電荷は位置エネルギー (電位と電荷の積) が高いところから低いところへ運ばれるので，電場が電荷に及ぼす力は正の仕事をする．微小時間 $\mathrm{d}t$ のあいだに運ばれる電荷は $\mathrm{d}Q = I\,\mathrm{d}t$ であるから，抵抗の両端の電位差 (電圧降下) を ϕ とすると，電場がする仕事 $\mathrm{d}W$ は $\mathrm{d}W = \phi\,\mathrm{d}Q = \phi I\,\mathrm{d}t$ である．単位時間あたりの仕事

$$P = \frac{\mathrm{d}W}{\mathrm{d}t} = \phi I = RI^2 \tag{200}$$

を電力 (power) という[†15]．抵抗で消費される電力は，すべて熱エネルギーになる．発生する熱をジュール熱といい，式 (200) をジュールの法則という．電力の単位 J/s はワット (watt，記号 W) と表す[†16]．

電流密度 $\boldsymbol{i}$ に平行な軸をもつ微小円筒領域 $\mathrm{d}V = \mathrm{d}S\,\mathrm{d}x$ の抵抗は，抵抗率を ρ とすると $\rho\,\mathrm{d}x/\mathrm{d}S$，断面を流れる電流は $\boldsymbol{i}\,\mathrm{d}S$ であるから，消費される電力 $\mathrm{d}P$ は

$$\mathrm{d}P = \frac{\rho\,\mathrm{d}x}{\mathrm{d}S}\,(i\,\mathrm{d}S)^2 = \rho\,i^2\,\mathrm{d}V \tag{201}$$

である．単位体積あたりの電力 p は

$$p = \frac{\mathrm{d}P}{\mathrm{d}V} = \rho\,i^2 = \sigma E^2 \tag{202}$$

と表せる．σ は電気伝導率である．

3.4　電気抵抗の微視的解釈

静電場においては導体内には電荷は存在せず，導体内の電場は 0 であるが，電流が流れているときは導体内部の電場は 0 ではない．金属はよい伝

---

†15　単位時間あたりの仕事は，力学では仕事率とよばれる．英語では電力も仕事率も power である．

†16　ジュールの法則はイギリスの物理学者ジュール (J. P. Joule, 1818–1889) により 1840 年に導かれた．エネルギー，仕事の単位 “ジュール” は彼にちなむ．電力，仕事率の単位 “ワット” は，蒸気機関を改良したイギリスの技術者ワット (James Watt, 1736–1819) にちなむ．

導体ではあるが，電子の流れに対してわずかな抵抗が存在する．このため，電流を流すには仕事を要する．金属内の電子の運動を調べてオームの法則の微視的意味を考えよう．

電場がないとき金属内の伝導電子は，金属を構成する正イオンのあいだを，正イオンと衝突を繰り返しながら，気体中の分子のようにランダムに飛びまわっている．電場が作用すると，電子は電場と逆方向の力を受けるので，平均として電場と逆方向へ流される．このため，電場の方向に電流を生じる．電子が電場と逆方向へ流される平均的な速度 (ドリフト速度 (drift velocity) という) を v としよう．電子は，金属の正イオンと衝突すると，加速されて得た運動エネルギーを失う．この過程は平均的な抵抗力 $-m\boldsymbol{v}/\tau$ によって記述できる．τ は衝突間の平均時間である．電子の運動方程式は

$$m\frac{\mathrm{d}\boldsymbol{v}}{\mathrm{d}t} = -e\boldsymbol{E} - \frac{m}{\tau}\boldsymbol{v} \tag{203}$$

と表される．e は電気素量である．初期条件を $t = 0$ で $\boldsymbol{v} = 0$ としてつぎの解を得る．

$$\boldsymbol{v}(t) = -\frac{e\tau\boldsymbol{E}}{m}\left(1 - \mathrm{e}^{-t/\tau}\right) \tag{204}$$

τ は定常状態に達する時間を代表しており，緩和時間とよばれる．定常的な電子の速度は

$$\boldsymbol{v} = -\frac{e\tau\boldsymbol{E}}{m} \tag{205}$$

である．単位体積あたりの電子数を n とすると，電子の流れに垂直な単位面積を単位時間に通過する電子数は nv であり，電流密度は

$$\boldsymbol{i} = -e\,(n\boldsymbol{v}) = \frac{ne^2\tau}{m}\boldsymbol{E} \tag{206}$$

である．この式をオームの法則 (199) と比べると，電気伝導率は次式で与えられる．

$$\sigma = \frac{ne^2\tau}{m} \tag{207}$$

具体的な数値例をみてみよう．銅は 1 原子あたり 1 個の伝導電子をもつ．銅 1 モルあたりの質量は $M = 63.5\,\mathrm{g/mol}$，密度は $\rho_{\mathrm{Cu}} = 8.93\,\mathrm{g/cm^3}$，電気伝導率は $\sigma = 6.41 \times 10^7\,\mathrm{S/m}$ である．単位体積あたりの伝導電子数は

$$n = \frac{\rho_{\mathrm{Cu}}}{M} N_{\mathrm{A}} = 8.47 \times 10^{28}\,\mathrm{m}^{-3} \tag{208}$$

である．ただし，$N_{\mathrm{A}} = 6.02 \times 10^{23}\,\mathrm{mol}^{-1}$ はアボガドロ定数である．緩和時間 τ は

$$\tau = \frac{m\sigma}{ne^2} = 2.6 \times 10^{-14}\,\mathrm{s} \tag{209}$$

と計算される．直径 1 mm の銅線に 10 A の電流が流れているとき，電流密度は $i = 1.27 \times 10^7\,\mathrm{A/m^2}$ であるから，電子の平均速度 (ドリフト速度) は

$$v = \frac{i}{ne} = 9.4 \times 10^{-4}\,\mathrm{m/s} \tag{210}$$

である．電子は 1 s 間に 0.1 mm 程度しか進まない．しかし，電気信号は光速度に近い速さで伝わっていることに注意しよう．

3.5 定常電流の場

定常電流が流れている空間 (定常電流の場) においても，静電場と同様に電場 $\boldsymbol{E}$ と電位 ϕ が定義できる．

$$\boldsymbol{E} = -\mathrm{grad}\,\phi \tag{211}$$

電気伝導率 σ の導電性物質中に 2 つの電極を配置して，その間に電位差 (電圧) ϕ を与えるとしよう．電極を取り囲む閉曲面 $\mathcal{S}$ を通して導電性物質中へ流れる電流を I，電極間の電気抵抗を R とすると $I = \phi/R$ である．導電性物質内の電流密度を $\boldsymbol{i}$ とすると，その面積分は I に等しい．

$$I = \oint_{\mathcal{S}} \boldsymbol{i} \cdot \mathrm{d}\boldsymbol{S} = \sigma \oint_{\mathcal{S}} \boldsymbol{E} \cdot \mathrm{d}\boldsymbol{S} \tag{212}$$

一方，真空中に 2 つの電極を幾何学的に等しく配置したコンデンサーにおいて，電極間に電位差 ϕ を与えたとしよう．電極間の電気容量を C とすると，電極は電荷 $\pm Q$ ($Q = C\phi$) をもつ．$+Q$ の電荷をもつ電極を取り囲む閉曲面を $\mathcal{S}$ とすると，電荷 Q はガウスの法則から次式で表される．

$$Q = \epsilon_0 \oint_{\mathcal{S}} \boldsymbol{E} \cdot \mathrm{d}\boldsymbol{S} \tag{213}$$

式 (212)，(213) を比べると，定常電流の場と静電場は $I \leftrightarrow Q$，$\sigma \leftrightarrow \epsilon_0$，

$1/R \leftrightarrow C$ と対応していることがわかる．

例として，内半径 a_1，外半径 a_2，長さ l の2つの同軸円筒電極のあいだを電気伝導率 σ の物質で満たした場合の電極間の抵抗を求めよう．円筒電極のあいだが真空であると考えると電気容量は式 (124)

$$C = \frac{2\pi\epsilon_0 l}{\log\dfrac{a_2}{a_1}} \tag{214}$$

で与えられる．この式の右辺の ϵ_0 を σ に置きかえれば，定常電流の問題における $1/R$ (コンダクタンス) を得る．したがって，抵抗値は次式となる．

$$R = \frac{1}{2\pi\sigma l}\log\frac{a_2}{a_1} \tag{215}$$

3.6 起電力

3.6.1 起電力

定常電流の場において，電場 $\boldsymbol{E}$ と電位 ϕ が定義できるということは．静電場と同様に電場は保存場であり，電場の循環 (閉曲線に沿って1周する線積分) は0であることを意味する．回路にそった閉曲線を C とすると

$$\oint_C \boldsymbol{E}\cdot \mathrm{d}\boldsymbol{s} = 0 \tag{216}$$

である．この式にオームの法則 $\boldsymbol{i} = \sigma\boldsymbol{E}$ を代入すると

$$\oint_C \sigma\,\boldsymbol{i}\cdot \mathrm{d}\boldsymbol{s} = 0 \tag{217}$$

となる．もし，σ を一定とすると

$$\oint_C \boldsymbol{i}\cdot \mathrm{d}\boldsymbol{s} = 0 \tag{218}$$

である．しかし，定常電流が閉回路を一方向に流れているならば，閉回路に沿った電流の線積分が0になるはずはない．この矛盾は，閉回路のすべての場所でオームの法則が成り立つと仮定したことによる．いいかえれば，純粋に電気的な力だけでは定常電流を流すことはできない．定常電流が流れるためには，保存場でない電場 $\boldsymbol{E}_{\mathrm{ex}}$ が存在し，荷電粒子 (電荷 q) が力

$\boldsymbol{F} = q\boldsymbol{E}_{\rm ex}$ を受けて，ポテンシャルが低いところから高いところへ運ばれる区間がなければならない．$\boldsymbol{E}_{\rm ex}$ を考慮するとオームの法則は

$$\boldsymbol{i} = \sigma(\boldsymbol{E} + \boldsymbol{E}_{\rm ex}) \tag{219}$$

と表される．この式を閉回路に沿って線積分すると

$$\oint_C \boldsymbol{E} \cdot {\rm d}\boldsymbol{s} + \oint_C \boldsymbol{E}_{\rm ex} \cdot {\rm d}\boldsymbol{s} = \oint_C \frac{\boldsymbol{i} \cdot {\rm d}\boldsymbol{s}}{\sigma} \tag{220}$$

左辺の最初の項は式 (216) により 0 なので

$$\oint_C \boldsymbol{E}_{\rm ex} \cdot {\rm d}\boldsymbol{s} = \oint_C \frac{\boldsymbol{i} \cdot {\rm d}\boldsymbol{s}}{\sigma} \tag{221}$$

となる．左辺の量

$$\phi_{\rm em} = \oint_C \boldsymbol{E}_{\rm ex} \cdot {\rm d}\boldsymbol{s} \tag{222}$$

を回路の起電力 (electromotive force，略して emf) とよぶ．一方，式 (221) の右辺は，回路の抵抗 $R = l/\sigma S$ (断面積 S, 長さ l) を流れる電流を $I = iS$ とすると, 抵抗の電圧降下 IR に等しい．抵抗が複数あるとすれば式 (221) は

$$\phi_{\rm em} = I \sum_j R_j \tag{223}$$

となる．この式は起電力 $\phi_{\rm em}$ をもつ閉回路におけるオームの法則を表す．

起電力を与える装置を電源という．起電力は電源の電位差であり，単位はボルト (V) である．起電力は電圧ともよぶ．電源には力学的エネルギーを電気エネルギーに変換する発電機，化学的エネルギー利用する電池，光エネルギーを利用する太陽電池，熱エネルギーを利用する熱電変換素子などがある．

3.6.2 接触電位差

一般に異なる物質を接触させると接触面に沿って電気 2 重層が生じ，接触面の両側で電位差を生じる．この電位差を接触電位差という．

2 種の金属を 2 点で接触させて閉じた回路をつくったとき，接触電位差だけでは回路に起電力は生じないが，2 つの接合部に温度差を与えると，回路

に起電力を生じる．この現象をゼーベック効果 (Seebeck effect) といい[†17]，生じる起電力を熱起電力という．

活性炭と電解質溶液の境界面につくられる電気2重層を利用したコンデンサーは小型で大きな電気容量が得られ，電気2重層コンデンサーとよばれる．大容量が得られるのは，微小な活性炭粒子の単位質量あたりの表面積が 1800～2000 m^2/g にもなることによる．用途によっては，電池の代用として利用される．

3.6.3 電　池

化学的な電池は，基本的には金属と電解質溶液との接触電位差を利用したものである．広く使われている鉛蓄電池は，希硫酸溶液に陽極 (2酸化鉛) と陰極 (鉛) を浸したものである．電極間には一定の電位差を生じ，電極間に負荷 (抵抗) をつなぐと，つぎの化学反応が進行し，約 2.0 V の電位差が保たれ，定常電流が流れる (図35)．

$$\text{陰極}\quad Pb + SO_4{}^{2-} \rightarrow PbSO_4 + 2e^- \tag{224}$$

$$\text{陽極}\quad PbO_2 + 4H^+ + SO_4{}^{2-} + 2e^- \rightarrow PbSO_4 + 2H_2O \tag{225}$$

起電力より高い電圧を逆向きにかけると，化学反応が逆方向に進行し，電池は充電される．

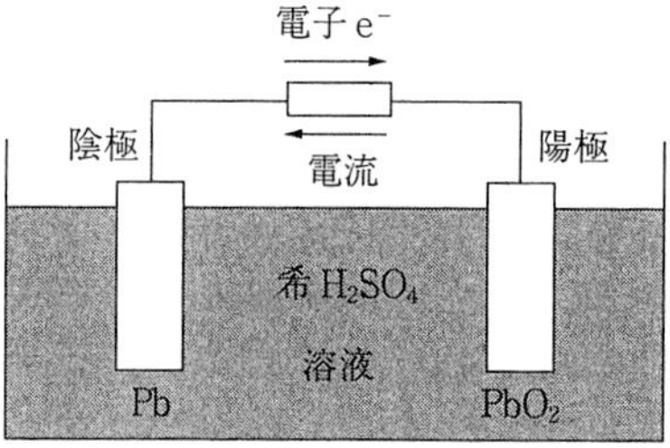

図 35　鉛蓄電池

[†17] ドイツの物理学者ゼーベック (T. Seebeck, 1770–1831) により 1821 年に発見された．

3.7 キルヒホッフの法則

3.7.1 抵抗の接続

電源と抵抗と導線から構成される回路網の個々の抵抗を流れる電流を求める問題は実用上重要である．

2つの抵抗を図36のように直列接続した場合には，各抵抗を流れる電流 I は共通，全体の電位差 ϕ は各抵抗の電位差 ϕ_1，ϕ_2 の和である．

$$\phi = \phi_1 + \phi_2 = R_1 I + R_2 I = (R_1 + R_2) I \tag{226}$$

したがって，合成抵抗 R は次式で与えられる．

$$R = R_1 + R_2 \tag{227}$$

2つの抵抗を図37のように並列接続した場合には，各抵抗の電位差 ϕ は共通，全体の電流 I は各抵抗を流れる電流 I_1，I_2 の和である．

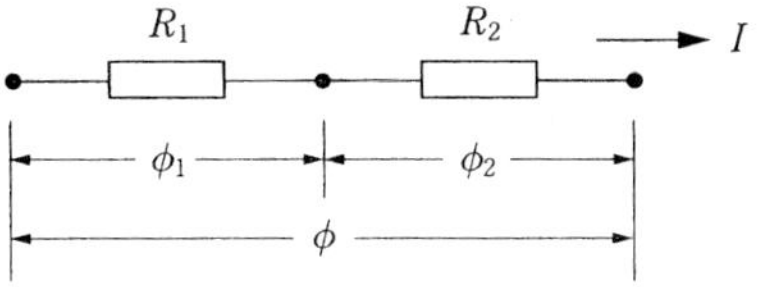

図 36 抵抗の直列接続

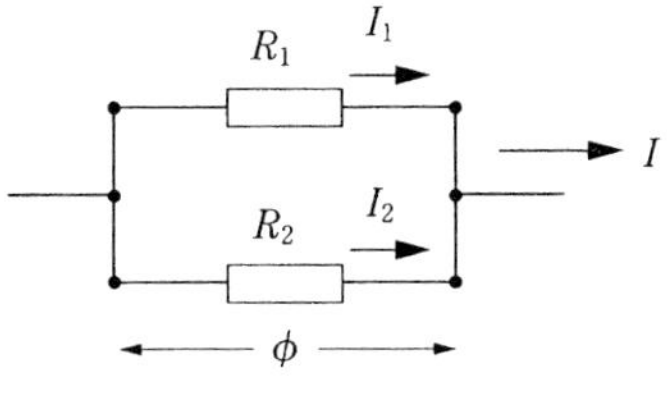

図 37 抵抗の並列接続

$$I = I_1 + I_2 = \frac{\phi}{R_1} + \frac{\phi}{R_2} = \left(\frac{1}{R_1} + \frac{1}{R_2}\right)\phi \tag{228}$$

したがって，合成抵抗を R とすると次式が成り立つ．

$$\frac{1}{R} = \frac{1}{R_1} + \frac{1}{R_2} \tag{229}$$

複雑な回路網を取り扱う場合には，以下に述べるキルヒホッフの法則 (Kirchhoff's law) を用いると便利である†18．

3.7.2 キルヒホッフの第1法則

回路網の分岐点から流出する電流を正，分岐点に流入する電流を負ととり，定常電流の保存則 (194) を適用すると

$$\sum_j I_j = 0 \tag{230}$$

を得る．これをキルヒホッフの第1法則という．図38に一例を示す．

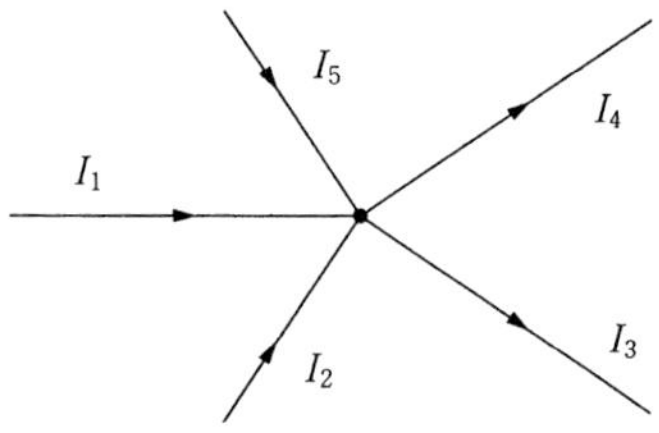

図 38 キルヒホッフの第1法則．矢印の方向の電流を正ととると，$-I_1 - I_2 + I_3 + I_4 - I_5 = 0$.

3.7.3 キルヒホッフの第2法則

回路網の中の任意の閉回路において，抵抗による電圧降下の総和は起電力の総和に等しい．ただし，閉回路をひとまわりする向きをあらかじめ決めておき，その向きの電流を正，その向きに電流を流す起電力を正とする．

---

†18 ドイツの物理学者キルヒホッフ (G. R. Kirchhoff, 1824–1887) が1849年に見いだした．

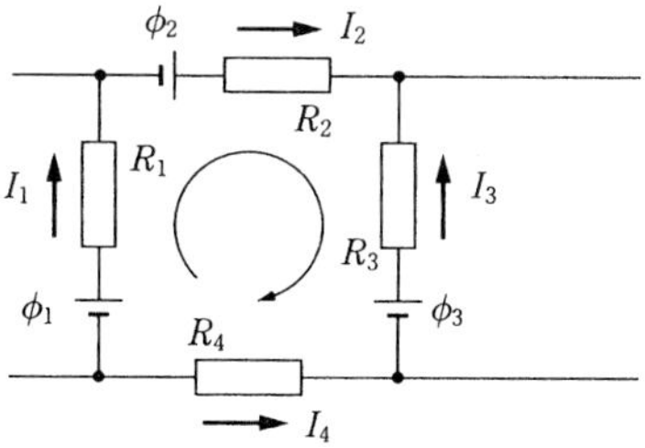

図 39　キルヒホッフの第 2 法則．中央に示した矢印の方向を正ととると $\phi_1 + \phi_2 - \phi_3 = I_1R_1 + I_2R_2 - I_3R_3 - I_4R_4$.

$$\sum_j \phi_j = \sum_j R_j I_j \tag{231}$$

これをキルヒホッフの第 2 法則という．図 39 に一例を示す．

演 習 問 題

電池の容量

[1] 起電力 12 V，容量 120 A·h (ampere-hour) の蓄電池がある．電力 100 W の装置を何時間使うことができるか．

[2] ある自動車用のバッテリー (蓄電池) は電圧 12 V で，電気量は 80 A·h である．この電気量は何クーロンか．このバッテリーのなしうる仕事量は何ジュールか．

電　流

[3] 直径 0.5 mm の銅線内を 100 mA の電流が一様に流れている．

(1) 電流密度を求めよ．

(2) 銅の抵抗率は $\rho = 1.56 \times 10^{-8}\,\Omega \cdot \mathrm{m}$ である．銅線内の電場の強さを求めよ．

(3) 銅線内の伝導電子のドリフト速度を求めよ．銅原子 1 個あたりの伝導電子数は 1 個であるとせよ．なお銅の密度は 8.93 g/cm^3，銅 1 モルあたりの質量は 63.5 g/mol である．

[4] 半径 a の球面上に一様に電荷 (面電荷密度 σ) が固定されている．この球が

中心を通る軸のまわりに角速度 ω で回転するとき，電荷の回転による電流の強さ I を求めよ．

電　力

[5] (1) 起電力 ϕ_0，内部抵抗 r の電池に負荷抵抗を接続した．負荷抵抗で最大電力を得るための抵抗値 R を求めよ．および最大電力，負荷抵抗にかかる電圧を求めよ．

(2) このような電池を n 個並列に接続した場合に，最大電力を得るための負荷抵抗値 R，および最大電力，負荷抵抗にかかる電圧を求めよ．

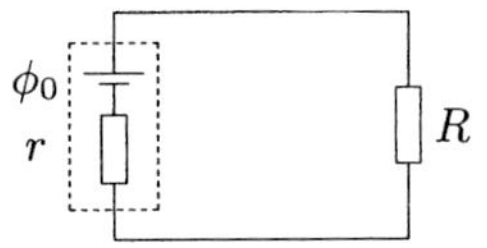

(1)

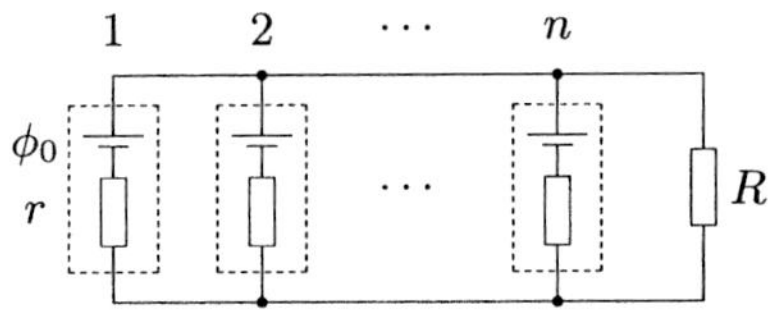

(2)

キルヒホッフの法則

[6] 図の回路において抵抗 r を流れる電流 I が

$$I = \frac{R_2R_3 - R_1R_x}{(R_1 + R_2)(rR_x + rR_3 + R_3R_x) + R_1R_2(R_3 + R_x)}\phi$$

と表されることを示せ．ϕ は電池の起電力である．

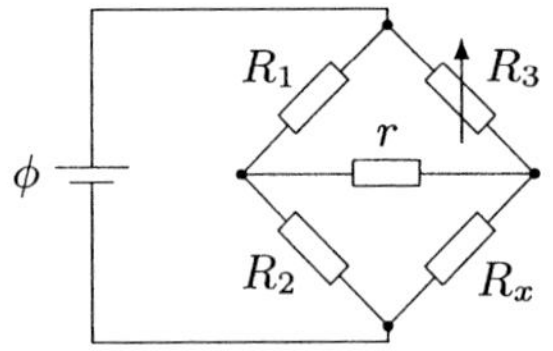

I が 0 となるように R_3 を調整すれば $R_x = R_2R_3/R_1$ が成り立つ．このような方法で未知の抵抗値 R_x を測定する装置をホイートストーンブリッジ (Wheatstone bridge) という．

[7] 抵抗値 r と $6r$ の抵抗を図のように組み合わせた無限に長い回路がある．端子 P_0，Q_0 間の合成抵抗 R を求めよ．

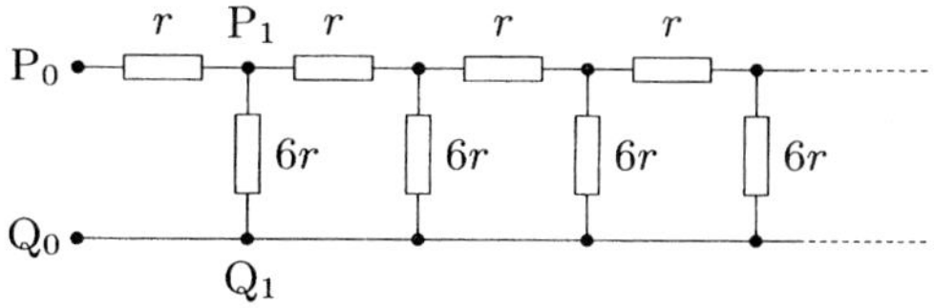

【ヒント】左端の抵抗 r と $6r$ をひとつずつ取り除いても，端子 P_1，Q_1 間の合成抵抗は R に等しい．

定常電流の場

[8] 半径 a，b の同心の導体球殻の間を電気伝導率 σ の物質で満たした．2つの球殻の間の電気抵抗 R を求めよ．

[9] 電気伝導度 σ の媒質中に半径 a の長い導線が平行に置かれている．導線の中心の間の距離を d とするとき，単位長さ当たりの電気抵抗 R はどう表されるか．ただし $d \gg a$ とする．

4章 静磁場

磁石は古くから知られていたが，1820 年に電流が磁場をつくること，磁場の中の電流は力を受けることが発見されるまでは磁気現象の理解はほとんど進まなかった．ここでは，定常電流によってつくられる時間的に変化しない静磁場を扱う．

4.1 磁気現象

磁石には，N 極と S 極があり，同種の極のあいだでは斥力，異種の極のあいだでは引力が作用し，電気的な力と共通点があったので，N 極には正の磁荷，S 極には負の磁荷があると考えた．このように考えると，磁荷 q_{m}，q'_{m} のあいだにはたらく力 F は，電荷に関するクーロンの法則と同じ式

$$F \propto \frac{q_{\mathrm{m}} q'_{\mathrm{m}}}{r^2} \tag{232}$$

で表される．この式を磁気に関するクーロンの法則とよんでいる．電荷のまわりに電場がつくられるように，磁荷のまわりには磁場がつくられることになる．

しかし，磁気は電気の場合と本質的な違いがある．単独の N 極または S 極の磁荷 (磁気単極子 (magnetic monopole) という) は存在しないのである[†19]．磁石はいくら小さく分割してもつねに N 極と S 極から成る小磁石で

[†19] 磁気単極子の存在は，理論的に否定されているわけではないが，現在までのところその存在は確認されていない．

ある．微小磁石を磁気双極子 (magnetic dipole) というが，原子，分子も，電子，原子核も磁気双極子を形成している．

磁気現象の起源は，つぎの2つである．

① 運動する電荷，すなわち電流

② 原子，分子，素粒子の磁気双極子

そこでまず電流と磁気の関係から調べていこう．

4.2 電流と磁場

電気と磁気は，相互に関係ない別の現象とみなされていた．1820年，エルステッドが電流によって磁石の針が動くことを発見したことは，電流の磁気作用の解明の契機となった[†20]．定常電流によってつくられる時間的に変化しない磁場を静磁場という．

4.2.1 アンペール力

平行な導線に同じ方向に電流が流れているとき，導線間には引力が，逆方向に流れているときには斥力がはたらく．導線間の距離を a，各導線に流れる電流を I，I' とすると，導線に作用する力の大きさは II' に比例し，a に反比例する．導線の長さ $\mathrm{d}s$ に作用する力の大きさ $\mathrm{d}F$ は

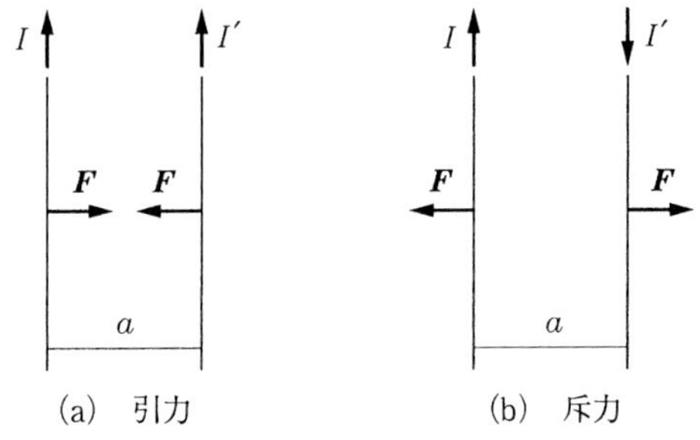

図 40　平行電流間にはたらく力

[†20] エルステッド (H. C. Oersted, 1777–1851)．デンマークの物理学者，化学者．

$$\mathrm{d}F = \frac{\mu_0}{2\pi}\frac{II'}{a}\mathrm{d}s \tag{233}$$

と表される．比例定数 μ_0 を真空の透磁率 (permeability of vacuum) という．電流間にはたらく力はアンペール力とよばれる[†21]．

4.2.2 電磁気の国際単位

電流の単位アンペア (ampere，記号 A) は国際単位系 (SI 単位系，Système International d'Unité) の基本単位である[†22]．1 A は，真空中で 1 m 離れた平行導線に同じ強さの電流を流したときに導線間に作用するアンペール力が，導線 1 m あたり 2×10^{-7} N/m となる電流の強さと定義される．この定義によれば真空の透磁率の値は

$$\mu_0 = 4\pi \times 10^{-7}\,\mathrm{N/A^2} \tag{234}$$

と決められる．なお，1 A の電流が流れている導線の断面を 1 s 間に通過する電気量が 1 C である (C=A·s)．

4.2.3 磁束密度と磁束

アンペール力は近接作用の立場では，つぎのように考える．電流のまわりの空間には，磁気的な "ひずみ" が生じ，この "ひずみ" のある空間に別の電流をもってくると，電流は力を受ける．電流によってつくられる空間の磁気的な "ひずみ" を磁場または磁界 (magnetic field) という．そこで，式 (233) をつぎの形式に表そう．

$$\mathrm{d}F = IB\mathrm{d}s \tag{235}$$

$$B = \frac{\mu_0}{2\pi}\frac{I'}{a} \tag{236}$$

B は，直線電流 I' によって距離 a 離れたところに生じる磁場の大きさを表す量で，磁束密度とよばれる．磁束密度 B の位置に別の平行な直線電流 I をもってくると，単位長さあたり大きさ IB の力がはたらく．磁場中の

---

†21 アンペール (A.-M. Ampère，1775–1836) により 1820 年に発見された．

†22 電流の強さの単位「アンペア」はアンペールに由来する．

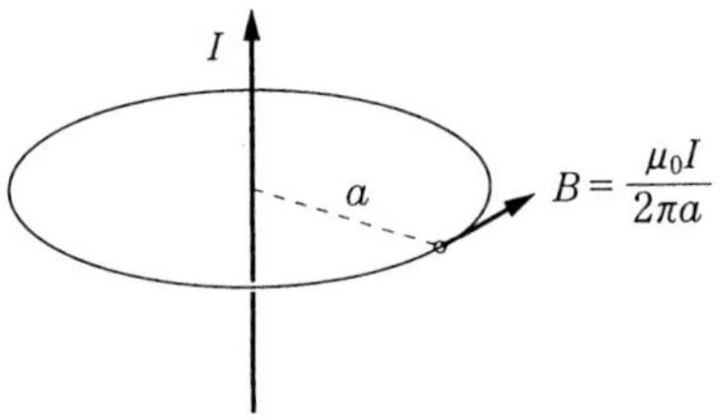

図 41　直線電流のまわりの磁場

電流に作用する力を電磁力あるいは磁気力という．

磁場内においた電流の受ける力の方向を調べることによって磁束密度はベクトル量であることがわかる．電流 I が流れている導線の微小部分 $\mathrm{d}\boldsymbol{s}$ が磁束密度 $\boldsymbol{B}$ の中で受ける力 $\mathrm{d}\boldsymbol{F}$ はベクトルの関係式として

$$\mathrm{d}\boldsymbol{F} = I\,\mathrm{d}\boldsymbol{s} \times \boldsymbol{B} = \boldsymbol{I} \times \boldsymbol{B}\,\mathrm{d}s \tag{237}$$

と表される．$\boldsymbol{I}$ は電流の強さと電流の方向をもつベクトルである．$I\,\mathrm{d}\boldsymbol{s}$ または $\boldsymbol{I}\,\mathrm{d}s$ を電流素片または電流要素という．電流が磁場から受ける力は単位長さあたり $\boldsymbol{I} \times \boldsymbol{B}$ である．

電流が空間的に分布して流れている場合には，電流密度を $\boldsymbol{i}$，断面積を $\mathrm{d}S$ とすると $\boldsymbol{I} = \boldsymbol{i}\,\mathrm{d}S$ であるから

$$\mathrm{d}\boldsymbol{F} = I\,\mathrm{d}\boldsymbol{s} \times \boldsymbol{B} = \boldsymbol{i} \times \boldsymbol{B}\,\mathrm{d}V \tag{238}$$

と表される．$\mathrm{d}V = \mathrm{d}s\,\mathrm{d}S$ である．電流が磁場から受ける力は単位体積あたり $\boldsymbol{i} \times \boldsymbol{B}$ である．

静電場における電気力線と同様に，静磁場において各点における接線がその点における磁場の方向と一致するような曲線を磁力線という．後の章で，磁性体を含む空間において“磁場の強さ”という量を定義する．歴史的には，曲線上の各点の接線がその点の磁場の強さの方向を向いている曲線を磁力線とよぶので，接線が磁束密度の方向を向いている曲線は，区別する必要がある場合には磁束線とよぶ．真空中においては，磁束線と磁力線は同じである．直線電流のまわりに生じる磁場の磁力線は，図 41 に示すよ

うに，同心円である．その向きは，直線電流の流れの方向に進む右ねじの回転の向きに一致する．

磁束密度の単位は式 (235) から N/A·m であるが，これをテスラ (tesla, 記号 T) と表す[†23]．ガウス (gauss，記号 G) という旧単位もまだよく使われる．$1\,\mathrm{G} = 10^{-4}\,\mathrm{T}$ である．

ある面 $\mathcal{S}$ にわたって磁束密度を面積分した量

$$\Phi = \int_{\mathcal{S}} \boldsymbol{B} \cdot \mathrm{d}\boldsymbol{S} \tag{239}$$

を面 $\mathcal{S}$ を貫く磁束という．磁束の単位をウェーバー (weber，記号 Wb) と表す．$\mathrm{Wb} = \mathrm{T{\cdot}m^2} = \mathrm{N{\cdot}m/A}$ の関係がある．$\mathrm{T} = \mathrm{Wb/m^2}$ と表すこともできる[†24]．

4.3 ローレンツ力

4.3.1 荷電粒子に作用する電磁力

直線電流を電荷 q の荷電粒子の流れと考えよう．単位長さあたりの荷電粒子数を n，荷電粒子の速度を $\boldsymbol{v}$ とする．電流の強さは $I = nqv$ であるから，長さ $\mathrm{d}s$ の電流素片に作用する力 $\mathrm{d}\boldsymbol{F}$ は

$$\mathrm{d}\boldsymbol{F} = nq\boldsymbol{v} \times \boldsymbol{B}\,\mathrm{d}s \tag{240}$$

と表される．したがって，1 個の荷電粒子に作用する力 $\boldsymbol{f} = \mathrm{d}\boldsymbol{F}/n\,\mathrm{d}s$ は

$$\boldsymbol{f} = q\boldsymbol{v} \times \boldsymbol{B} \tag{241}$$

と表される．磁場とともに電場 $\boldsymbol{E}$ も存在すれば，荷電粒子にはたらく力は

$$\boldsymbol{f} = q\,(\boldsymbol{E} + \boldsymbol{v} \times \boldsymbol{B}) \tag{242}$$

---

†23 米国の技術者テスラ (N. Tesla, 1856–1943) に由来する．1887 年にテスラ電機会社を興し，交流発電機，変圧器，電動機を開発，現在の交流電気の基礎を築いた．

†24 ドイツの物理学者ウェーバー (W. E. Weber, 1804–1891) に由来する．磁気の単位系の確立に貢献した．

となる．この力をローレンツ力 (Lorentz' force) という[†25]．式 (241) または (242) が磁場 (磁束密度) $\boldsymbol{B}$ の定義式である．

4.3.2　静磁場中での荷電粒子の運動

磁場中における荷電粒子の運動は，つぎの運動方程式によって記述される．

$$m\frac{\mathrm{d}\boldsymbol{v}}{\mathrm{d}t} = q\boldsymbol{v} \times \boldsymbol{B} \tag{243}$$

ここで，m は荷電粒子の質量，q は電荷，$\boldsymbol{v}$ は速度である．両辺と $\boldsymbol{v}$ のスカラー積をとると，ローレンツ力はつねに速度と垂直であるから

$$m\boldsymbol{v}\cdot\frac{\mathrm{d}\boldsymbol{v}}{\mathrm{d}t} = \frac{\mathrm{d}}{\mathrm{d}t}\left(\frac{1}{2}mv^2\right) = 0 \tag{244}$$

である．すなわち，粒子の速さは一定である．

磁束密度 $\boldsymbol{B}$ の一様な磁場の中で $\boldsymbol{v}$ が $\boldsymbol{B}$ と垂直の場合には，粒子は等速円運動する．ローレンツ力 qvB と向心力 mv^2/R が等しいことから，円運動の半径 R と回転の角速度 ω は

$$R = \frac{mv}{qB} \tag{245}$$

$$\omega = \frac{v}{R} = \frac{qB}{m} \tag{246}$$

と与えられる．この運動をサイクロトロン運動 (cyclotron motion) といい，R をサイクロトロン半径という．ω は回転運動の角振動数でもあるのでサイクロトロン角振動数とよばれる．

磁束密度 $\boldsymbol{B}$ に平行な速度成分が 0 でない場合には，荷電粒子は磁場の

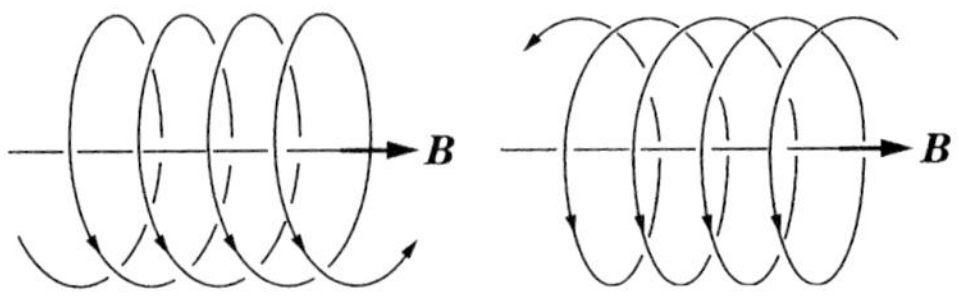

図 42　一様な磁場中における荷電粒子のらせん運動 ($q < 0$ の場合)

[†25] ローレンツ (H. A. Lorentz, 1853-1928) は，物質の電子理論，相対性理論の先駆的理論に貢献したオランダの理論物理学者である．

方向には等速運動するので，図 42 のようならせん軌道を描く．

4.3.3　ホール効果

直方体の導体板に垂直 (z 方向) に磁束密度 B の一様な磁場がかかっており，x 方向に電流 I が流れているとしよう (図 43)．導体中の荷電粒子の電荷を q，速度 (x 方向) を v，単位体積あたりの粒子数を n とする．断面積を S とすると電流は $I = nqvS$ である．$q > 0$ とすると荷電粒子が受けるローレンツ力 $q\boldsymbol{v} \times \boldsymbol{B}$ の方向は $-y$ 方向であるので，手前側が正に，向こう側が負に帯電する．すなわち，導体板中には y 方向の電場 E が生じる．定常状態において，荷電粒子に作用する電場 E による力は磁場によるローレンツ力と釣り合う．したがって，次式が成り立つ．

$$qE = qvB = \frac{IB}{nS} \tag{247}$$

板の y 方向の長さを a，厚さを b とすると ($S = ab$)，y 軸に垂直な両端面に生じる電位差は

$$\phi_{\mathrm{H}} = Ea = \frac{IB}{nqb} \tag{248}$$

である．この現象をホール効果 (Hall effect) といい，ϕ_{H} をホール電圧，

$$R_{\mathrm{H}} = \frac{\phi_{\mathrm{H}}}{I} = \frac{B}{nqb} \tag{249}$$

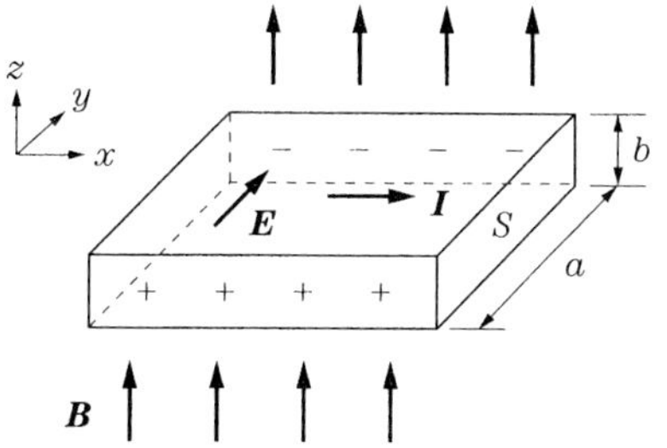

図 43　ホール効果 ($q > 0$ の場合)

をホール抵抗という[†26]．$q<0$ の場合には，荷電粒子の速度は電流と逆向き，ローレンツ力の方向は $q>0$ の場合と同じ，電場の方向は逆向きとなる．したがって，ホール電圧の測定により荷電粒子の正負と数密度 n を知ることができる．

ホール効果は，磁束密度の測定に利用される．ホール効果を大規模に利用したものに MHD 発電 (magnetohydrodynamics generator) がある．電離気体 (プラズマ) の流れに垂直に磁場を加え，ホール効果によって生じる起電力を利用する発電である．

4.3.4 量子ホール効果と抵抗標準

半導体のヘテロ接合や Si–MOS の境界面に垂直に強い磁場をかけ，極低温においてホール効果を観測すると，ホール抵抗 R_{H} は

$$R_H = \frac{h}{e^2} \times \frac{1}{n_o}, \quad \frac{h}{e^2} = 25812.806\,\Omega \tag{250}$$

となる．ただし，h はプランク定数，e は電気素量，n_o は正の整数である[†27]．これを量子ホール効果といい，1980 年に発見された．その後，n_o は簡単な分数 $(1/3, 2/5, 2/3$ など．ただし分母は奇数) も許されることがわかった (分数量子ホール効果)．プランク定数が関与していることは，量子論的な効果であることを意味する．電気抵抗が物質に関係なく普遍定数 h と e で表されることは特筆すべきことで，量子ホール効果のホール抵抗は 1990 年から抵抗標準に採用されている．

4.4 ビオ–サバールの法則

任意の形状の導線を流れる電流によってまわりの空間につくられる磁束密度はビオ–サバールの法則[†28] によって記述される．電流素片 $I\,\mathrm{d}\boldsymbol{s}$ が $\boldsymbol{r}$

---

†26 米国の物理学者ホール (E. H. Hall, 1855–1938) によって 1879 年に発見された．

†27 h/e^2 の次元は電気抵抗と同じである．
$\mathrm{J \cdot s/C^2 = (J/C)/(C/s) = V/A = \Omega}$

†28 フランスの物理学者ビオ (J. B. Biot, 1774–1862) とサバール (F. Savart, 1791–1841) の共同研究により 1820 年に導かれた．

離れた地点につくる磁束密度 $\mathrm{d}\boldsymbol{B}$ は

$$\mathrm{d}\boldsymbol{B} = \frac{\mu_0}{4\pi}\frac{I\mathrm{d}\boldsymbol{s}\times\boldsymbol{r}}{r^3} \tag{251}$$

と表される．導線に沿って式 (251) を線積分すると次式を得る．

$$\boldsymbol{B} = \frac{\mu_0}{4\pi}\int\frac{I\mathrm{d}\boldsymbol{s}\times\boldsymbol{r}}{r^3} \tag{252}$$

この式をビオ–サバールの法則 (Biot-Savart law) という．静磁気におけるビオ–サバールの法則は，静電場におけるクーロンの法則に対応している．

電流が広がりのある空間を流れている場合に一般化しよう．電流の方向に長さ $\mathrm{d}s$，断面積 $\mathrm{d}S$ の微小円筒領域を考えると，電流要素は電流密度 $\boldsymbol{i}$ を使って

$$I\,\mathrm{d}\boldsymbol{s} = \boldsymbol{i}\,\mathrm{d}S\,\mathrm{d}s = \boldsymbol{i}\,\mathrm{d}V \tag{253}$$

と表される．$\mathrm{d}V = \mathrm{d}S\,\mathrm{d}s$ は微小体積である．電流要素 $\boldsymbol{i}(\boldsymbol{r}')\,\mathrm{d}V'$ が空間の位置 $\boldsymbol{r}$ につくる磁束密度 $\mathrm{d}\boldsymbol{B}(\boldsymbol{r})$ は

$$\mathrm{d}\boldsymbol{B}(\boldsymbol{r}) = \frac{\mu_0}{4\pi}\frac{\boldsymbol{i}(\boldsymbol{r}')\times(\boldsymbol{r}-\boldsymbol{r}')}{|\boldsymbol{r}-\boldsymbol{r}'|^3}\mathrm{d}V' \tag{254}$$

と表される．体積積分して

$$\boldsymbol{B}(\boldsymbol{r}) = \frac{\mu_0}{4\pi}\int\frac{\boldsymbol{i}(\boldsymbol{r}')\times(\boldsymbol{r}-\boldsymbol{r}')}{|\boldsymbol{r}-\boldsymbol{r}'|^3}\mathrm{d}V' \tag{255}$$

を得る．$\mathrm{d}V'$ は $\boldsymbol{r}'$ についての体積積分を意味する．

例 1：直線電流のまわりの磁場

直線電流のまわりの磁場 (236) はビオ–サバールの法則から導くことができる．z 軸上を正の方向に流れる電流 I が z 軸から距離 a 離れた点 P につくる磁束密度を求めよう (図 44)．電流要素 $I\,\mathrm{d}z$ が点 P につくる磁束密度の大きさは

$$\mathrm{d}B = \frac{\mu_0}{4\pi}\frac{I\,\mathrm{d}z\sin\theta}{r^2} \tag{256}$$

である．磁束密度の方向は電流要素の位置 z に関係なく，図 44 の $\mathrm{d}\boldsymbol{B}$ の方向である．したがって，磁束密度の大きさを求めるには，式 (256) を $-\infty$ から ∞ まで積分すればよい．図 44 の角度を θ とすると $r = a/\sin\theta$,

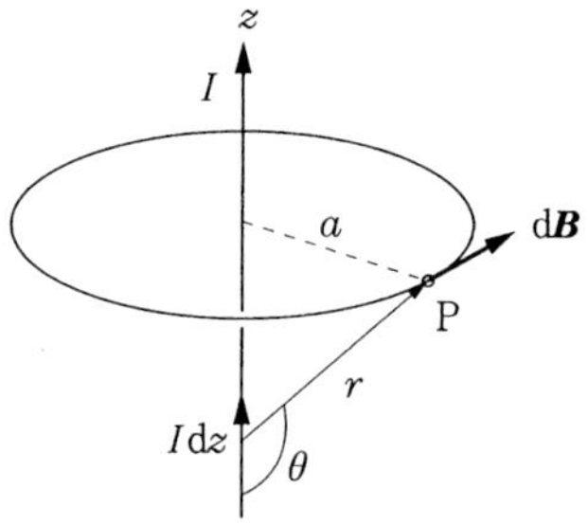

図 44 直線電流のまわりの磁場

$z=-a\cot\theta$ の関係がある．したがって

$$\mathrm{d}z=\frac{a}{\sin^2\theta}\mathrm{d}\theta \tag{257}$$

である．以上から

$$\mathrm{d}B=\frac{\mu_0 I}{4\pi a}\sin\theta\,\mathrm{d}\theta \tag{258}$$

となる．これを $\theta=0$ から π まで積分して，つぎの結果を得る．

$$B(a)=\frac{\mu_0 I}{4\pi a}\int_0^{\pi}\sin\theta\,\mathrm{d}\theta=\frac{\mu_0 I}{2\pi a} \tag{259}$$

これが式 (236) にほかならない．

例 2：円電流の中心軸上の磁場

半径 a の円形導線に電流 I が流れているとき，円の中心軸上，中心 O から距離 z の点 P における磁束密度を求めよう (図 45)．電流要素 $I\,\mathrm{d}\boldsymbol{s}$ が

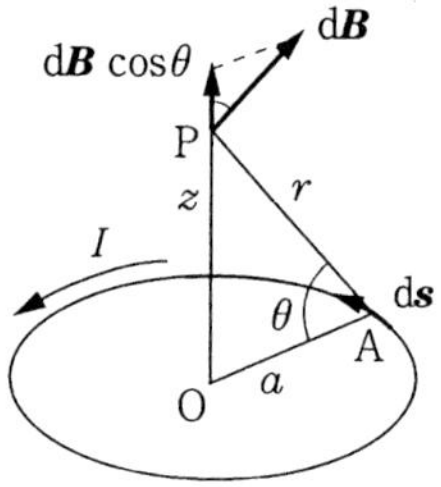

図 45 円電流の軸上の磁場

つくる磁束密度 d$\boldsymbol{B}$ の方向は図 45 の三角形 AOP を含む平面内で AP に直角であり，その大きさは

$$\mathrm{d}B = \frac{\mu_0}{4\pi}\frac{I\,\mathrm{d}s}{r^2} \tag{260}$$

である．d$\boldsymbol{B}$ を z 軸に平行な成分と垂直な成分に分けよう．z 軸に垂直な成分は円周にわたって線積分すると，対称性から 0 となる．z 軸に平行な成分は

$$B(z) = \frac{\mu_0 I}{4\pi r^2}\cos\theta\int_0^{2\pi a}\mathrm{d}s = \frac{\mu_0 I}{4\pi r^2}\frac{a}{r}\times 2\pi a = \frac{\mu_0 I a^2}{2(a^2+z^2)^{3/2}} \tag{261}$$

となる．磁束密度の方向は $+z$ 方向である．円電流の中心 O における磁束密度は $\mu_0 I/2a$ である．

4.5　静磁場の基本法則の積分表現

4.5.1　磁場に関するガウスの法則

電気力線は正の電荷から湧き出し，負の電荷に吸い込まれるが，電荷に対応する磁荷は存在しないので磁束線の湧き出し点と吸い込み点は存在しない．電流のまわりの磁束線は，つねに閉曲線 (ループ) を描く．したがって，任意の閉曲面 S における磁束密度の面積分は 0 である．

$$\oint_S \boldsymbol{B}\cdot\mathrm{d}\boldsymbol{S} = 0 \tag{262}$$

これを磁場に関するガウスの法則という．

4.5.2　アンペールの法則

直線電流のまわりの磁束線は同心円状であり，半径 a の円周上における磁束密度の大きさは式 (259) で与えられる．円周に沿って電流方向に進む右ねじがまわる向きに磁束密度を線積分すると

$$\oint_C \boldsymbol{B}\cdot\mathrm{d}\boldsymbol{s} = 2\pi a B(a) = \mu_0 I \tag{263}$$

となる．一般に任意の閉曲線 C の内側を貫く電流を I とすると，次式が成り立つ．

$$\oint_C \boldsymbol{B} \cdot \mathrm{d}\boldsymbol{s} = \mu_0 I \tag{264}$$

ただし，線積分の向きに右ねじをまわしたときに，右ねじが進む向きに電流が流れている場合に $I > 0$ ととる．この式をアンペールの法則 (Ampère's law) とよぶ．

ビオ–サバールの法則からアンペールの法則が成り立つことを示そう．閉曲線 C 上の点 P から回路をみる立体角を Ω，点 P から $\mathrm{d}\boldsymbol{s}$ だけ移動した点 P′ から回路をみる立体角を $\Omega + \mathrm{d}\Omega$ とする．図 46(b) のように，視点を $\mathrm{d}\boldsymbol{s}$ 移動させる代わりに回路を $-\mathrm{d}\boldsymbol{s}$ 平行移動して点 P から回路をみるとき，立体角は $\Omega + \mathrm{d}\Omega$ に等しい．回路の微小素片を $\mathrm{d}\boldsymbol{s}'$ とするときベク

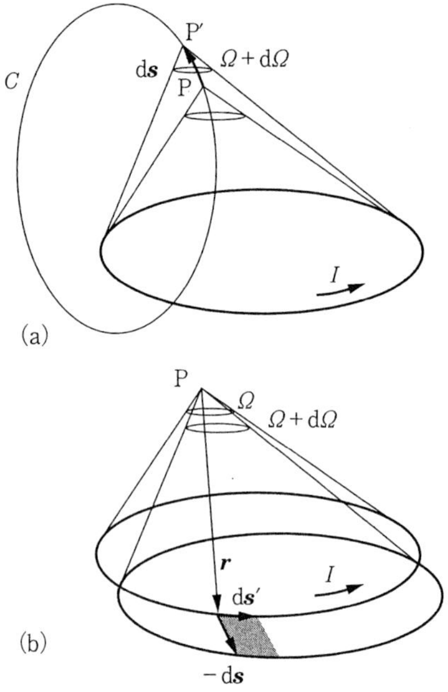

図 46 (a) 視点を P から $\mathrm{d}\boldsymbol{s}$ 移したときの回路の立体角の変化，(b) 視点を固定して回路を $-\mathrm{d}\boldsymbol{s}$ 移動させたときの立体角の変化．

トル積

$$\mathrm{d}\boldsymbol{S} = \mathrm{d}\boldsymbol{s}' \times (-\mathrm{d}\boldsymbol{s}) = \mathrm{d}\boldsymbol{s} \times \mathrm{d}\boldsymbol{s}' \tag{265}$$

は，回路を $-\mathrm{d}\boldsymbol{s}$ だけ平行移動させるときに $\mathrm{d}\boldsymbol{s}'$ が描く面の面素ベクトルに等しい．点 P から $\mathrm{d}\boldsymbol{s}'$ へ向かうベクトルを $\boldsymbol{r}$ とすると，点 P から面素 $\mathrm{d}\boldsymbol{S}$ をみる立体角は

$$\frac{\mathrm{d}\boldsymbol{S}\cdot\boldsymbol{r}}{r^3} = \frac{(\mathrm{d}\boldsymbol{s}\times\mathrm{d}\boldsymbol{s}')\cdot\boldsymbol{r}}{r^3} = \frac{\mathrm{d}\boldsymbol{s}'\times\boldsymbol{r}}{r^3}\cdot\mathrm{d}\boldsymbol{s} \tag{266}$$

と表される[†29]．これを回路 1 周について積分すれば立体角の変化 $\mathrm{d}\Omega$ を得る．

$$\mathrm{d}\Omega = \left(\oint_C \frac{\mathrm{d}\boldsymbol{s}'\times\boldsymbol{r}}{r^3}\right)\cdot\mathrm{d}\boldsymbol{s} \tag{267}$$

点 P の磁束密度を $\boldsymbol{B}$ とするとビオ–サバールの法則は

$$\boldsymbol{B} = \frac{\mu_0}{4\pi}\oint_C \frac{I\mathrm{d}\boldsymbol{s}'\times(-\boldsymbol{r})}{r^3} \tag{268}$$

と表される．したがって

$$\boldsymbol{B}\cdot\mathrm{d}\boldsymbol{s} = -\frac{\mu_0 I}{4\pi}\mathrm{d}\Omega \tag{269}$$

の関係がある．図 46(a) のように閉曲線 C に沿って 1 周するとき，立体角の変化は

$$\oint_C \mathrm{d}\Omega = -4\pi \tag{270}$$

である．ゆえに，式 (269) を C に沿って線積分すると

$$\oint_C \boldsymbol{B}\cdot\mathrm{d}\boldsymbol{s} = -\frac{\mu_0}{4\pi}\oint_C \mathrm{d}\Omega = \mu_0 I \tag{271}$$

を得る．ただし，線積分の向きと電流の向きが右ねじの関係にないときには $I < 0$ ととる．閉曲線 C が回路を貫かないときには $\oint_C \mathrm{d}\Omega = 0$ であるから

$$\oint_C \boldsymbol{B}\cdot\mathrm{d}\boldsymbol{s} = 0 \tag{272}$$

である．また，図 47(a) のように閉曲線が 2 回転している場合，または図

†29 ベクトルの公式 $(\boldsymbol{A}\times\boldsymbol{B})\cdot\boldsymbol{C} = (\boldsymbol{B}\times\boldsymbol{C})\cdot\boldsymbol{A}$ を用いた．このようなベクトルの積をベクトル 3 重積という．

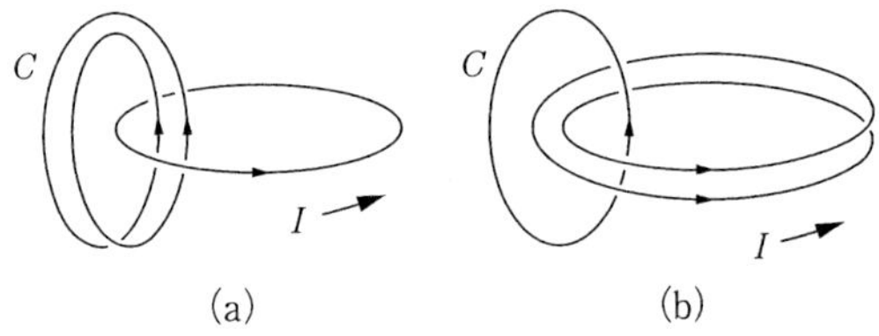

図 **47** (a) 閉曲線 C が回路を 2 回貫いている場合，(b) 回路が閉曲線 C を 2 回貫いている場合.

47(b) のように回路が 2 回転している場合には $\oint_C \mathrm{d}\Omega = -8\pi$ である．これらの場合には，式 (264) において閉曲線を貫く電流は $2I$ ととる．

電流密度 $\boldsymbol{i}$ を用いてアンペールの法則を表すと

$$\oint_C \boldsymbol{B} \cdot \mathrm{d}\boldsymbol{s} = \mu_0 \int_S \boldsymbol{i} \cdot \mathrm{d}\boldsymbol{S} \tag{273}$$

となる．右辺の積分は閉曲線 C で囲まれる面 S 上での面積分である．面素ベクトル $\mathrm{d}\boldsymbol{S}$ の正の向きは，線積分の向きに右ねじをまわしたときに右ねじの進む向きである．

4.6 アンペールの法則の応用

電流分布の対称性がよい場合には，アンペールの法則を使って容易に磁場を求めることができる．いくつかの例をあげる．

4.6.1 平面電流による磁場

無限に広い平面 (x–y 面とする) に一様な面電流が流れている．電流の方向を $+y$ 方向とし，表面電流密度を j とする．この場合には，磁束密度の方向は $z>0$ においては $+x$ 方向，$z<0$ においては $-x$ 方向となる．図 48 の長方形の閉曲線にアンペールの法則を適用する．対称性から積分路の上辺と下辺における磁束密度は逆向きで，大きさは等しい．磁束密度の線積分は

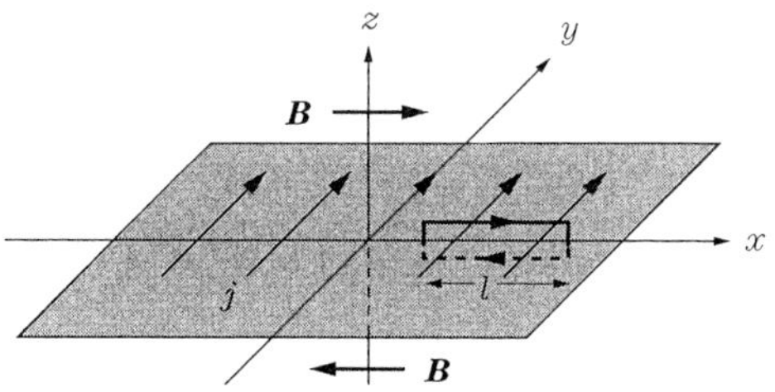

図 48 平面を流れる電流による磁場

$$\oint_C \boldsymbol{B} \cdot \mathrm{d}\boldsymbol{s} = \{B(z) + B(-z)\}l = 2B(z)\,l \tag{274}$$

となる．長方形を貫く電流は jl であるから，つぎの結果を得る．

$$B(z) = \frac{1}{2}\mu_0 j \tag{275}$$

平面電流の両側には逆向きの一様な磁場が生じる．

4.6.2 円柱導体を流れる電流による磁場

断面の半径 a の無限に長い円柱導体を電流 I が一様に流れているとき，導体内外の磁束密度を求めよう．

対称性から磁束線は円柱の軸を中心とする同心円である．半径 r の同心円を考えてアンペールの法則を適用する (図 49)．この円周上では，磁束密度の大きさは一定であるから，その線積分は

$$\oint_C \boldsymbol{B} \cdot \mathrm{d}\boldsymbol{s} = 2\pi r B(r) \tag{276}$$

である．$r > a$ の場合には

$$2\pi r B(r) = \mu_0 I \tag{277}$$

すなわち

$$B(r) = \frac{\mu_0 I}{2\pi r}, \quad r > a \tag{278}$$

である．また，$r \leqq a$ の場合には，半径 r の円を貫く電流は $(r^2/a^2)\,I$ で

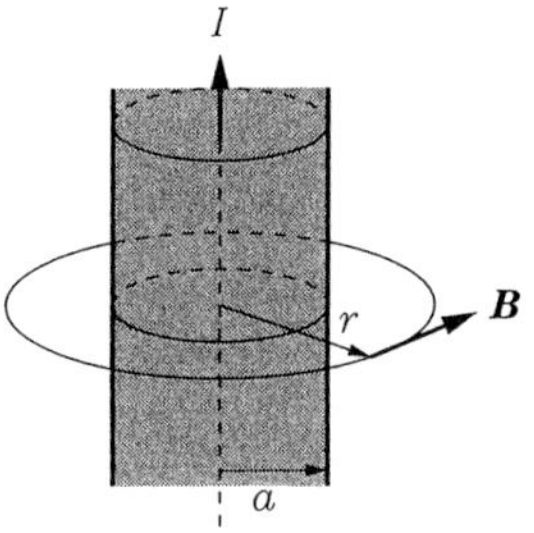

図 49 円柱状導体を流れる電流による磁場

あるから

$$2\pi r B(r) = \frac{\mu_0 I r^2}{a^2} \tag{279}$$

すなわち

$$B(r) = \frac{\mu_0 I}{2\pi a^2} r, \quad r \leqq a \tag{280}$$

となる.

4.6.3 ソレノイド

導線を円筒に密に巻いたコイルをソレノイド (solenoid) という. 円筒の半径を a, 軸方向の単位長さあたりの巻き数を n, 導線に流す電流を I としてソレノイドの内外の磁束密度を求めよう.

ソレノイドの軸方向の長さが十分に長い場合には対称性から, 磁場の方向はソレノイドの軸に平行で, 内側と外側では逆向き, 大きさは軸からの距離 r だけの関数と見なせる. 磁束密度の大きさを $B(r)$ と表し, 図 50(a) の長方形の閉曲線 $\mathcal{C}_1$ にアンペールの法則を適用しよう. 閉曲線を貫く電流はないから

$$\oint_{\mathcal{C}_1} \boldsymbol{B} \cdot \mathrm{d}\boldsymbol{s} = B(r_1)\,h - B(r_2)\,h = 0 \tag{281}$$

である. つまり, 磁束密度の大きさは軸からの距離に依存しない. 十分遠方では, ソレノイドは直線電流と同じとみなされるから $r \to \infty$ では $B \to 0$ である. したがって, ソレノイドの外側では磁束密度は 0 である.

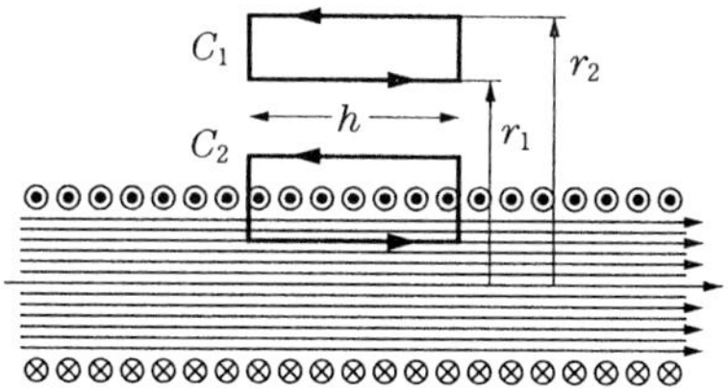

(a)　無限に長いソレノイド

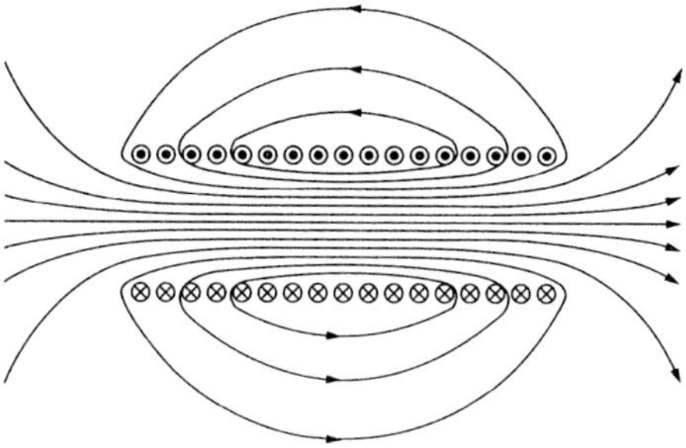

(b)　有限の長さのソレノイド

図 50　ソレノイドの内外の磁場

つぎに，図 50(a) の閉曲線 $\mathcal{C}_2$ にアンペールの法則を適用しよう．ソレノイドの内側の, 軸に平行な直線上の磁束密度を $B(r)$ とすると

$$\oint_{\mathcal{C}_2} \boldsymbol{B}(r) \cdot \mathrm{d}\boldsymbol{s} = B(r)\,h = \mu_0 nIh \tag{282}$$

すなわち

$$B(r) = \mu_0 nI \tag{283}$$

を得る．すなわち，ソレノイドの内部の磁束密度はいたるところ等しい．この結果は，ソレノイドの断面の形状に関係なく成り立つ．

実際のソレノイドは長さにかぎりがあり, ソレノイドの内外の磁場は図 50(b) のようになる．

4.7　静磁場の基本法則の微分表現

静磁場におけるビオ–サバールの法則は，2つの積分形式の法則として表現された．磁場に関するガウスの法則 (262) とアンペールの法則 (273) である．これらの微分表現を導こう．

4.7.1　磁場に関するガウスの法則

磁場に関するガウスの法則は，静電場におけるガウスの法則 (99) に対応する．しかし，電荷に対応する磁荷は存在しないので，右辺は0となる．すなわち，微分表現は次式となる．

$$\mathrm{div}\boldsymbol{B} = 0 \tag{284}$$

4.7.2　アンペールの法則

x 軸に垂直な微小な長方形の閉曲線 C にアンペールの法則を適用する (図 51)．磁束密度の線積分のうち y 軸に平行な 2 つの辺からの寄与は

$$\{B_y(x,y,z) - B_y(x,y,z+\Delta z)\}\Delta y \cong -\frac{\partial B_y}{\partial z}\Delta y \Delta z \tag{285}$$

z 軸に平行な 2 つの辺からの寄与は

$$\{B_z(x,y+\Delta y,z) - B_z(x,y,z)\}\Delta z \cong \frac{\partial B_z}{\partial y}\Delta y \Delta z \tag{286}$$

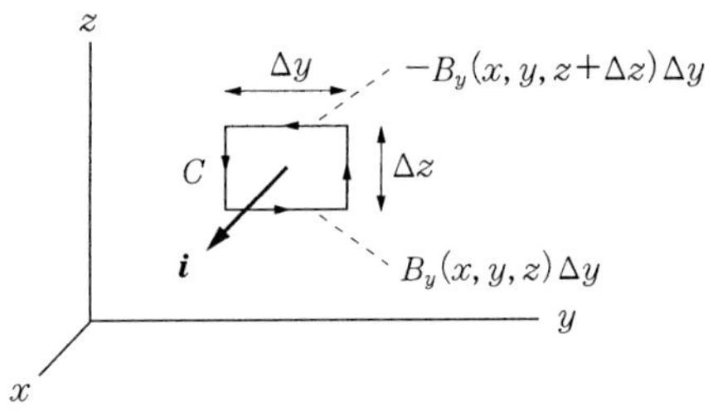

図 51　微小長方形にアンペールの法則を適用

となる．$\Delta y \Delta z$ は長方形の面積 ΔS に等しいから

$$\oint_C \boldsymbol{B} \cdot \mathrm{d}\boldsymbol{s} = \left(\frac{\partial B_z}{\partial y} - \frac{\partial B_y}{\partial z} \right) \Delta S \tag{287}$$

を得る．一方，閉曲線を貫く電流は

$$\int_S \boldsymbol{i} \cdot \mathrm{d}\boldsymbol{S} = i_x \, \Delta S \tag{288}$$

である．以上の 2 式をアンペールの法則 (273) に代入して次式を得る．

$$\frac{\partial B_z}{\partial y} - \frac{\partial B_y}{\partial z} = \mu_0 i_x \tag{289}$$

同様に y 軸，z 軸に垂直な微小長方形を考えて次式を得る．

$$\frac{\partial B_x}{\partial z} - \frac{\partial B_z}{\partial x} = \mu_0 i_y \tag{290}$$

$$\frac{\partial B_y}{\partial x} - \frac{\partial B_x}{\partial y} = \mu_0 i_z \tag{291}$$

式 (289)〜(291) の左辺に現れた量は $\mathrm{rot}\boldsymbol{B}$ (あるいは $\nabla \times \boldsymbol{B}$) の x，y，z 成分にほかならない．したがって，アンペールの法則は

$$\mathrm{rot}\boldsymbol{B} = \mu_0 \boldsymbol{i} \quad \text{または} \quad \nabla \times \boldsymbol{B} = \mu_0 \boldsymbol{i} \tag{292}$$

と表される．

4.8 磁場のポテンシャル

4.8.1 磁位 (磁気ポテンシャル)

静磁場においては循環が 0 でない ($\oint_C \boldsymbol{B} \cdot \mathrm{d}\boldsymbol{s} \neq 0$) ので，電位 (静電ポテンシャル) に対応するスカラーポテンシャルは一般的には定義できない．しかし，電流回路によってつくられる静磁場において，閉曲線が電流回路を横切らない領域に限定すれば $\oint_C \boldsymbol{B} \cdot \mathrm{d}\boldsymbol{s} = 0$ が成り立ち，限定的ではあるがスカラーポテンシャルが定義できる．

ある点 $\boldsymbol{r}$ から電流回路をみるときの立体角を $\Omega(\boldsymbol{r})$ とする．その点から $\mathrm{d}\boldsymbol{s}$ だけ微小変位するときの立体角の変化は

$$\mathrm{d}\Omega = \mathrm{grad}\,\Omega \cdot \mathrm{d}\boldsymbol{s} \tag{293}$$

と表される．この関係を式 (269) に代入して

$$\boldsymbol{B}\cdot \mathrm{d}\boldsymbol{s} = -\frac{\mu_0 I}{4\pi}\mathrm{grad}\,\Omega\cdot \mathrm{d}\boldsymbol{s} \tag{294}$$

を得る．したがって，つぎの関係式が成り立つ．

$$\boldsymbol{B} = -\mathrm{grad}\,\phi_{\mathrm{m}} \tag{295}$$

$$\phi_{\mathrm{m}}(\boldsymbol{r}) = \frac{\mu_0}{4\pi}\,I\Omega(\boldsymbol{r}) \tag{296}$$

$\phi_{\mathrm{m}}(\boldsymbol{r})$ を磁位または磁気ポテンシャルという．

4.8.2 ベクトルポテンシャル

一般には，磁場の循環は 0 ではないので普遍的なスカラーポテンシャルは定義できない．しかし，いたるところで発散が 0 ($\mathrm{div}\boldsymbol{B} = 0$) であれば $\boldsymbol{B} = \mathrm{rot}\boldsymbol{A}$ を満たすベクトル場 $\boldsymbol{A}(\boldsymbol{r})$ が存在する．この $\boldsymbol{A}(\boldsymbol{r})$ をベクトルポテンシャル (vector potential) という．磁場に対してベクトルポテンシャルが定義できることは，電場はスカラー量である電荷によってつくられるのに対し，磁場はベクトル量である電流密度によってつくられることを反映している．

ビオ–サバールの法則 (255) をベクトルポテンシャルを用いて書き直そう．式 (255) を

$$\boldsymbol{B}(\boldsymbol{r}) = \frac{\mu_0}{4\pi}\int \boldsymbol{i}(\boldsymbol{r}')\times\frac{\boldsymbol{r}-\boldsymbol{r}'}{|\boldsymbol{r}-\boldsymbol{r}'|^3}\mathrm{d}V' \tag{297}$$

と表し，恒等式

$$\frac{\boldsymbol{r}-\boldsymbol{r}'}{|\boldsymbol{r}-\boldsymbol{r}'|^3} = -\mathrm{grad}\frac{1}{|\boldsymbol{r}-\boldsymbol{r}'|} \tag{298}$$

および定ベクトル $\boldsymbol{C}$ とスカラー関数 $f(\boldsymbol{r})$ に対して成り立つ関係式

$$\mathrm{rot}\,\{\boldsymbol{C}\,f(\boldsymbol{r})\} = -\boldsymbol{C}\times\mathrm{grad}\,f(\boldsymbol{r}) \tag{299}$$

を使うと

$$\mathrm{rot}\frac{\boldsymbol{i}(\boldsymbol{r}')}{|\boldsymbol{r}-\boldsymbol{r}'|} = -\boldsymbol{i}(\boldsymbol{r}')\times\mathrm{grad}\frac{1}{|\boldsymbol{r}-\boldsymbol{r}'|} \tag{300}$$

である．ただし，grad および rot は $\boldsymbol{r}$ についての微分演算子である．$\boldsymbol{i}(\boldsymbol{r}')$ は $\boldsymbol{r}$ を含まないので $\boldsymbol{r}$の微分に関しては定ベクトルとして扱われることに

注意されたい．以上からビオ–サバールの法則は

$$\boldsymbol{B}(\boldsymbol{r}) = \mathrm{rot}\boldsymbol{A} \tag{301}$$

$$\boldsymbol{A}(\boldsymbol{r}) = \frac{\mu_0}{4\pi}\int \frac{\boldsymbol{i}(\boldsymbol{r}')}{|\boldsymbol{r}-\boldsymbol{r}'|}\mathrm{d}V' \tag{302}$$

と表すことができる．線電流に対しては $\boldsymbol{i}\,\mathrm{d}V' \to I\,\mathrm{d}\boldsymbol{s}'$ と置きかえればよい．

$$\boldsymbol{A}(\boldsymbol{r}) = \frac{\mu_0}{4\pi}\int \frac{I\,\mathrm{d}\boldsymbol{s}'}{|\boldsymbol{r}-\boldsymbol{r}'|} \tag{303}$$

4.9 磁 気 双 極 子

4.9.1 磁気双極子モーメント

微小な環電流を磁気双極子 (magnetic dipole) という．磁気双極子に対して磁気双極子モーメント (略して磁気モーメント) というベクトル量をつぎのように定義する．

大きさ：電流の強さと電流が囲む面積との積

方　向：環電流を含む面に垂直で，電流の向きに右ねじを回したときに右ねじの進む方向

したがって，磁気モーメントの単位は A·m^2 である．磁束密度の単位 T (＝N/A·m) を使うと J/T と表すこともできる[†30]．

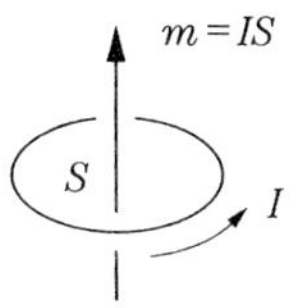

図 **52** 磁気双極子

[†30] EH 対応では磁気双極子モーメントを $\mu_0 IS$ と定義する．この場合には，磁気モーメントの単位は Wb·m となる．

4.9.2 微小円電流のまわりの磁場

微小円電流によってつくられる磁場を求めよう．x–y 平面上で原点に中心をもつ半径 a の円電流 I を考える (図 53)．z 軸のまわりの回転対称性を考慮して，点 P $(x, 0, z)$ におけるベクトルポテンシャルを求める．原点から点 P までの距離 $r = \sqrt{x^2 + z^2}$ は円電流の半径 a に比べて十分に大きいとする．円電流の微小部分 $\mathrm{d}s = a\,\mathrm{d}\phi$ によるベクトルポテンシャル $\mathrm{d}A_x$, $\mathrm{d}A_y$ は

$$\mathrm{d}A_x = -\frac{\mu_0}{4\pi}\frac{I\sin\phi}{r'}a\,\mathrm{d}\phi \tag{304}$$

$$\mathrm{d}A_y = \frac{\mu_0}{4\pi}\frac{I\cos\phi}{r'}a\,\mathrm{d}\phi \tag{305}$$

である．電流の z 成分はないので $A_z = 0$ である．上式で r' は電流素片から点 P までの距離である．

$$\begin{aligned} r' &= \sqrt{(x - a\cos\phi)^2 + (a\sin\phi)^2 + z^2} \\ &= \sqrt{r^2 - 2ax\cos\phi + a^2} \end{aligned} \tag{306}$$

$r \gg a$ と仮定しているので，a^2 の項は省略し $1/r'$ を近似計算すると

$$\frac{1}{r'} = \frac{1}{r}\left(1 - \frac{2ax\cos\phi}{r^2}\right)^{-1/2} \cong \frac{1}{r}\left(1 + \frac{ax\cos\phi}{r^2}\right) \tag{307}$$

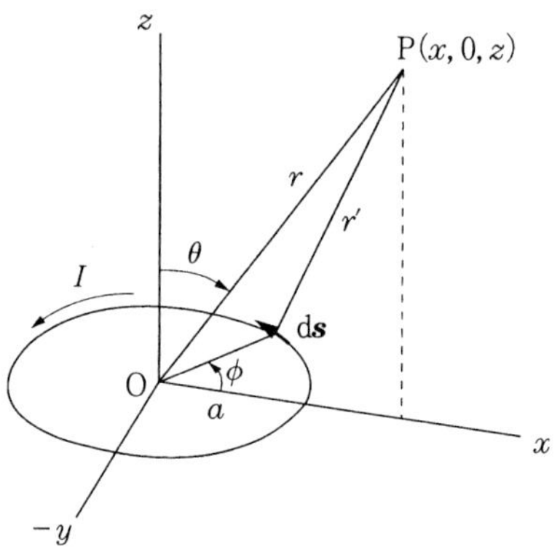

図 53 微小環電流 (磁気双極子モーメント)

である．式 (307) を式 (304)，(305) に代入して ϕ について $0 \sim 2\pi$ で積分すると，$\sin\phi$，$\cos\phi$ および $\sin\phi\cos\phi$ を含む項は 0 となり，残るのは $\cos^2\phi$ を含む y 成分のみである．

$$A_y = \frac{\mu_0}{4\pi}\frac{a^2 I x}{r^3}\int_0^{2\pi}\cos^2\phi\,\mathrm{d}\phi = \frac{\mu_0}{4\pi}\frac{\pi a^2 I x}{r^3} \tag{308}$$

円電流の磁気双極子モーメント $\boldsymbol{m}$ は z 方向，その大きさは $m = \pi a^2 I$ である．$\boldsymbol{m}$ と $\boldsymbol{r}$ のなす角を θ とすると式 (308) は

$$A_y = \frac{\mu_0}{4\pi}\frac{mx}{r^3} = \frac{\mu_0}{4\pi}\frac{m\sin\theta}{r^2} \tag{309}$$

と表される．対称性を考慮すれば一般に

$$\boldsymbol{A}(\boldsymbol{r}) = \frac{\mu_0}{4\pi}\frac{\boldsymbol{m}\times\boldsymbol{r}}{r^3} \tag{310}$$

と表すことができる．ベクトル $\boldsymbol{A}$ の回転をとれば磁束密度が求まる．

$$\boldsymbol{B}(\boldsymbol{r}) = \mathrm{rot}\boldsymbol{A} = \frac{\mu_0}{4\pi}\left\{\frac{3(\boldsymbol{m}\cdot\boldsymbol{r})\boldsymbol{r}}{r^5} - \frac{\boldsymbol{m}}{r^3}\right\} \tag{311}$$

とくに，磁気双極子の軸上, 距離 z の点における磁場は

$$B(z) = \frac{\mu_0 m}{2\pi|z|^3} \tag{312}$$

と表される．なお，この式は式 (261) において $m = \pi a^2 I$，$z \gg a$ とした結果に一致する．

磁気双極子の電流は原点の近傍にかぎられているので，磁気双極子のまわりの磁場は磁位によって表すこともできる．図 53 の点 P からみる円電流の立体角は

$$\Omega = \frac{\pi a^2\cos\theta}{r^2} = \pi a^2\frac{\boldsymbol{r}\cdot\hat{\boldsymbol{e}}_z}{r^3} \tag{313}$$

と表される．ただし，$\hat{\boldsymbol{e}}_z$ は z 方向の単位ベクトルである．式 (313) を式 (296) に代入して $\boldsymbol{m} = \pi a^2 I\,\hat{\boldsymbol{e}}_z$ であることに注意すれば，つぎの結果を得る．

$$\phi_{\mathrm{m}}(\boldsymbol{r}) = \frac{\mu_0}{4\pi}\frac{\boldsymbol{m}\cdot\boldsymbol{r}}{r^3} \tag{314}$$

磁気双極子のまわりの磁場 (311) は，電気双極子のまわりの電場 (82) と同じ形をしている．また，磁位 (314) は電位 (78) と同形である．ともに

$\boldsymbol{m} \leftrightarrow \boldsymbol{p}$, $\mu_0 \leftrightarrow 1/\epsilon_0$ と対応している．このことは電気双極子と同様に，磁気双極子を磁荷の対としても扱うことができることを示している．

4.9.3 磁場中の磁気双極子に作用する力

外部磁場中の磁気双極子に関して, 外部電場中の電気双極子の場合と同様に，以下の式が成り立つ．

外部磁場 $\boldsymbol{B}$ の中に置かれた磁気モーメント $\boldsymbol{m}$ が受ける力のモーメント (トルク) は

$$N(\theta) = mB\sin\theta \tag{315}$$

と表される．θ は $\boldsymbol{m}$ と $\boldsymbol{B}$ のなす角度である．ベクトルの関係式で表すと

$$\boldsymbol{N} = \boldsymbol{m} \times \boldsymbol{B} \tag{316}$$

である．磁気双極子は，磁場の方向に向きをそろえようとする．

外部磁場中の磁気モーメントの回転に対するポテンシャルエネルギー $U(\theta)$ は $N(\theta)$ と

$$N = -\frac{\mathrm{d}U}{\mathrm{d}\theta} \tag{317}$$

の関係にあり，次式で表される．

$$U = -mB\cos\theta = -\boldsymbol{m}\cdot\boldsymbol{B} \tag{318}$$

4.9.4 地 磁 気

地球は巨大な磁石であり，地表付近の磁場は地球の中心にある磁気双極子のつくる磁場として表される．磁気双極子モーメントの大きさはだいたい

$$m = 8.0 \times 10^{22}\,\mathrm{A\cdot m^2} \tag{319}$$

であり，その方向は地球の自転軸と角度 168.5° をなす．地磁気の S 極はグリーンランドの北西部，N 極は南極海にある．地球の半径を R，磁気緯度を θ_{m} とすると，地表における磁束密度の水平成分 B_{h} と鉛直成分 B_{v} は式 (311) から

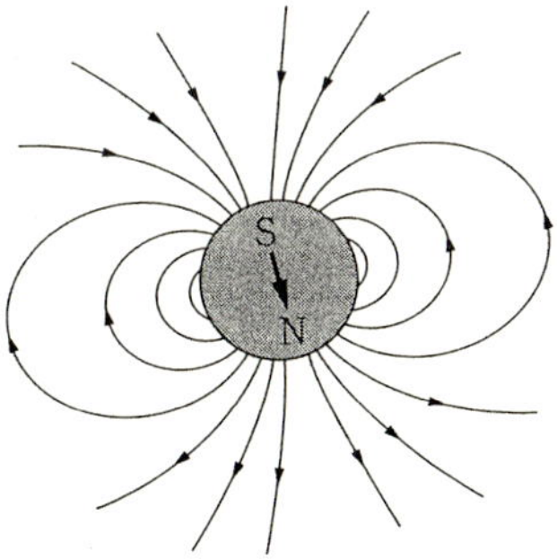

図 **54** 地球の磁気モーメントによる磁場

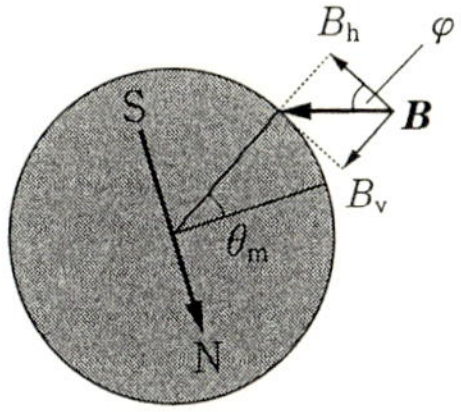

図 **55** 地磁気の水平成分 B_h と垂直成分 B_v

$$B_h = \frac{\mu_0 m}{4\pi R^3} \cos\theta_m \tag{320}$$

$$B_v = -\frac{\mu_0 m}{2\pi R^3} \sin\theta_m \tag{321}$$

と求まる．北半球では，磁束密度の方向は斜め下向きで，水平となす角度(伏角) φ は磁気緯度とつぎの関係にある．

$$\tan\varphi = \left|\frac{B_v}{B_h}\right| = 2\tan\theta_m \tag{322}$$

東京付近では，水平成分 $B_h = 3 \times 10^{-5}$ T，伏角 $\varphi = 49°$ である．

4.10 静電場と静磁場の対応

真空中の静電場と静磁場の対応を表2に示す.

表 2 真空中の静電場と静磁場の対応

静 電 場	静 磁 場
電荷密度 ρ	電流密度 $\boldsymbol{i}$
電場 $\boldsymbol{E}$	磁束密度 $\boldsymbol{B}$
$\boldsymbol{E} = \dfrac{1}{4\pi\epsilon_0}\displaystyle\int \dfrac{\rho(\boldsymbol{r}')\boldsymbol{R}}{R^3}\mathrm{d}V'$	$\boldsymbol{B} = \dfrac{\mu_0}{4\pi}\displaystyle\int \dfrac{\boldsymbol{i}(\boldsymbol{r}') \times \boldsymbol{R}}{R^3}\mathrm{d}V'$
基本法則 (積分表現)	基本法則 (積分表現)
$\displaystyle\oint_C \boldsymbol{E}\cdot\mathrm{d}\boldsymbol{s} = 0$	$\displaystyle\oint_S \boldsymbol{B}\cdot\mathrm{d}\boldsymbol{S} = 0$
$\displaystyle\oint_S \boldsymbol{E}\cdot\mathrm{d}\boldsymbol{S} = \dfrac{1}{\epsilon_0}\int \rho\,\mathrm{d}V$	$\displaystyle\oint_C \boldsymbol{B}\cdot\mathrm{d}\boldsymbol{s} = \mu_0\int \boldsymbol{i}\cdot\mathrm{d}\boldsymbol{S}$
基本法則 (微分表現)	基本法則 (微分表現)
$\mathrm{rot}\boldsymbol{E} = 0$	$\mathrm{div}\boldsymbol{B} = 0$
$\mathrm{div}\boldsymbol{E} = \dfrac{\rho}{\epsilon_0}$	$\mathrm{rot}\boldsymbol{B} = \mu_0\boldsymbol{i}$
電位 (静電ポテンシャル)	ベクトルポテンシャル
$\phi = \dfrac{1}{4\pi\epsilon_0}\displaystyle\int \dfrac{\rho(\boldsymbol{r}')}{R}\mathrm{d}V'$	$\boldsymbol{A} = \dfrac{\mu_0}{4\pi}\displaystyle\int \dfrac{\boldsymbol{i}(\boldsymbol{r}')}{R}\mathrm{d}V'$
$\boldsymbol{E} = -\mathrm{grad}\phi$	$\boldsymbol{B} = \mathrm{rot}\boldsymbol{A}$

ただし, $\boldsymbol{R} = \boldsymbol{r} - \boldsymbol{r}'$, $R = |\boldsymbol{r} - \boldsymbol{r}'|$

演 習 問 題

アンペール力

[1] 距離 10 cm 離れた2本の平行導線に逆方向に 100 A の電流が流れている. 導線の単位長さ当たりに作用する力の大きさを計算せよ.

[2] 十分に長い直線電流 I_1 によって, 電流 I_2 が流れている図のような長方形回路に作用する力 $\boldsymbol{F}$ を求めよ. 次に $I_1 = 30$ A, $I_2 = 20$ A, $l = 30$ cm, $a = 1$ cm, $b = 8$ cm として $\boldsymbol{F}$ の大きさを計算せよ.

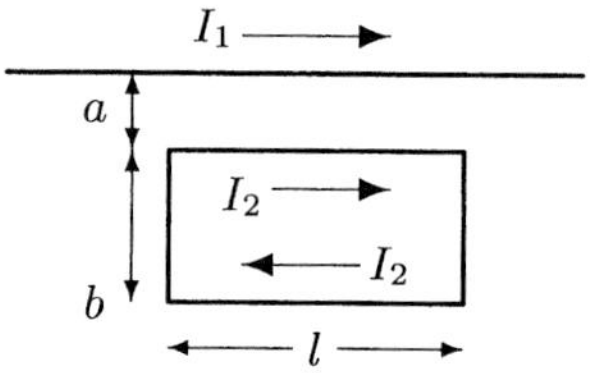

ローレンツ力

[3] 速度 $\boldsymbol{v}$ で運動している点電荷 q から $\boldsymbol{r}$ の点における磁場 $\boldsymbol{B}$ は次の式で与えられる．

$$\boldsymbol{B} = \frac{\mu_0 q}{4\pi}\frac{\boldsymbol{v}\times\boldsymbol{r}}{r^3}$$

2つの点電荷 q, q' が $t=0$ に原点を出発し，電荷 q は x 軸を速さ v で，電荷 q' は y 軸上を同じ速さ v で移動する (v は光速度 c に比べて小さいとする)．時刻 t に2つの点電荷のあいだに作用する磁気的な力の方向と大きさを求めよ．電気的な力の大きさとの比を求めよ．

ビオ-サバールの法則

[4] 直線部分と半円部分からなる導線に電流 I が流れている．半円部分の半径は a である．また直線部分は十分に長いとする．半円の中心における磁束密度 (大きさと方向) を求めよ．

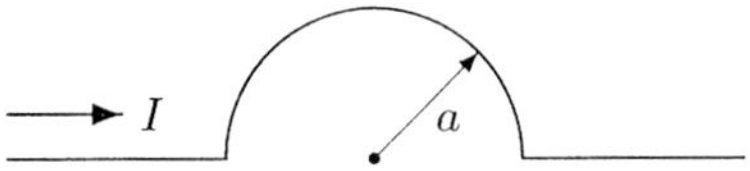

[5] 右図のような半径 a, b, 角度 θ の円弧からなる回路に電流 I が図の方向に流れている．円弧の中心 C における磁束密度を求めよ．

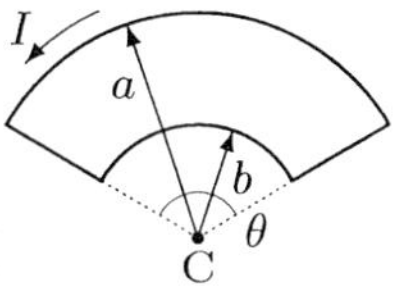

[6] 下図の導線に電流 I が流れている．点 C の磁束密度の大きさ B を求めよ．直線部分は十分に長いものとする．

[7] (1) 電流 I が流れている直線導線の長さ L の部分が，その垂直2等分面内の距離 R の点 P につくる磁束密度の大きさ B は次式で与えられることを示せ．

$$B = \frac{\mu_0 I}{2\pi R}\frac{L}{\sqrt{L^2+4R^2}}$$

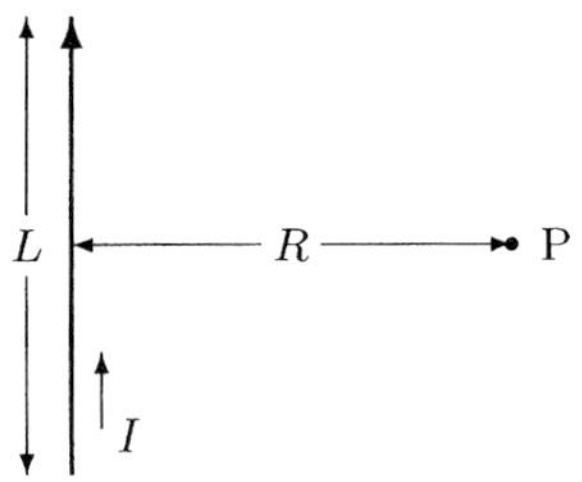

(2) 2辺の長さが a, b の長方形回路に電流 I が流れている．中心 (対角線の交点) における磁束密度の大きさ B を求めよ．

(3) 1辺の長さが a の正方形回路に電流 I が流れている．中心を通り正方形を含む面に垂直な直線上，中心から距離 x の点における磁束密度の大きさ $B(x)$ を求めよ．

[8] 単位長さ当たり巻き数 n，長さ l のソレノイドに電流 I が流れている．図の点Pにおける磁束密度の大きさは次式で与えられることを示せ．

$$B = \frac{1}{2}\mu_0 nI\left(\cos\alpha_1 + \cos\alpha_2\right)$$

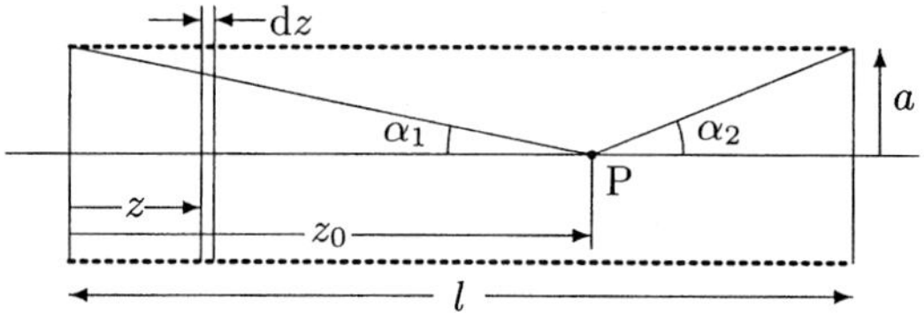

アンペールの法則

[9] (1) 右図の4本の直線導線にそれぞれ電流 I が流れている．⊙ は紙面裏から表へ，⊗ は紙面表から裏へ，の方向である．図の閉曲線 a に沿っての線積分 $\oint \boldsymbol{B}\cdot \mathrm{d}\boldsymbol{s}$ の値を求めよ．

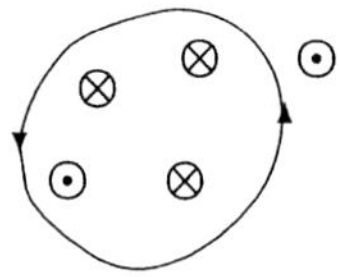

(2) 右図の回路に電流 I が流れている．図の閉曲線 b に沿っての線積分 $\oint \boldsymbol{B}\cdot \mathrm{d}\boldsymbol{s}$ の値を求めよ．

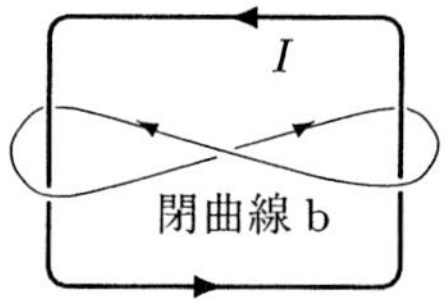

[10] 十分に長い同軸の円筒導体がある．内側の導体は半径 c の円柱，外側の導体は外半径 a，内半径 b の円管である $(a > b > c)$．2つの導体には逆方向に電流 I が，断面を一様に流れている．中心軸からの距離 r の関数として磁束密度の大きさ $B(r)$ を求めよ．

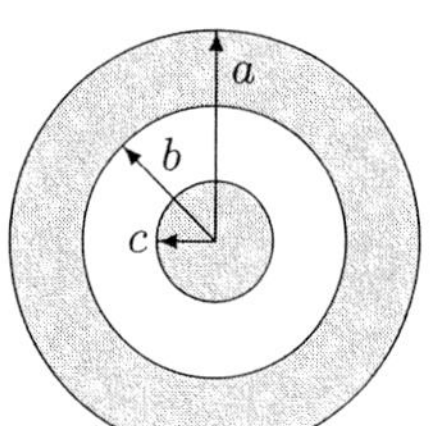

[11] 半径 a の長い円柱導体内を一様に電流が流れている．電流密度は i である．円柱の中心軸を z 軸 (電流の方向を $+z$ 方向とする) として以下に答えよ．導体の内外の透磁率は μ_0 とする．

(1) 位置 (x, y, z) における磁束密度の各成分 $B_x(x,y,z)$，$B_y(x,y,z)$，$B_z(x,y,z)$ を求めよ．導体内外で分けて答えること．

(2) 求めた磁束密度 $\boldsymbol{B}$ が導体の内部では $\mathrm{rot}\boldsymbol{B} = \mu_0 \boldsymbol{i}$，導体の外部では $\mathrm{rot}\boldsymbol{B} = 0$ を満たしていることを，直接計算して示せ．

[12] 十分に長い半径 a の円柱導体の中に，軸に平行に半径 b の円筒状の空洞がある．導体の断面には一様に電流 I が流れている．空洞内の磁束密度 $\boldsymbol{B}$ は一定であることを示せ．その大きさはどれほどか．円柱の軸と空洞の軸の間の距離は d とする．

【ヒント】半径 a の円柱断面の一様な電流と，半径 b の円柱断面を同じ電流密度で逆方向に流れている一様な電流の重ね合わせと考えよ．

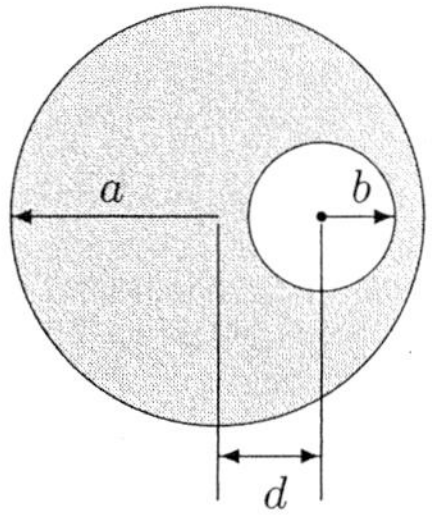

ベクトルポテンシャル

[13] 次のベクトルポテンシャルで与えられる磁束密度を求めよ．

(1) $\boldsymbol{A} = \left(-\frac{1}{2}By,\ \frac{1}{2}Bx,\ 0\right)$，　(2) $\boldsymbol{A} = (0,\ Bx,\ 0)$

磁気モーメント

[14] 半径 a の球面上に一様に電荷 (面密度 σ) が固定されている．この球を中心を通る軸 (z 軸) のまわりに角速度 ω で回転させる．磁気モーメントの大きさを求めよ．

5章
誘　電　体

金属では，一部の電子が原子から離れてほとんど自由に移動でき，電流を運ぶ．これに対して，すべての電子が分子に強く束縛されている物質は電気を伝えない．このような物質を絶縁体という．静電気的な性質を論じるときには誘電体 (dielectric) とよばれ，電気双極子の集まりとして扱うことができる．ここでは，誘電体を含む静電場の法則を調べる．

5.1　誘　電　分　極

外から過剰な電荷を与えられていない誘電体を電場の中に入れると，表面に電荷が現れる．この現象を誘電分極あるいは単に分極 (polarization) といい，表面に生じる電荷を分極電荷という．

導体を電場の中に入れたときに生じる静電誘導とは異なり，分極電荷は外部に取り出すことはできない．また，誘電分極している誘電体の任意の微小部分[†31] を取り出しても電気的には中性である．分極電荷に対して，導体の自由電荷のように外部に取り出すことのできる電荷を真電荷とよぶ．空間の電場を求めるときには，真電荷だけでなく分極電荷も考慮しなければならない．

[†31] 分子レベルよりは大きいとする．

5.2 電 気 分 極

誘電体を電場の中に置くと，誘電体を構成する分子内の正電荷と負電荷の分布に偏りを生じる．これが誘電分極の原因である．電荷分布に偏りを生じた分子は電気双極子を形成する．これを分子が分極するという．外部電場によって引き起こされた電気双極子モーメントを誘起双極子モーメントという．通常，誘起双極子モーメント $\boldsymbol{p}$ は電場 $\boldsymbol{E}$ に比例する．

$$\boldsymbol{p} = \alpha \boldsymbol{E} \tag{323}$$

比例係数 α を分極率という．

一部の分子は電場がなくても電気双極子を形成している．このような分子を有極性分子という．表3にその例を示す．有極性分子がもつ固有の双極子モーメントを永久双極子モーメントという．電場がないときには，分子の向きは熱運動のためにまったく無秩序であるが，電場をかけると双極子モーメントは電場の方向に向きをそろえようとするので誘電分極を生じる．しかし，室温では向きを乱雑にしようとする熱運動が優勢であるので，電気双極子は整然と配列する (配向する) わけではない．

分極している誘電体の単位体積あたりの電気双極子モーメントを電気分極 (electric polarization) または分極ベクトル，略して分極という†32．巨視的には十分に小さいが非常にたくさんの分子を含む領域 ΔV を考えて，分

表 3 分子の電気双極子モーメント．単位 10^{-30} C·m

水	H_2O	6.47
エタノール	C_2H_5OH	5.64
塩化水素	HCl	3.74
ヨウ化カリウム	KI	36.9

†32 “分極” という用語はいろいろな意味で使われる：誘電体の “分極”(誘電分極)，分子の “分極”，電気分極を意味する “分極”．

極ベクトルはつぎの式で定義される[†33].

$$\boldsymbol{P}(\boldsymbol{r}) = \frac{1}{\Delta V} \sum_{\Delta V \text{ 内}} \boldsymbol{p}_i \tag{324}$$

永久双極子モーメントをもたない無極性分子の場合には，単位体積あたりの分子数を $n(\boldsymbol{r})$，誘起双極子モーメントを $\boldsymbol{p}$ とすると分極ベクトル $\boldsymbol{P}(\boldsymbol{r})$ は

$$\boldsymbol{P}(\boldsymbol{r}) = n(\boldsymbol{r})\,\boldsymbol{p} \tag{325}$$

である.

ある種の誘電体では，電場を 0 にしても分極ベクトルが 0 にならないことがある．このときの分極を自発分極といい，自発分極を起こす誘電体を強誘電体という.

5.3 分 極 電 荷

5.3.1 電気感受率

等方的な誘電体においては，分極ベクトル $\boldsymbol{P}$ の方向は電場 $\boldsymbol{E}$ の方向と同じであり，電場があまり強くなければ (原子内の電子が受ける電場に比べて十分に小さければ) $\boldsymbol{P}$ は $\boldsymbol{E}$ に比例する.

$$\boldsymbol{P} = \epsilon_0 \chi_{\mathrm{e}} \boldsymbol{E} \tag{326}$$

係数 χ_{e} を電気感受率 (electric susceptibility) という．電場がある程度以上強くなると，電気感受率の E 依存性が無視できなくなる.

$$\boldsymbol{P} = \epsilon_0 \chi_{\mathrm{e}}(E)\,\boldsymbol{E} \tag{327}$$

$\chi_{\mathrm{e}}(E)$ を非線形電気感受率という．式 (327) で与えられる分極の非線形応答は，光高調波発生 (たとえば 2 倍の周波数の光波の発生) や光混合 (いくつかの光波の和周波数や差周波数の光波の発生) などの非線形光学現象を引き起こすが，以下では扱わない.

---

†33 密度 (単位体積あたりの質量) を空間の連続関数として扱う手法と同じである．たとえば，$0.1\,\mu\mathrm{m}^3$ の立方体を考えると，その中に分子は 10^9 個程度存在するが，この程度の領域は巨視的には点と考えてよい.

5.3.2　分極電荷の定性的取扱い

分極している誘電体の表面には，分極電荷が現れる．この表面電荷密度 σ_p と分極ベクトル $\boldsymbol{P}$ の関係を求めよう．図 56(a) のように断面積 S，厚さ d の誘電体が断面に垂直に分極しているとする．単位体積あたりの電気双極子モーメントが P であるから，体積 Sd の双極子モーメントは PSd である．この値を，表面の分極電荷 $\pm\sigma_\mathrm{p}S$ の絶対値とその間の距離 d の積 $\sigma_\mathrm{p}Sd$ に等しいと置くと，$\sigma_\mathrm{p} = P$ を得る．

図 56(b) のように，表面の法線方向と分極ベクトルが角度 θ をなす場合には，分極ベクトルに垂直な断面積を S とすると，分極電荷の現れる面積は $S/\cos\theta$ である．体積 Sd の双極子モーメント PSd を，表面の分極電荷 $\sigma_\mathrm{p}S/\cos\theta$ とその間の距離 d との積に等しいと置いて

$$PSd = \frac{\sigma_\mathrm{p}S}{\cos\theta}\,d \tag{328}$$

したがって，分極電荷の表面電荷密度は

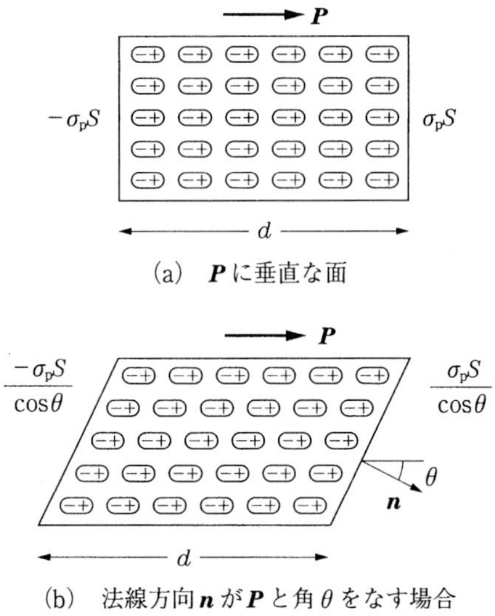

図 56　分極ベクトルと分極電荷

$$\sigma_{\rm p} = P\cos\theta = \boldsymbol{P}\cdot\boldsymbol{n} \tag{329}$$

と表される．$\boldsymbol{n}$ は面の法線方向の単位ベクトルである．なお，P と $\sigma_{\rm p}$ の単位はどちらも $\mathrm{C/m^2}$ である．

分極ベクトル $\boldsymbol{P}(\boldsymbol{r})$ が一様でない場合には，誘電体内部で分極電荷は完全には打ち消し合わない．図 57 に示すように，左右に隣り合った微小立体の x 軸に垂直な断面には図のように分極電荷が現れる．中央の境界面に現れる分極電荷は，右側立体の表面に $-P_x(x+\Delta x)\Delta y\Delta z$，左側立体の表面に $+P_x(x)\Delta y\Delta z$ であるから，あわせて

$$\{-P_x(x+\Delta x)\ +\ P_x(x)\}\,\Delta y\Delta z \cong -\frac{\partial P_x}{\partial x}\Delta x\Delta y\Delta z \tag{330}$$

である．$\Delta x\Delta y\Delta z$ は微小立体の体積なので $-\partial P_x/\partial x$ は電荷密度に相当する．分極の y 成分が y の関数であっても，z 成分が z の関数であっても同様な関係が得られる．したがって，分極が空間的に変化しているときに，誘電体内部に生じる分極電荷密度 $\rho_{\rm p}(\boldsymbol{r})$ は

$$\rho_{\rm p} = -\left(\frac{\partial P_x}{\partial x} + \frac{\partial P_y}{\partial y} + \frac{\partial P_z}{\partial z}\right) = -\mathrm{div}\,\boldsymbol{P} \tag{331}$$

である．この式を領域 V にわたって体積積分すると

$$\int_V \rho_{\rm p}\,\mathrm{d}V = -\int_V \mathrm{div}\,\boldsymbol{P}\,\mathrm{d}V \tag{332}$$

となる．左辺は領域内の分極電荷の総量 $Q_{\rm p}$ である．右辺をガウスの発散

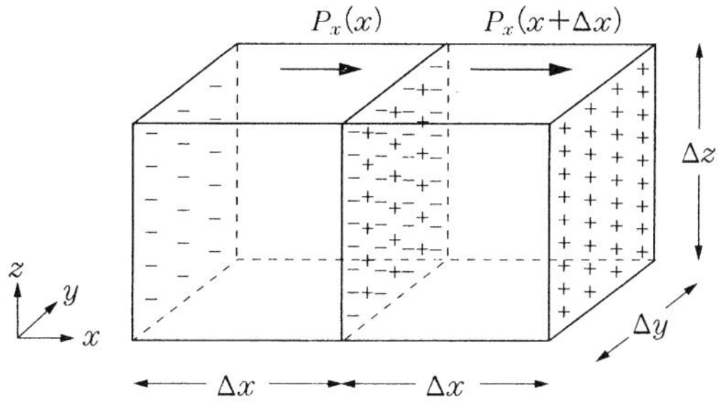

図 57 分極電荷密度

定理を使って領域の境界面 $\mathcal{S}$ の面積分で表すと次式を得る．

$$Q_{\mathrm{p}} = -\oint_{\mathcal{S}} \boldsymbol{P} \cdot \mathrm{d}\boldsymbol{S} \tag{333}$$

5.3.3 分極電荷の定量的取り扱い

上で求めた分極電荷の面密度 (329) と体積密度 (331) は，電気双極子がつくる電位の式 (78) に基づいて数学的に導くことができる．誘電体内の位置 $\boldsymbol{r}'$ における微小体積 $\mathrm{d}V'$ 内の電気双極子モーメント $\boldsymbol{P}(\boldsymbol{r}')\,\mathrm{d}V'$ が誘電体の外部の点 $\boldsymbol{r}$ につくる電位は

$$\mathrm{d}\phi(\boldsymbol{r}) = \frac{1}{4\pi\epsilon_0}\frac{\boldsymbol{P}(\boldsymbol{r}')\,\mathrm{d}V' \cdot (\boldsymbol{r}-\boldsymbol{r}')}{|\boldsymbol{r}-\boldsymbol{r}'|^3} \tag{334}$$

と表される．$\boldsymbol{r}'$ について積分して次式を得る．

$$\phi(\boldsymbol{r}) = \frac{1}{4\pi\epsilon_0}\int \frac{\boldsymbol{P}(\boldsymbol{r}') \cdot (\boldsymbol{r}-\boldsymbol{r}')}{|\boldsymbol{r}-\boldsymbol{r}'|^3}\mathrm{d}V' \tag{335}$$

ここで

$$\frac{\boldsymbol{r}-\boldsymbol{r}'}{|\boldsymbol{r}-\boldsymbol{r}'|^3} = \mathrm{grad}'\frac{1}{|\boldsymbol{r}-\boldsymbol{r}'|} \tag{336}$$

と表されること (ただし，grad' は $\boldsymbol{r}'$ に対する演算子)，およびスカラー関数 $f(\boldsymbol{r})$ とベクトル関数 $\boldsymbol{A}(\boldsymbol{r})$ の積の発散についての恒等式

$$\mathrm{div}(f\boldsymbol{A}) = (\mathrm{grad}\, f) \cdot \boldsymbol{A} + f\,\mathrm{div}\boldsymbol{A} \tag{337}$$

を使うと式 (335) は

$$\begin{aligned}
\phi(\boldsymbol{r}) &= \frac{1}{4\pi\epsilon_0}\int \mathrm{grad}'\frac{1}{|\boldsymbol{r}-\boldsymbol{r}'|} \cdot \boldsymbol{P}(\boldsymbol{r}')\mathrm{d}V' \\
&= \frac{1}{4\pi\epsilon_0}\int \left(\mathrm{div}'\frac{\boldsymbol{P}(\boldsymbol{r}')}{|\boldsymbol{r}-\boldsymbol{r}'|} - \frac{\mathrm{div}'\boldsymbol{P}(\boldsymbol{r}')}{|\boldsymbol{r}-\boldsymbol{r}'|}\right)\mathrm{d}V' \\
&= \frac{1}{4\pi\epsilon_0}\oint_{\mathcal{S}'} \frac{\boldsymbol{P}(\boldsymbol{r}') \cdot \mathrm{d}\boldsymbol{S}'}{|\boldsymbol{r}-\boldsymbol{r}'|} + \frac{1}{4\pi\epsilon_0}\int \frac{-\mathrm{div}'\boldsymbol{P}(\boldsymbol{r}')}{|\boldsymbol{r}-\boldsymbol{r}'|}\mathrm{d}V'
\end{aligned} \tag{338}$$

となる．右辺の第 1 項は表面電荷密度 $\boldsymbol{P}(\boldsymbol{r}) \cdot \boldsymbol{n}(\boldsymbol{r})$ がつくる電位，第 2 項は誘電体内部の電荷密度 $-\mathrm{div}\boldsymbol{P}(\boldsymbol{r})$ がつくる電位である．以上から，誘電体の分極による電場は表面分極電荷密度 (329) と内部の体積分極電荷密度 (331) によって表されることがわかる．分極が空間的に一様な場合には

$\rho_{\mathrm{p}} = 0$ である．

5.4 電束密度

誘電体を含む系を論ずるときには，次式で定義される $\boldsymbol{D}$ を導入すると便利である．

$$\boldsymbol{D} = \epsilon_0 \boldsymbol{E} + \boldsymbol{P} \tag{339}$$

$\boldsymbol{D}$ は電束密度または電気変位 (electric displacement) とよばれる[†34]．真空中では $\boldsymbol{D} = \epsilon_0 \boldsymbol{E}$ である．

等方的で線形な誘電体の場合には，分極 $\boldsymbol{P}$ と電場 $\boldsymbol{E}$ のあいだには線形の関係式 (326) が成り立つので，$\boldsymbol{D}$ は $\boldsymbol{E}$ に比例する．

$$\boldsymbol{D} = \epsilon_0 (1 + \chi_{\mathrm{e}})\, \boldsymbol{E} \tag{340}$$

真空の誘電率 ϵ_0 に対して

$$\epsilon = \epsilon_0 (1 + \chi_{\mathrm{e}}) \tag{341}$$

を誘電体の誘電率 (permittivity または dielectric constant) という．また，$\epsilon/\epsilon_0 = 1 + \chi_{\mathrm{e}}$ を比誘電率という．誘電率を使うと等方的で線形な誘電体ではつぎの関係式が成り立つ．

$$\boldsymbol{D} = \epsilon\, \boldsymbol{E} \tag{342}$$

$$\boldsymbol{P} = (\epsilon - \epsilon_0)\, \boldsymbol{E} \tag{343}$$

5.5 誘電体を含む静電場の法則

5.5.1 基本法則の積分表現

誘電体の分極電荷を考慮して静電場の法則を書き直そう．誘電体を含む空間におけるガウスの法則は，閉曲面 $\mathcal{S}$ 内の真電荷を Q，分極電荷を Q_{p}

[†34] 電気変位という言葉は，分極を正，負の電荷の“変位”と考えたことに由来する．記号 $\boldsymbol{D}$ も変位 (displacement) の頭文字に由来する．

とすると

$$\oint_S \boldsymbol{E}\cdot \mathrm{d}\boldsymbol{S} = \frac{1}{\epsilon_0}(Q + Q_\mathrm{p}) \tag{344}$$

と表される．右辺の分極電荷 Q_p に式 (333) を代入して次式を得る．

$$\oint_S \boldsymbol{E}\cdot \mathrm{d}\boldsymbol{S} = \frac{1}{\epsilon_0}\left(Q - \oint_S \boldsymbol{P}\cdot \mathrm{d}\boldsymbol{S}\right) \tag{345}$$

分極の面積分を左辺に移項して

$$\oint_S (\epsilon_0 \boldsymbol{E} + \boldsymbol{P})\cdot \mathrm{d}\boldsymbol{S} = Q \tag{346}$$

を得る．電束密度 (339) を使うとガウスの法則は

$$\oint_S \boldsymbol{D}\cdot \mathrm{d}\boldsymbol{S} = Q \tag{347}$$

と表される．すなわち，閉曲面上における電束密度の面積分は閉曲面内の真電荷の総量に等しい．

つぎに，分極電荷が存在しても電場の循環がゼロであることには変わりはなく，渦なしの法則が成り立つ．このことは誘電体があっても電位が定義できることを意味する．

以上から，誘電体を含む系の静電場の基本法則は，積分形式で表すと次の 2 つである．

1) ガウスの法則

$$\oint_S \boldsymbol{D}\cdot \mathrm{d}\boldsymbol{S} = \int_V \rho\, \mathrm{d}V \tag{348}$$

左辺は任意の閉曲面 $\mathcal{S}$ 上の面積分，右辺は $\mathcal{S}$ に囲まれる領域 V における体積積分である．

2) 渦なしの法則

$$\oint_C \boldsymbol{E}\cdot \mathrm{d}\boldsymbol{s} = 0 \tag{349}$$

左辺は任意の閉曲線 $\mathcal{C}$ に沿っての線積分である．

5.5.2 基本法則の微分表現

静電場の法則を微分形式で表そう．ガウスの法則 (348) は

$$\mathrm{div}\boldsymbol{D} = \rho \tag{350}$$

である．ρ は真電荷の電荷密度で，分極電荷は含まない．渦なしの法則あるいは循環ゼロの法則は，誘電体の有無と関係なく次式である．

$$\mathrm{rot}\,\boldsymbol{E} = 0 \tag{351}$$

誘電体がある場合にも電場と電位のあいだには $\boldsymbol{E} = -\mathrm{grad}\,\phi$ の関係が成り立つ．等方的で線形な誘電体の場合には $\boldsymbol{D} = \epsilon\boldsymbol{E}$ であるので

$$\mathrm{div}\boldsymbol{D} = -\mathrm{div}(\epsilon\,\mathrm{grad}\,\phi) = -\epsilon\nabla^2\phi \tag{352}$$

の関係が成り立つ．これを式 (350) に代入して誘電体を含む系におけるポアソン方程式を得る．

$$\nabla^2\phi = -\frac{\rho}{\epsilon} \tag{353}$$

5.6 誘電体を含む系

5.6.1 平行板コンデンサー

誘電体が存在する場合には，電場 $\boldsymbol{E}$ を扱うより電束密度 $\boldsymbol{D}$ を扱うほうが便利であることを，平行板コンデンサーを例にとって示そう．電極板間に電気感受率 χ_{e} (誘電率 ϵ) の誘電体を挿入した平行板コンデンサー (面積 S，間隔 d) の電気容量を求める．最初に電束密度の概念を使わないで極板間の電場を求めよう．各極板に $\pm Q$ の電荷を与えるとき，極板間に生じる電場の強さを E，誘電体に生じる分極ベクトルの大きさを P とする．正電

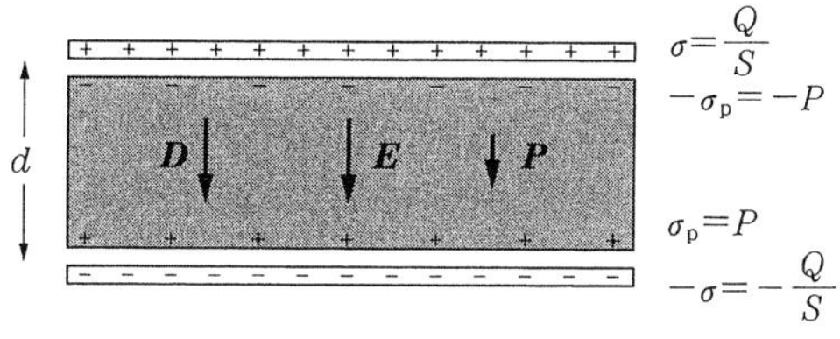

図 58 誘電体を挿入した平行平板コンデンサー

極での真電荷の面密度は $\sigma = Q/S$，分極電荷の面密度は $-\sigma_{\rm p} = -P$，負電極ではそれぞれ $-\sigma = -Q/S$，$\sigma_{\rm p} = P$ である．したがって，極板間の電場の強さ E は

$$E = \frac{\sigma - P}{\epsilon_0} \tag{354}$$

と表される．ここで，P と E のあいだには式 (326) の関係があるので

$$E = \frac{\sigma - \epsilon_0 \chi_{\rm e} E}{\epsilon_0} \tag{355}$$

を得る．この式から E を求めると

$$E = \frac{\sigma}{(1+\chi_{\rm e})\,\epsilon_0} = \frac{\sigma}{\epsilon} \tag{356}$$

となる．

この結果は，電束密度の概念を用いれば分極電荷を直接に考慮することなく求めることができる．図 59 のように，電極板と誘電体の境界面の一部を囲む薄い断面積 ΔS の円筒にガウスの法則 (347) を適用する．円筒の側面と上面では $\int \boldsymbol{D} \cdot {\rm d}\boldsymbol{S} = 0$ であり，下面では電束密度は面に垂直であるから $\int \boldsymbol{D} \cdot {\rm d}\boldsymbol{S} = D\Delta S$ である．円筒内の真電荷は $\sigma \Delta S$ であるから

$$\oint_S \boldsymbol{D} \cdot {\rm d}\boldsymbol{S} = D\Delta S = \sigma \Delta S \tag{357}$$

となり，$D = \sigma$ がただちに得られる．$E = D/\epsilon$ を使えば，式 (356) を得る．コンデンサーの電気容量は，電極の電荷 $Q = \sigma S$，極板間の電位差 $V = Ed$ を使って

$$C = \frac{Q}{V} = \frac{\sigma S}{Ed} = \frac{\epsilon S}{d} \tag{358}$$

と求まる．比誘電率は $\epsilon/\epsilon_0 = 1 + \chi_{\rm e} > 1$ なので，誘電体を挿入すると電

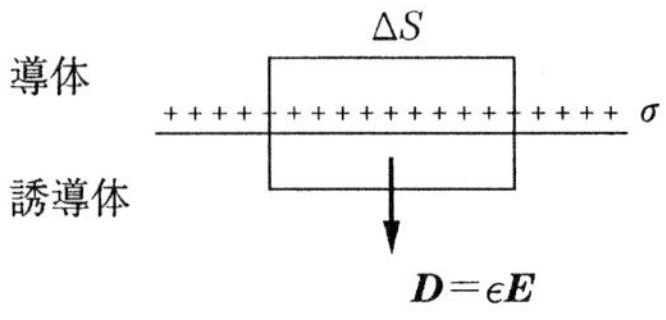

図 59 導体表面における電束密度

表 4　いくつかの物質の比誘電率．温度 20°C (とくに指定したものを除く) における値．

物質	比誘電率	物質	比誘電率
チタン酸バリウム	約 5000	ソーダガラス	7.5
水	80.4	石英ガラス	3.8
エタノール (25°C)	24.3	ポリエチレン	2.2〜2.4
パラフィン油	2.2	空気 (1 気圧)	1.00054

気容量は増加する†35．

いくつかの物質の比誘電率を表 4 に掲げる．チタン酸バリウムは誘電率の大きな物質として開発された物質で，室温では強誘電体である．

5.6.2　中心に点電荷をもつ誘電体球

半径 a の誘電体球 (誘電率 ϵ) の中心に点電荷 q があるとき，球の内外の電場と電気分極を求めよう．球の中心に座標原点をとると 位置ベクトル $\boldsymbol{r}$ における電場 $\boldsymbol{E}$，電束密度 $\boldsymbol{D}$，分極 $\boldsymbol{P}$ は $\boldsymbol{r}$ に平行で，その大きさは r だけの関数である．半径 r の球面を閉曲面として $\boldsymbol{D}$ に関するガウスの法則 (347) を適用すると

$$4\pi r^2 D(r) = q \tag{359}$$

$$D(r) = \frac{q}{4\pi r^2} \tag{360}$$

である．したがって，誘電体球の内外の電場 $\boldsymbol{E}(r)$ は

$$E(r) = \frac{D(r)}{\epsilon} = \frac{q}{4\pi\epsilon r^2} \quad \cdots\ r \leqq a \tag{361}$$

$$E(r) = \frac{D(r)}{\epsilon_0} = \frac{q}{4\pi\epsilon_0 r^2} \quad \cdots\ r > a \tag{362}$$

である．誘電体球内 ($r \leqq a$) の分極 $P(r)$ は

$$P(r) = (\epsilon - \epsilon_0)\, E(r) = \frac{\epsilon - \epsilon_0}{4\pi\epsilon}\,\frac{q}{r^2} \tag{363}$$

†35　コンデンサーの電極間に誘電体を入れると，電気容量が増加することを発見したのがファラデーである (2 章の脚注 †8 参照)．

となる．半径 r ($r \leqq a$) の球内の分極電荷 Q_{p} は，式 (333) を使って

$$Q_{\mathrm{p}} = -4\pi r^2 P(r) = -\frac{\epsilon - \epsilon_0}{\epsilon} q \tag{364}$$

である．この量は r によらないから，これだけの分極電荷が中心にあることになる．球の表面の分極電荷の面密度は

$$\sigma_{\mathrm{p}} = P(a) = \frac{\epsilon - \epsilon_0}{4\pi\epsilon} \frac{q}{a^2} \tag{365}$$

である．球の表面の全分極電荷は

$$4\pi a^2 \sigma_{\mathrm{p}} = \frac{\epsilon - \epsilon_0}{\epsilon} q \tag{366}$$

となる．これは，Q_{p} と大きさが等しく逆符号である．

5.7 誘電体の境界条件

誘電体を含む静電場の基本法則 (348), (349) を用いて，誘電率 ϵ_1，ϵ_2 の 2 つの誘電体の境界面において $\boldsymbol{D}$ と $\boldsymbol{E}$ が満たす条件を求めよう．片側が真空の場合には誘電率 ϵ_0 の誘電体とみなせばよい．

5.7.1 $\boldsymbol{D}$ の境界条件

境界面にまたがる図 60 のような微小円筒を考えよう．この円筒の表面にガウスの法則 (347) を適用する．誘電体 1，2 における電束密度をそれぞれ $\boldsymbol{D}_1$，$\boldsymbol{D}_2$ とする．円筒は十分に薄く，側面の面積分は無視できるとする．円筒の底面積を ΔS とすると

$$\oint_S \boldsymbol{D} \cdot \mathrm{d}\boldsymbol{S} = (\boldsymbol{D}_1 \cdot \boldsymbol{n}_1 + \boldsymbol{D}_2 \cdot \boldsymbol{n}_2)\Delta S = (\boldsymbol{D}_1 - \boldsymbol{D}_2) \cdot \boldsymbol{n}_1 \Delta S \tag{367}$$

である．$\boldsymbol{n}_1$，$\boldsymbol{n}_2$ はそれぞれ上面，下面の外向き法線方向の単位ベクトルである．境界面の真電荷の面密度を σ とすれば，円筒内の真電荷は $\sigma\Delta S$ であるからガウスの法則を適用して

$$(\boldsymbol{D}_1 - \boldsymbol{D}_2) \cdot \boldsymbol{n}_1 \Delta S = \sigma \Delta S \tag{368}$$

を得る．したがって，次式を得る．

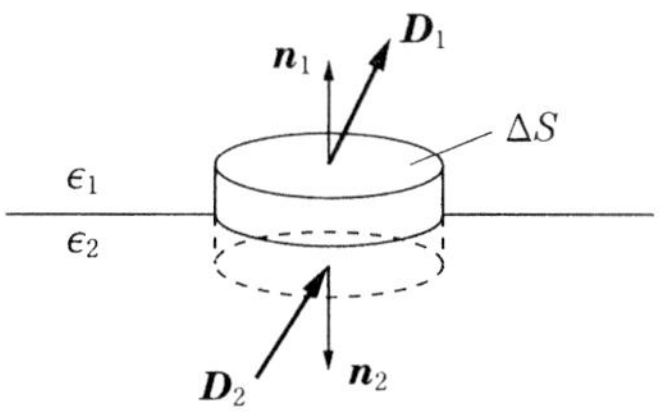

図 60　誘電体の境界面における $\boldsymbol{D}$ の条件

$$(\boldsymbol{D}_1 - \boldsymbol{D}_2) \cdot \boldsymbol{n}_1 = \sigma \tag{369}$$

とくに，境界に真電荷がなければ $\sigma = 0$ と置いて

$$(\boldsymbol{D}_1 - \boldsymbol{D}_2) \cdot \boldsymbol{n}_1 = 0 \tag{370}$$

すなわち，電束密度の法線成分は境界面で連続である．

5.7.2　$\boldsymbol{E}$ の境界条件

つぎに，境界面に沿って図 61 のような細長い長方形を考える．この閉曲線に沿って式 (349) を適用しよう．誘電体 1，2 における電場をそれぞれ $\boldsymbol{E}_1$，$\boldsymbol{E}_2$ とする．長方形の縦の長さは十分に短く，その辺の線積分は無視することができるとする．横の長さを l とすると

$$\oint_C \boldsymbol{E} \cdot \mathrm{d}\boldsymbol{s} = (\boldsymbol{E}_1 \cdot \boldsymbol{t}_1 + \boldsymbol{E}_2 \cdot \boldsymbol{t}_2)\, l = (\boldsymbol{E}_1 - \boldsymbol{E}_2) \cdot \boldsymbol{t}_1\, l = 0 \tag{371}$$

である．$\boldsymbol{t}_1$，$\boldsymbol{t}_2$ は上辺，下辺の接線方向の単位ベクトルである．したがって

$$(\boldsymbol{E}_1 - \boldsymbol{E}_2) \cdot \boldsymbol{t}_1 = 0 \tag{372}$$

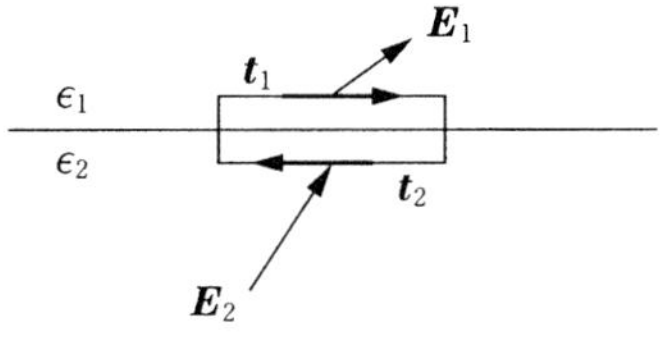

図 61　境界面における $\boldsymbol{E}$ の条件

を得る．すなわち，電場の接線成分は境界面で連続である．

5.7.3 境界面における電気力線の屈折

誘電率 ϵ_1，ϵ_2 の誘電体の境界面の両側における電場の強さを E_1，E_2，電場の方向が境界面の法線となす角度を θ_1，θ_2 とする．境界面には真電荷は存在しないとする．まず，電束密度 $\boldsymbol{D} = \epsilon \boldsymbol{E}$ の法線成分が連続であることから

$$\epsilon_1 E_1 \cos\theta_1 = \epsilon_2 E_2 \cos\theta_2 \tag{373}$$

を得る．つぎに，電場の接線成分が連続であることから

$$E_1 \sin\theta_1 = E_2 \sin\theta_2 \tag{374}$$

を得る．以上の2式から電気力線に対する屈折の法則を得る．

$$\frac{\tan\theta_1}{\tan\theta_2} = \frac{\epsilon_1}{\epsilon_2} \tag{375}$$

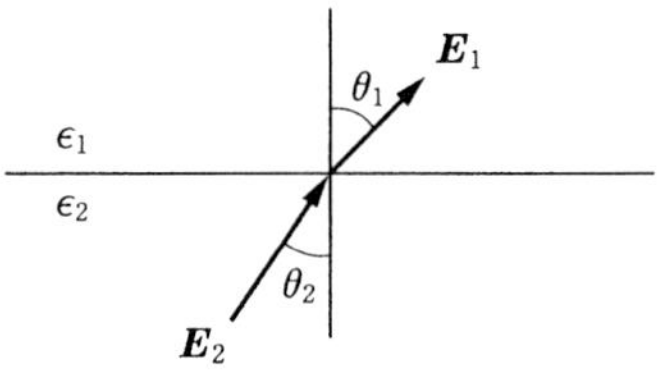

図 62 電気力線の屈折

5.7.4 一様な電場中の誘電体球

一様な電場 $\boldsymbol{E}_0$ の中に置かれた半径 a，誘電率 ϵ の誘電体球の内外の電場を求めよう．誘電体球の外側では，球の中心に置かれた電気双極子モーメントによる電場と一様な電場 $\boldsymbol{E}_0$ との重ね合せ，誘電体球の内側では一様な電場を仮定する．球の表面の境界条件を満たすことができれば，解の唯一性（一意性）から求める静電場である．球の中心に電場の方向を向い

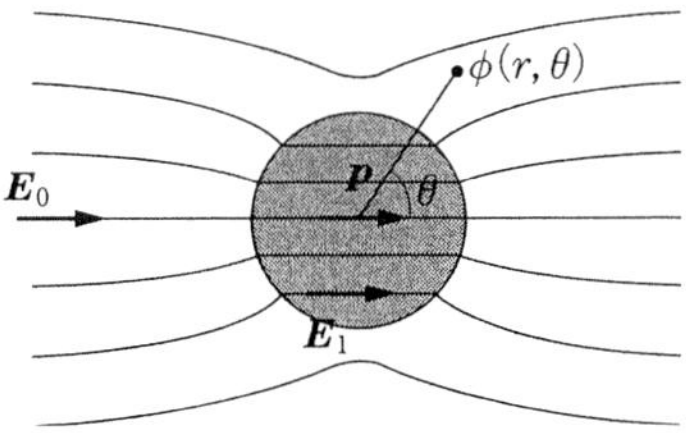

図 63　一様な電場中の誘電体球

た双極子モーメント $\boldsymbol{p}$ があるとすると，球の外側の電位は

$$\phi(r,\,\theta) = -E_0 r\cos\theta + \frac{p\cos\theta}{4\pi\epsilon_0 r^2} \tag{376}$$

と表される．右辺の第 1 項は一様な電場による電位，第 2 項は双極子モーメントによる電位である．球の表面における法線方向の電場は

$$E_{\mathrm{n}}(a,\,\theta) = -\left.\frac{\partial\phi}{\partial r}\right|_{r=a} = E_0\cos\theta + \frac{p\cos\theta}{2\pi\epsilon_0 a^3} \tag{377}$$

接線方向の電場は

$$E_{\mathrm{t}}(a,\,\theta) = -\left.\frac{1}{r}\frac{\partial\phi}{\partial\theta}\right|_{r=a} = E_0\sin\theta - \frac{p\sin\theta}{4\pi\epsilon_0 a^3} \tag{378}$$

である．球の内部の一様な電場を $\boldsymbol{E}_1$ とすると，球の表面内側における電場の法線成分は $E_1\cos\theta$，接線成分は $E_1\sin\theta$ である．球面上において $\boldsymbol{D}$ の法線成分が連続，$\boldsymbol{E}$ の接線成分が連続であることから

$$\epsilon_0 E_{\mathrm{n}}(a,\,\theta) = \epsilon E_1\cos\theta \tag{379}$$

$$E_{\mathrm{t}}(a,\,\theta) = E_1\sin\theta \tag{380}$$

E_{n}，E_{t} に式 (377)，式 (378) を代入して整理すると

$$\epsilon_0\left(E_0 + \frac{p}{2\pi\epsilon_0 a^3}\right) = \epsilon E_1 \tag{381}$$

$$E_0 - \frac{p}{4\pi\epsilon_0 a^3} = E_1 \tag{382}$$

を得る．式 (381)，(382) から p と E_1 を求めると

$$p = 4\pi\epsilon_0 a^3\frac{\epsilon-\epsilon_0}{\epsilon+2\epsilon_0}E_0 \tag{383}$$

$$E_1 = \frac{3\epsilon_0}{\epsilon + 2\epsilon_0} E_0 \tag{384}$$

を得る．誘電体球の分極は，次式で与えられる．

$$P = (\epsilon - \epsilon_0) E_1 = \frac{3\epsilon_0 (\epsilon - \epsilon_0)}{\epsilon + 2\epsilon_0} E_0 \tag{385}$$

なお，球の中心の電気双極子モーメント $\boldsymbol{p}$ は $\boldsymbol{P}$ と

$$\boldsymbol{p} = \frac{4}{3}\pi a^3 \boldsymbol{P} \tag{386}$$

の関係にある．また，つぎの関係が成り立つ．

$$\boldsymbol{E}_1 = \boldsymbol{E}_0 - \frac{\boldsymbol{P}}{3\epsilon_0} \tag{387}$$

すなわち，一様に分極した誘電体球の表面に生じる分極電荷が球の内部につくる電場は $-\boldsymbol{P}/3\epsilon_0$ に等しい．

誘電体の内部に球状の空洞がある場合には，式 (384) において ϵ と ϵ_0 を入れ替えればよい．

$$\boldsymbol{E}_1 = \frac{3\epsilon}{2\epsilon + \epsilon_0} \boldsymbol{E}_0 \tag{388}$$

空洞から離れたところでの分極 $\boldsymbol{P} = (\epsilon - \epsilon_0) \boldsymbol{E}_0$ を使って表すと

$$\boldsymbol{E}_1 = \boldsymbol{E}_0 + \frac{\boldsymbol{P}}{2\epsilon + \epsilon_0} \tag{389}$$

である．この式は，空洞の表面に現れる分極電荷による周囲の電場に変化を考慮している．仮に，空洞のまわりの分極が変化を受けず一様であるとすれば，境界面に生じる分極電荷は一様に分極した誘電体球の場合と正負

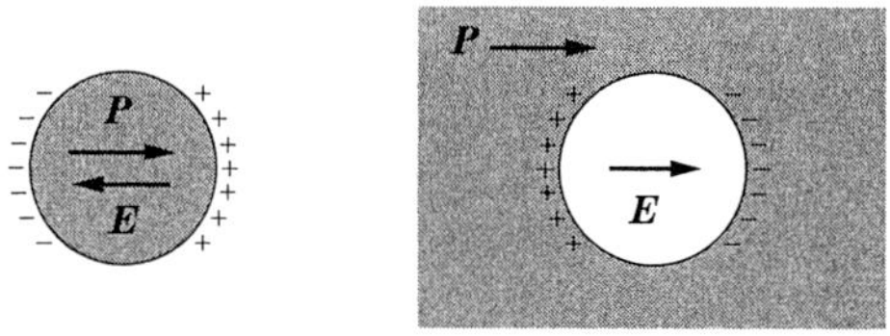

(a) (b)

図 64 (a) 一様に分極した誘電体球，(b) 一様な分極中の球状空洞

が逆となるので，分極電荷が空洞内につくる電場 $\boldsymbol{E}$ は分極 $\boldsymbol{P}$ とつぎの関係にある (図 64).

$$\boldsymbol{E} = \frac{\boldsymbol{P}}{3\epsilon_0} \tag{390}$$

5.8 誘電体を含む電場のエネルギー

帯電した導体のある空間に誘電体をもち込むと，誘電体は分極し，導体の電荷分布や電位は変化する．しかし，静電エネルギーが式 (140) で表されることに変わりはない．

$$U = \frac{1}{2}\sum_i Q_i \phi_i \tag{391}$$

ここで，Q_i は i 番目導体の電荷 (真電荷)，ϕ_i は電位である．電荷 (真電荷) が空間的に分布している場合には，電荷密度を $\rho(\boldsymbol{r})$ とすると

$$U = \frac{1}{2}\int \rho(\boldsymbol{r})\,\phi(\boldsymbol{r})\,\mathrm{d}V \tag{392}$$

と表される．

さて，式 (392) の ρ にガウスの法則 $\mathrm{div}\boldsymbol{D} = \rho$ の関係を代入しよう．

$$U = \frac{1}{2}\int \phi(\boldsymbol{r})\,\mathrm{div}\boldsymbol{D}(\boldsymbol{r})\,\mathrm{d}V \tag{393}$$

ベクトルの関係式

$$\mathrm{div}(\phi\boldsymbol{D}) = \boldsymbol{D}\cdot\mathrm{grad}\,\phi + \phi\,\mathrm{div}\boldsymbol{D} \tag{394}$$

を使うと

$$U = \frac{1}{2}\int \mathrm{div}(\phi\boldsymbol{D})\,\mathrm{d}V - \frac{1}{2}\int \boldsymbol{D}\cdot\mathrm{grad}\,\phi\,\mathrm{d}V \tag{395}$$

となる．ここで，右辺の第 1 項の体積積分はガウスの定理を使って表面積分に置きかえられる．

$$\int \mathrm{div}(\phi\boldsymbol{D})\,\mathrm{d}V = \oint_S (\phi\boldsymbol{D})\cdot\mathrm{d}\boldsymbol{S} \tag{396}$$

電荷が存在する領域は有限であるとすると，この領域を含む十分に大きな

閉曲面上で積分すれば，面積分 (396) は 0 となる[†36]．ゆえに

$$U = -\frac{1}{2}\int \boldsymbol{D}\cdot \mathrm{grad}\,\phi\,\mathrm{d}V = \frac{1}{2}\int \boldsymbol{E}\cdot\boldsymbol{D}\,\mathrm{d}V \tag{397}$$

を得る．ただし $\boldsymbol{E} = -\mathrm{grad}\,\phi$ の関係を使った．この式から電場のエネルギー密度 u が次式で与えられることがわかる．

$$u = \frac{1}{2}\boldsymbol{E}\cdot\boldsymbol{D} \tag{398}$$

$\boldsymbol{D} = \epsilon\boldsymbol{E}$ と表される場合には

$$u = \frac{\epsilon}{2}E^2 = \frac{1}{2\epsilon}D^2 \tag{399}$$

である．

演　習　問　題

分極電荷

[1] 一様な電気分極 $\boldsymbol{P}$をもつ誘電体中に (1) 三角柱 (2) 球 の空洞がある．

(1) 図の面 AB, BC, CA 上に生じる分極電荷の面密度 σ_1, σ_2, σ_3 を求めよ．

(2) $\boldsymbol{P}$の方向から θ の角度をなす方向の球面上に生じる分極電荷の面密度 $\sigma(\theta)$ を求めよ．

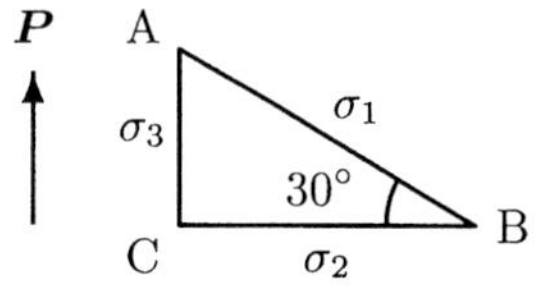

(1)

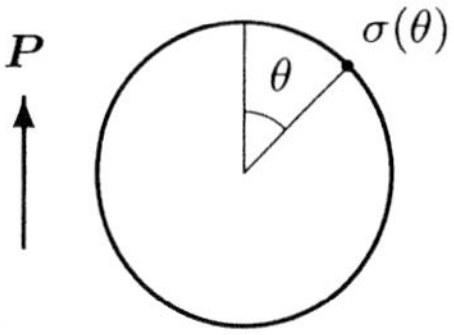

(2)

誘電体を含む系

[2] 誘電率 ϵ の誘電体中に，図のような薄い空洞がある．誘電体中には一様な電場 $\boldsymbol{E}$ が存在する．電場と空洞表面の法線方向のなす角度が θ であるとき，空洞内の電場の強さ E_0 を求めよ．

[†36] 電荷の存在する領域から十分遠方では電位は距離 r とともに r^{-1} に比例して，電束密度は r^{-2} に比例して小さくなる．閉曲面の面積は r^2 に比例して大きくなるので，面積分は r^{-1} で小さくなる．

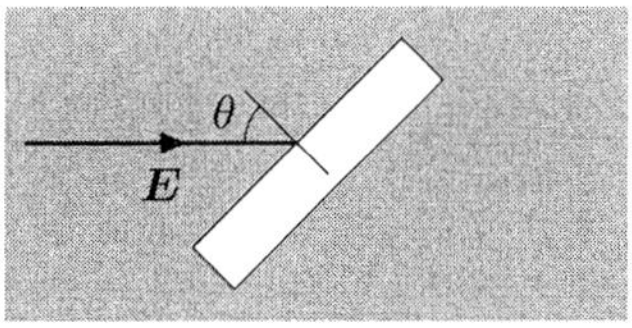

[3] 誘電率 ϵ の誘電体中に半径 a の球状空洞があり，その中心に点電荷 q がある．

(1) 中心から r $(r < a)$ における電場を求めよ．

(2) 中心から r $(r > a)$ における電場を求めよ．

(3) 分極によって空洞内面に生じる表面電荷密度 σ を求めよ．

[4] 円形断面の同軸ケーブルがある．内側導体の外半径は a，外側導体の内半径は b，その間の誘電体の誘電率は ϵ である．内外の導体に電位差 ϕ を与えたときに，軸から r の位置における誘電体の分極 $\boldsymbol{P}(r)$ を求めよ (ただし $a<r<b$)．誘電体中の分極電荷密度 ρ_{P} と誘電体表面の分極電荷の面密度 σ_{P} を求めよ．

誘電体とコンデンサー

[5] 次図の 2 つの場合について各誘電体中の電場の大きさ E_1, E_2，電束密度の大きさ D_1, D_2 およびコンデンサーの電気容量 C を求めよ．

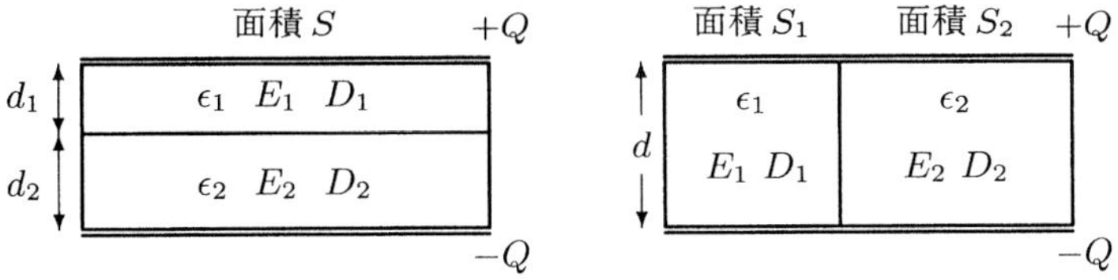

静電エネルギー

[6] 平行平板コンデンサー (間隔 x，面積 S) の間を誘電率 ϵ の絶縁油で満たした．一方の電極が固定されているとき，他方の電極に作用する力を F とすると，電極を微小距離 δx だけ引き離すときに，力のなす仕事は $\delta W = F\,\delta x$ である．以下を参考にして F を求めよ．

(1) 電極の電荷が一定 $+Q, -Q$ に保たれる場合を考えて

コンデンサーの静電エネルギーの変化を δU とすると，エネルギー保存則から $\delta W + \delta U = 0$，ゆえに次式を得る．

$$F = -\frac{\mathrm{d}U}{\mathrm{d}x}$$

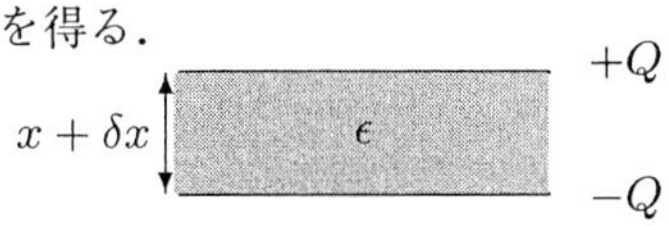

(2) 電極間の電位差が一定 ϕ に保たれる場合を考えて

x が δx 変化するときの電極の電気量の変化を δQ とすると，電池は $\delta Q\,\phi$ だけの仕事をするから，エネルギーの保存則から $\delta W + \delta U = \delta Q\,\phi$ である．$U = Q\phi/2$ の関係に注意すると $\delta W = \delta U$，

ゆえに次の結果を得る．

$$F = \frac{\mathrm{d}U}{\mathrm{d}x}$$

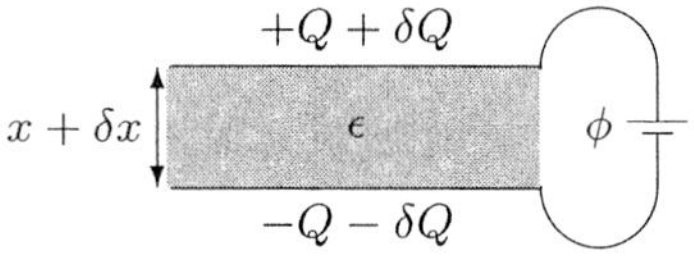

[7] 平行平板コンデンサー (電位差 ϕ, 間隔 d, 面積 S, 一辺の長さ l) の極板間に長さ x だけ挿入した誘電体板 (誘電率 ϵ, 厚さ d) の受ける力 F を求めよ．誘電体は引き込まれる力を受けるか, 押し出される力を受けるか.

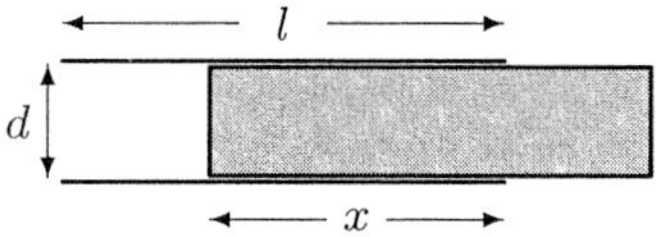

6章
磁　性　体

“磁性体” は，私たちの身のまわりのいたるところで利用されている．各種の磁気カード，ビデオやオーディオの磁気テープ，コンピューターのハードディスクなどである．一般に，磁気的性質を論じるときは物質を磁性体とよぶ．誘電体は電気双極子の集まりとして扱えたが，磁性体は磁気双極子の集まりとして扱うことができる．ここでは，磁性体がつくる磁場について調べる．

6.1　磁　　化

物質の磁性は原子，分子の磁気双極子モーメントに由来する．個々の原子，分子が磁気双極子であっても，相互に無秩序な方向を向いている場合には磁気は現れないが，磁場をかけると磁気双極子モーメントは磁場の方向に配向しようとする．また原子，分子が磁気双極子をもたない場合でも，磁場中では磁気双極子が誘起される．

物質の電気的性質が分極ベクトル (単位体積あたりの電気双極子モーメント) で表されるのと同様に，物質の磁気的性質は単位体積あたりの磁気双極子モーメント

$$\boldsymbol{M} = \frac{1}{\Delta V} \sum_{\Delta V \text{ 内}} \boldsymbol{m}_i \tag{400}$$

によって記述される．$\boldsymbol{M}$ を物質の磁化ベクトルあるいは単に磁化 (magnetization) という[†37]．物質を磁場中に置くとき，磁化が現れる現象を磁気誘導という．程度の差こそあれ，すべての物質は磁気誘導を起こすので，磁気的な性質を論じるときには物質は磁性体とよばれる．外部磁場がなくても磁化ベクトルをもつ物質が永久磁石である．この場合の磁化を自発磁化という．

6.2 磁 化 電 流

6.2.1 磁化電流の定性的取扱い

断面積 S，高さ h (体積 $V = hS$) の円柱状物質が軸方向に一様に磁化しているとしよう．磁化ベクトルの大きさを M とすると，全体の磁気双極子モーメントは MV である．一方，個々の磁気双極子は原子，分子内の微小環電流 (分子電流) に由来するが，図 65 にみるように，共通の境界を流れる隣り合う電流は互いに消し合うから，側面を流れる電流のみが残る．磁性体の側面を循環する電流を磁化電流という．この表面磁化電流密度を j_{m} とすると側面の全電流は $j_{\mathrm{m}}h$，電流が囲む面積は S であるから，磁気双極子モーメントは $(j_{\mathrm{m}}h)\,S$ である．$M\,(hS)$ と $(j_{\mathrm{m}}h)\,S$ を等しいと置いて

$$j_{\mathrm{m}} = M \tag{401}$$

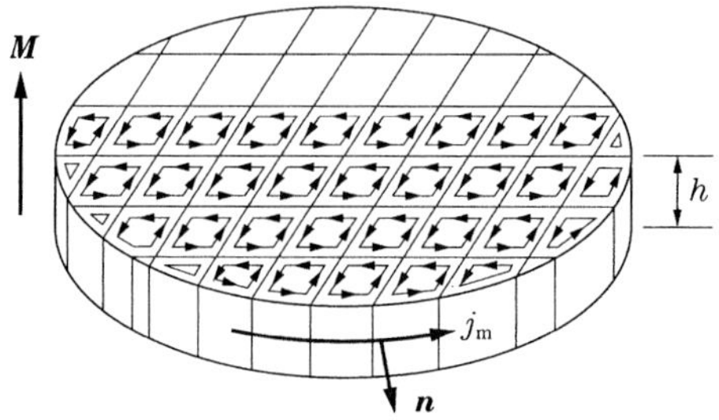

図 65　一様に磁化した円柱の側面を流れる磁化電流

†37 $\mu_0 \boldsymbol{M}$ を磁気分極という．EH 対応ではこれを磁化とよぶ．

を得る．磁性体の表面の外向き法線方向の単位ベクトルを $\boldsymbol{n}$ とすると表面磁化電流密度 $\boldsymbol{j}_{\mathrm{m}}$ は

$$\boldsymbol{j}_{\mathrm{m}} = \boldsymbol{M} \times \boldsymbol{n} \tag{402}$$

と表される．誘電体の分極電荷が外にとり出せないのと同様に，磁化電流は磁性体の外にとり出すことはできない．磁化電流に対して導体中を流れる伝導電流を真電流という．磁気双極子モーメントの単位は $\mathrm{A \cdot m^2}$ であるから，磁化の単位は $\mathrm{A/m}$ であり，面電流密度の単位に等しい．

軸方向に一様に磁化した磁性体円柱の磁化ベクトルを $\boldsymbol{M}$ とすると，円柱の側面には表面電流密度 $j_{\mathrm{m}} = M$ の磁化電流が周回して流れている．電流の形状がソレノイドと同じであることから，磁性体が十分に長いとすれば，磁性体の内部における磁束密度 $\boldsymbol{B}$ の大きさは $\mu_0 j_{\mathrm{m}} = \mu_0 M$ †38，方向は $\boldsymbol{M}$ の方向なので $\boldsymbol{B} = \mu_0 \boldsymbol{M}$ と表せる，磁性体の外部では $B = 0$ である．図 66 の閉曲線 C に沿って $\boldsymbol{B}$ を線積分すると，積分へ寄与するのは磁性体内部の長さ h の部分だけであるから

$$\oint_C \boldsymbol{B} \cdot \mathrm{d}\boldsymbol{s} = \mu_0 j_{\mathrm{m}} h \tag{403}$$

である．右辺の $j_{\mathrm{m}} h$ は閉曲線を貫く電流に等しいからこの式はアンペールの法則にほかならない．$\boldsymbol{B} = \mu_0 \boldsymbol{M}$ であるから，閉曲線を貫く磁化電流を I_{m} と表すと，次式が成り立つ．

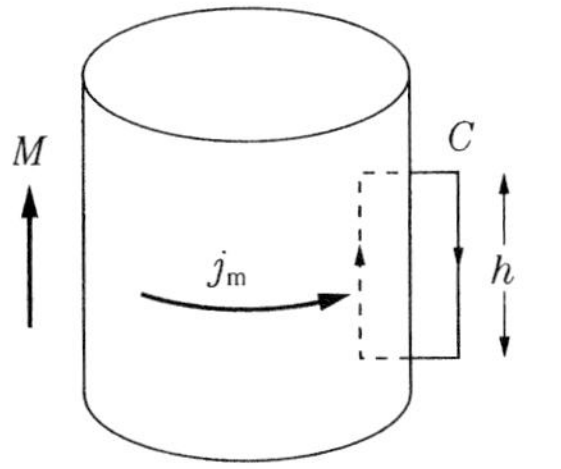

図 66 磁化電流とアンペールの法則

---

†38 ソレノイドの内部の磁束密度の式 (283) $B = \mu_0\,(nI)$ において，軸方向の単位長さあたりの電流 nI を j_{m} に置きかえたものである．

$$\oint_C \boldsymbol{M} \cdot \mathrm{d}\boldsymbol{s} = I_\mathrm{m} \tag{404}$$

この関係は $\boldsymbol{M}$ が一様でない場合にも成り立つ．

磁化ベクトルが一様でない場合には，磁性体内部で磁化電流は完全には打ち消し合わない．図 67 に示すように，左右に隣り合った微小立体において磁化の z 成分が y の関数であるとすると，左側の微小立体のまわりを流れている磁化電流は $M_z(y)\,\Delta z$，右隣の微小立体のまわりの磁化電流は $M_z(y+\Delta y)\,\Delta z$ である．2 つの立体の隣り合う境界面を x 軸方向へ流れる磁化電流は

$$\{M_z(y+\Delta y) - M_z(y)\}\,\Delta z = \frac{\partial M_z}{\partial y}\Delta y \Delta z \tag{405}$$

である．これだけの電流が断面 $\Delta y \Delta z$ (図中央の太い破線の四角) を流れていることになるから，x 方向の電流密度 $\partial M_z/\partial y$ を得る．同様に上下に隣り合った微小立体において磁化の y 成分が z の関数であるとすると，x 方向の電流密度 $-\partial M_y/\partial z$ を得る．両者をあわせて

$$(\boldsymbol{i}_\mathrm{m})_x = \frac{\partial M_z}{\partial y} - \frac{\partial M_y}{\partial z} \tag{406}$$

を得る．y，z 成分についても同様な関係が得られる．式 (406) の左辺は $\mathrm{rot}\,\boldsymbol{M}$ の x 成分であるからベクトルの関係式で書けば磁化電流密度は

$$\boldsymbol{i}_\mathrm{m} = \mathrm{rot}\,\boldsymbol{M} \tag{407}$$

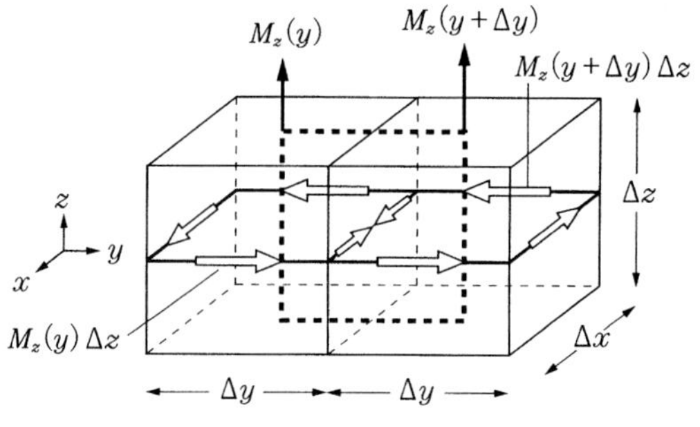

図 67 磁化電流密度

となる．なお，この式を曲面 $\mathcal{S}$ 上で面積分すると

$$\int_{\mathcal{S}} (\mathrm{rot}\boldsymbol{M}) \cdot \mathrm{d}\boldsymbol{S} = \int_{\mathcal{S}} \boldsymbol{i}_{\mathrm{m}} \cdot \mathrm{d}\boldsymbol{S} \tag{408}$$

を得る．左辺をストークスの定理を使って線積分に書きかえると，曲面 $\mathcal{S}$ を囲む閉曲線 $\mathcal{C}$ に沿っての線積分 $\oint_{\mathcal{C}} \boldsymbol{M} \cdot \mathrm{d}\boldsymbol{s}$ となり，右辺は閉曲線 $\mathcal{C}$ を貫く磁化電流 I_{m} であるから，式 (404) が成り立つ．

6.2.2 磁化電流の定量的取扱い

磁気双極子がつくるベクトルポテンシャル (310) に基づいて磁化電流の式を求めよう．磁性体内の位置 $\boldsymbol{r}'$ における微小体積 $\mathrm{d}V'$ 内の磁気双極子モーメント $\boldsymbol{M}(\boldsymbol{r}')\,\mathrm{d}V'$ が磁性体外の点 $\boldsymbol{r}$ につくるベクトルポテンシャルは

$$\mathrm{d}\boldsymbol{A}(\boldsymbol{r}) = \frac{\mu_0}{4\pi} \frac{\boldsymbol{M}(\boldsymbol{r}')\,\mathrm{d}V' \times (\boldsymbol{r} - \boldsymbol{r}')}{|\boldsymbol{r} - \boldsymbol{r}'|^3} \tag{409}$$

と表される．$\boldsymbol{r}'$ について積分すれば磁性体の磁化が $\boldsymbol{r}$ につくるベクトルポテンシャルを得る．

$$\boldsymbol{A}(\boldsymbol{r}) = \frac{\mu_0}{4\pi} \int \frac{\boldsymbol{M}(\boldsymbol{r}') \times (\boldsymbol{r} - \boldsymbol{r}')}{|\boldsymbol{r} - \boldsymbol{r}'|^3} \mathrm{d}V' \tag{410}$$

ここで，関係式 (336)，およびスカラー関数 $f(\boldsymbol{r})$ とベクトル関数 $\boldsymbol{M}(\boldsymbol{r})$ の積の回転についての恒等式

$$\mathrm{rot}(f\boldsymbol{M}) = \mathrm{grad}\, f \times \boldsymbol{M} + f\,\mathrm{rot}\boldsymbol{M} \tag{411}$$

を使うと

$$\begin{aligned} \boldsymbol{A}(\boldsymbol{r}) &= \frac{\mu_0}{4\pi} \int \boldsymbol{M}(\boldsymbol{r}') \times \mathrm{grad}' \frac{1}{|\boldsymbol{r} - \boldsymbol{r}'|} \mathrm{d}V' \\ &= -\frac{\mu_0}{4\pi} \int \mathrm{rot}' \frac{\boldsymbol{M}(\boldsymbol{r}')}{|\boldsymbol{r} - \boldsymbol{r}'|} \mathrm{d}V' + \frac{\mu_0}{4\pi} \int \frac{\mathrm{rot}'\boldsymbol{M}(\boldsymbol{r}')}{|\boldsymbol{r} - \boldsymbol{r}'|} \mathrm{d}V' \end{aligned} \tag{412}$$

と変形される．右辺第 1 項の体積積分はベクトル解析の恒等式

$$\int \mathrm{rot}\boldsymbol{X}\,\mathrm{d}V = \oint_{\mathcal{S}} \boldsymbol{n} \times \boldsymbol{X}\,\mathrm{d}S = -\oint_{\mathcal{S}} \boldsymbol{X} \times \mathrm{d}\boldsymbol{S} \tag{413}$$

を使って面積分に書きかえると，式 (412) は

$$\boldsymbol{A}(\boldsymbol{r}) = \frac{\mu_0}{4\pi} \oint_{\mathcal{S}} \frac{\boldsymbol{M}(\boldsymbol{r}') \times \boldsymbol{n}'}{|\boldsymbol{r} - \boldsymbol{r}'|} \mathrm{d}S' + \frac{\mu_0}{4\pi} \int_{\mathcal{V}} \frac{\mathrm{rot}'\boldsymbol{M}(\boldsymbol{r}')}{|\boldsymbol{r} - \boldsymbol{r}'|} \mathrm{d}V' \tag{414}$$

と表せる．この式を式 (302) と比べると，第 1 項は磁性体表面を流れる面電流密度

$$\boldsymbol{j}_{\mathrm{m}} = \boldsymbol{M} \times \boldsymbol{n} \tag{415}$$

がつくるベクトルポテンシャル，第 2 項は磁性体内の電流密度

$$\boldsymbol{i}_{\mathrm{m}} = \mathrm{rot}\boldsymbol{M} \tag{416}$$

がつくるベクトルポテンシャルを表している．すなわち，磁性体の磁化は表面磁化電流密度 (415) と内部の体積磁化電流密度 (416) に置きかえることができる．

6.3　磁性体を含む静磁場の基本法則

6.3.1　磁場の強さ

磁性体を含む系を扱うときには，次式で定義されるベクトル量 $\boldsymbol{H}$ を定義すると便利である．

$$\boldsymbol{H} = \frac{\boldsymbol{B}}{\mu_0} - \boldsymbol{M} \tag{417}$$

$\boldsymbol{H}$ は習慣上磁場の強さとよばれる．磁場の強さ $\boldsymbol{H}$ の単位は，磁化 $\boldsymbol{M}$ の単位と同じ A/m である．

6.3.2　基本法則の積分表現

磁化電流を考慮してアンペールの法則を書き直そう．閉曲線 C を貫く伝導電流を I，磁化電流を I_{m} とすると，アンペールの法則 は

$$\oint_C \boldsymbol{B} \cdot \mathrm{d}\boldsymbol{s} = \mu_0 (I + I_{\mathrm{m}}) \tag{418}$$

と表される．式 (404) の関係を使うと，次式を得る．

$$\oint_C \left(\frac{\boldsymbol{B}}{\mu_0} - \boldsymbol{M} \right) \cdot \mathrm{d}\boldsymbol{s} = I \tag{419}$$

したがって，$\boldsymbol{H}$ を使うとアンペールの法則は磁化電流を含まない式で表すことができる．

$$\oint_C \boldsymbol{H} \cdot \mathrm{d}\boldsymbol{s} = I \tag{420}$$

伝導電流密度 $\boldsymbol{i}$ を使って表すと

$$\oint_C \boldsymbol{H} \cdot \mathrm{d}\boldsymbol{s} = \int_S \boldsymbol{i} \cdot \mathrm{d}\boldsymbol{S} \tag{421}$$

となる．すなわち，任意の閉曲線に沿って磁場の強さを線積分した結果は，その閉曲線を貫く真電流の強さに等しい．

一方，磁場に関するガウスの法則

$$\oint_S \boldsymbol{B} \cdot \mathrm{d}\boldsymbol{S} = 0 \tag{422}$$

は磁性体の有無に関係なく成り立つ．

6.3.3 基本法則の微分表現

積分形式で表したアンペールの法則 (421) と磁場に関するガウスの法則 (422) を微分形式で表すと

$$\mathrm{rot}\boldsymbol{H} = \boldsymbol{i} \tag{423}$$

$$\mathrm{div}\boldsymbol{B} = 0 \tag{424}$$

となる．

6.4 物質の磁気的性質

外部磁場がないとき，磁化が 0 であるような等方的な磁性体では，磁場があまり強くないかぎり磁化ベクトル $\boldsymbol{M}$，磁束密度 $\boldsymbol{B}$，磁場の強さ $\boldsymbol{H}$ は相互に比例する．そこで，物質の磁化特性を次式で表す．

$$\boldsymbol{M} = \chi_{\mathrm{m}}\boldsymbol{H} \tag{425}$$

比例定数 χ_{m} を磁化率，または帯磁率，あるいは磁気感受率という．電気感受率はつねに $\chi_{\mathrm{e}} > 0$ であるが，磁化率は正負の値をとりうる．$\chi_{\mathrm{m}} > 0$ の物質を常磁性体または強磁性体，$\chi_{\mathrm{m}} < 0$ の物質を反磁性体という．式

(425) を式 (417) に代入すると

$$B = \mu_0(H + M) = \mu_0(1 + \chi_\mathrm{m})\,H \tag{426}$$

となる．ここで

$$\mu = \mu_0(1 + \chi_\mathrm{m}) \tag{427}$$

を磁性体の透磁率 (permeability) といい

$$\frac{\mu}{\mu_0} = 1 + \chi_\mathrm{m} \tag{428}$$

を比透磁率という．透磁率を使うと

$$B = \mu H \tag{429}$$

である．表5にみるように，常磁性体と反磁性体の磁化率の絶対値は1に比べて非常に小さい．これに対して強磁性体の磁化率は1よりずっと大きい

強磁性体は，外から磁場を加えるときわめて強く磁化する．外部磁場を除いたとき磁化がほぼ0に戻るとき“軟らかい”強磁性体，外部磁場を除い

表 5 種々の物質の室温における磁化率 χ_m．強磁性体の磁化率は M–H グラフの $H = 0$ における傾き．パーマロイは鉄 55%，ニッケル 45%の合金である．

反磁性体	水素 (1 atm)	-2.2×10^{-9}
	窒素 (1 atm)	-6.7×10^{-9}
	水	-9.0×10^{-6}
	銅	-9.8×10^{-6}
	金	-3.5×10^{-5}
	ダイアモンド	-2.2×10^{-5}
常磁性体	酸素 (1 atm)	1.935×10^{-6}
	アルミニウム	2.1×10^{-5}
	チタン	1.8×10^{-4}
	マンガン	8.3×10^{-4}
強磁性体	軟鉄	200
	パーマロイ	3500

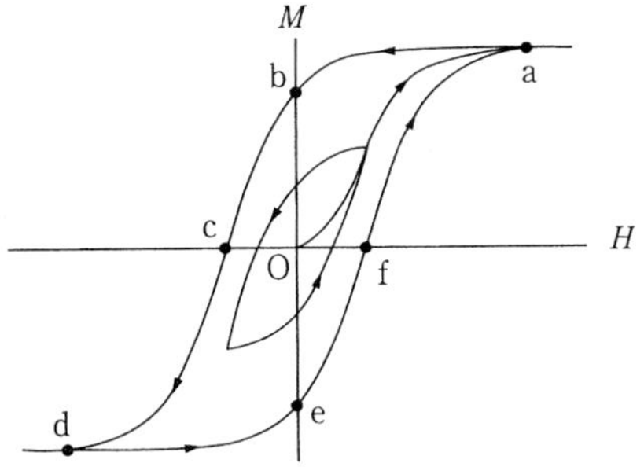

図 **68** 強磁性体の磁化曲線

ても強い磁化が残るとき“硬い”強磁性体という．硬い強磁性体が自発磁化している状態が永久磁石である．

磁化していない状態 (消磁状態) の強磁性体に磁場をかけていくと，磁化は図 68 の曲線 O → a のように変化する (初期磁化曲線という)．a 点よりも磁場を強くしても磁化は増えない．このときの磁化の大きさを飽和磁化という．つぎに，磁場を弱くしていくと a → b と変化する．磁場を 0 にしたときの磁化の大きさを残留磁化という．さらに，逆方向に磁場を強くしていくと b → c → d と変化し，逆方向の飽和磁化に達する．磁化が消失する c 点の磁場の強さの絶対値を保磁力という．d 点から正方向に磁場を変化させていくと磁化は d → e → f → a と変化する．H の増減の範囲が小さいときは内側のような曲線を描く．このように，磁化の強さは磁場の強さを与えても一義的には決まらない．このような現象をヒステリシス (hysteresis) または履歴現象という．

6.5 物質の磁性の微視的解釈

物質の磁性の起源をミクロなレベルから調べよう．

6.5.1 常磁性体

電子が原子核のまわりを軌道運動すると，環電流による磁気双極子モーメントが生じる．また，電子や原子核自身も“固有の”磁気双極子モーメントをもっている．これらの磁気モーメントが完全に打ち消し合わなければ，原子や分子は磁気モーメントをもつ．磁場がかかっていない場合には，個々の磁気モーメントは熱運動のために相互に無秩序な方向を向いているが，磁場をかけると磁気双極子モーメントは磁場の方向に向きをそろえようとするので，磁場の方向に磁化を生じる．このような物質が常磁性体 (paramagnetic substance) である．

6.5.2 強磁性体

原子，分子の磁気双極子モーメントが相互作用により広範囲にわたって整列する物質が強磁性体 (ferromagnetic substance) である．しかし，通常の状態では，磁気双極子が整列する領域は原子の大きさに比べれば十分に大きいのであるが，巨視的スケールでは微小であり，個々の領域の整列方向が無秩序であるか，互いに打ち消す方向であり，磁化ベクトルは 0 である．磁気モーメントが整列している領域を磁区 (magnetic domain) とよぶ．磁場をかけていくと，磁区の境界 (磁壁という) が移動して，または磁区の磁気モーメントの配向の方向が回転して，ついにはすべての磁気双極子が同じ方向を向く．永久磁石は，磁場をとり去っても磁気双極子が物質全体にわたって整列している．

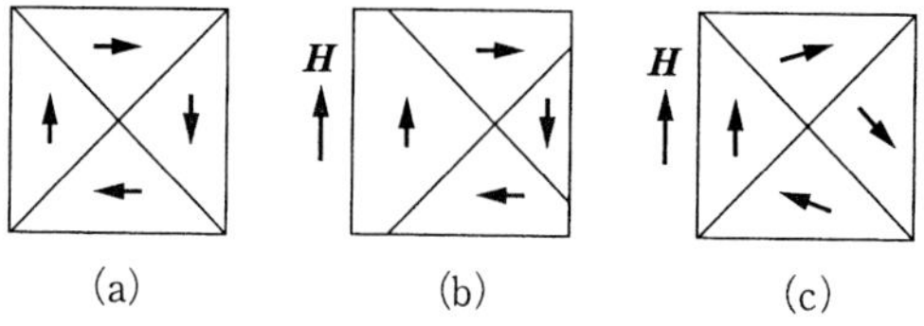

図 69 強磁性体の磁区の模式図．(a) 磁化していないとき，(b) 磁壁の移動による磁化，(c) 磁区の磁気モーメントの回転による磁化．

6.5.3 反磁性体

原子，分子が磁気双極子モーメントをもたない物質が反磁性体 (diamagnetic substance) である．磁場をかけると磁気双極子モーメントが磁場と逆向きに誘起されるわけは，つぎのように説明される．原子内には電子の軌道運動による環電流があるが，磁場のない状態では互いに逆まわりの環電流が等確率で存在するので，全体としては磁気モーメントは 0 である．磁場をかけると，電子はローレンツ力を受ける．磁場の方向に関して右ねじの回転の向きに運動している電子 (図 70(a)) はローレンツ力を中心の方向に受けるので向心力が大きくなり，回転速度が速くなる．逆まわりの電子 (図 70(b)) は向心力と逆方向のローレンツ力を受けるので，回転速度は遅くなる．したがって，(a) の環電流が (b) より大きくなるので，磁気双極子モーメントが磁場の方向と逆向きに生じる．なお，原子が磁気モーメントをもっている場合には，配向による磁化のほうが優勢であり，常磁性体となる．

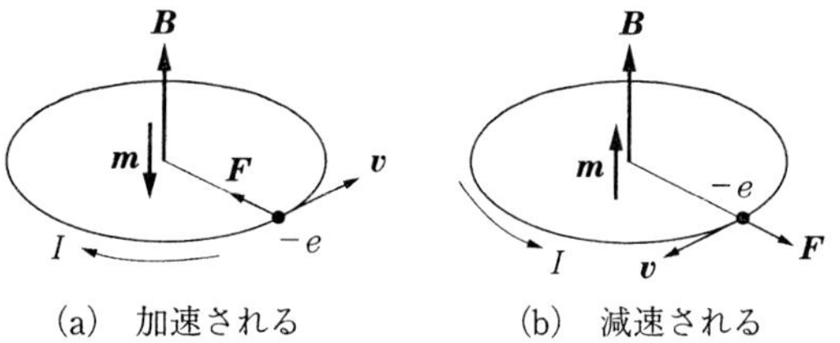

図 70 反磁性の由来．(a) ローレンツ力 $\boldsymbol{F} = -e\boldsymbol{v} \times \boldsymbol{B}$ が向心力に加わり，回転速度 v が増える． (b) ローレンツ力が向心力を弱め，回転速度が減る．このため，磁気モーメントの大きさは (a) のほうが (b) より大きい．

6.6　磁性体の境界条件

6.6.1　B の境界条件

誘電体の境界面における $\boldsymbol{D}$ の条件を導いたのと同様にして，磁性体の境界面における $\boldsymbol{B}$ の条件を導くことができる．磁場に関するガウスの法則 (422) を図 71 の境界面の一部を含む円筒表面に適用して次式を得る．

$$(\boldsymbol{B}_1 - \boldsymbol{B}_2) \cdot \boldsymbol{n}_1 = 0 \tag{430}$$

すなわち，磁束密度の法線成分は境界面において連続である．

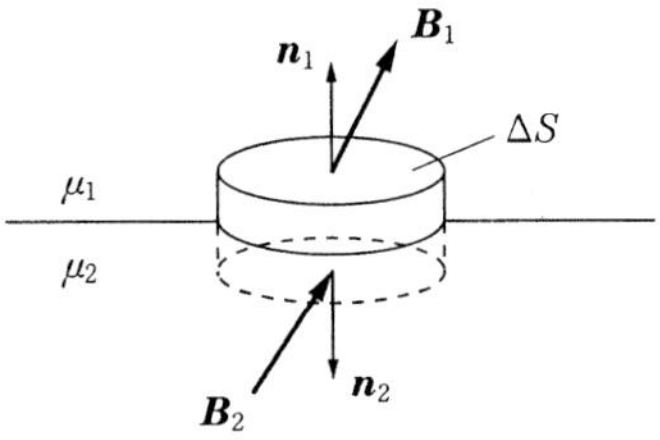

図 71　磁性体の境界面における $\boldsymbol{B}$ の条件

6.6.2　H の境界条件

誘電体の境界面における $\boldsymbol{E}$ の条件を導いたのと同様にして，磁性体の境界面における $\boldsymbol{H}$ の条件を導くことができる．境界面に伝導電流が流れている場合には，図 72 のように電流に垂直に境界面の一部を取り囲む閉曲線について，アンペールの法則 (420) を適用して，次式を得る．

$$(\boldsymbol{H}_1 - \boldsymbol{H}_2) \cdot \boldsymbol{t}_1 = j \tag{431}$$

ただし，j は境界面を流れる伝導電流の面電流密度である．境界面に電流が流れていなければ，境界面において $\boldsymbol{H}$ の接線成分は連続である．

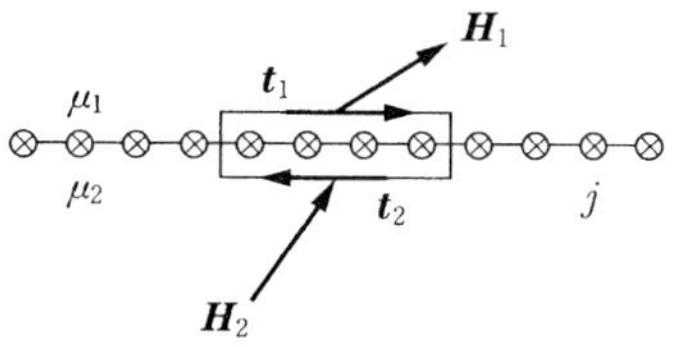

図 72 境界面における $\boldsymbol{H}$ の条件．j は境界面を紙面表→裏へ流れる伝導電流の面電流密度．

6.6.3 境界面における磁束線の屈折

透磁率 μ_1，μ_2 の磁性体の境界面の両側における磁束密度の大きさを B_1，B_2，その方向が境界面の法線となす角度を θ_1，θ_2 とする．境界面に伝導電流は存在しないとする．磁束密度 $\boldsymbol{B} = \mu\boldsymbol{H}$ の法線成分が連続であることから

$$\mu_1 H_1 \cos\theta_1 = \mu_2 H_2 \cos\theta_2 \tag{432}$$

を得る．つぎに，$\boldsymbol{H}$ の接線成分が連続であることから

$$H_1 \sin\theta_1 = H_2 \sin\theta_2 \tag{433}$$

を得る．以上の 2 式から磁束線に対する屈折の法則を得る．

$$\frac{\tan\theta_1}{\tan\theta_2} = \frac{\mu_1}{\mu_2} \tag{434}$$

電気力線に対する屈折の法則 (375) と同じ形をしている．μ_1 側を空気，μ_2 側を強磁性体とすると，強磁性体の透磁率は非常に大きいので $\mu_1/\mu_2 \ll 1$，すなわち $\theta_2 \cong \pi/2$ である．このため，磁束線は強磁性体内部に入りにくい．したがって，透磁率の大きな “軟らかい” 強磁性体で取り囲むと，外部磁場の影響をかなり減少させることができる．これを磁気遮蔽という．

6.7 磁性体を含む系

6.7.1 一様に磁化した平板

十分に広い平面の板が垂直に一様に磁化している(垂直に磁化した板磁石である). 板の内外における磁束密度と磁場の強さを求めよう.

磁場は板に垂直に生じる. 板の磁化を M, 磁束密度と磁場の強さは板の外で B_1, H_1, 板の内部で B_2, H_2 とする(いずれも上向きを正とする). 磁束密度の法線成分は連続であるから $B_1 = B_2$ である. また磁場の強さは

$$H_1 = \frac{B_1}{\mu_0}, \quad H_2 = \frac{B_2}{\mu_0} - M \tag{435}$$

である. 十分遠方では $H_1 = 0$ であるはずであるから $B_1 = 0$, したがって $B_2 = 0$ となるので

$$H_1 = 0, \quad H_2 = -M \tag{436}$$

である. 無限に広い磁性体の板の外部には, 磁場は生じない. このように, 自発磁化している磁性体の内部では $\boldsymbol{H}$ は $\boldsymbol{M}$ と逆向きに, $\boldsymbol{M}$ を打ち消す向きに生じるので, 反磁場とよばれる.

$$\boldsymbol{H} = -N_{\mathrm{H}}\boldsymbol{M} \tag{437}$$

と表したとき, 比例定数 N_{H} を反磁場係数という. 薄い平板磁性体では $N_{\mathrm{H}} = 1$ である.

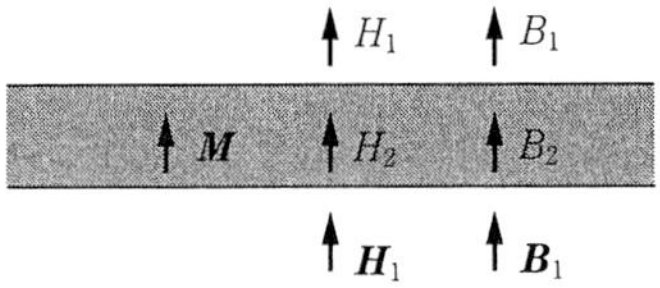

図 73 広い平板状磁石の内外の磁場

6.7.2 一様に磁化した球

一様に磁化した半径 a の球の内外の磁場を求めよう．磁化の大きさを M とすると，球の外部の磁場は中心にある磁気双極子モーメント

$$m=\frac{4}{3}\pi a^3 M \tag{438}$$

がつくる磁場に等しい．球の表面における磁束密度の法線成分 $B_{\rm v}$ と接線成分 $B_{\rm h}$ は，図 74 のように法線方向と磁化の方向とがなす角度を θ とすると

$$B_{\rm v}=\frac{\mu_0 m}{2\pi a^3}\cos\theta=\frac{2}{3}\mu_0 M\cos\theta \tag{439}$$

$$B_{\rm h}=\frac{\mu_0 m}{4\pi a^3}\sin\theta=\frac{1}{3}\mu_0 M\sin\theta \tag{440}$$

である．球の内部では $\boldsymbol{B}$ も $\boldsymbol{H}$ も一定であると仮定して

$$\boldsymbol{B}=\frac{2}{3}\mu_0\boldsymbol{M},\quad \boldsymbol{H}=-\frac{1}{3}\boldsymbol{M} \tag{441}$$

と選ぶと，球の表面における境界条件を満足する．したがって，磁化した球の反磁場係数は 1/3 である．

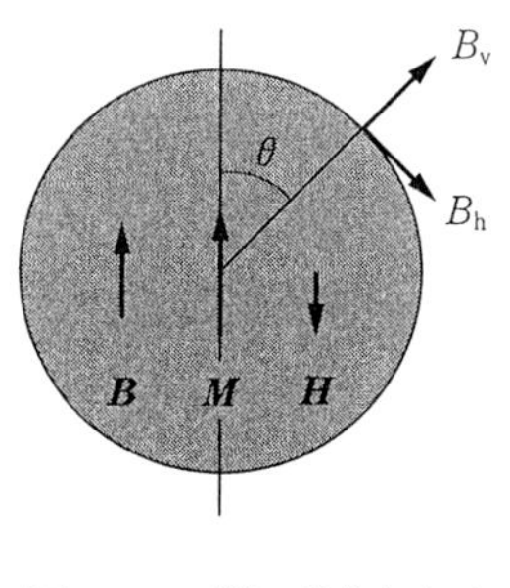

図 **74** 一様に磁化した球

6.8 磁 気 回 路

環状磁性体にコイルを巻いた環状ソレノイド (トロイド (toroid) という) を考えよう (図 75(a))．磁性体の透磁率 μ が大きいと磁束はほとんど外部

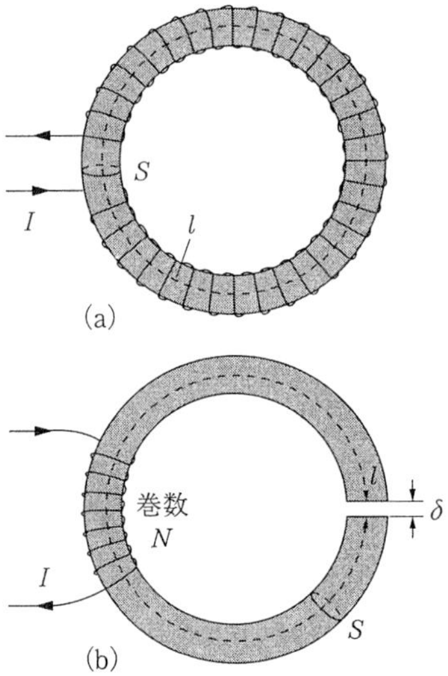

図 75 (a) トロイド, (b) 空隙のあるトロイド.

に漏れない. このようにすべての磁束がある通路を通るとき, この通路を磁気回路という.

環状磁性体の断面積を S, 透磁率を μ とする. また, 導線の総巻数を N, 導線を流れる電流を I とする. 環を1周する閉曲線 (図 75(a) の破線) にアンペールの法則を適用して, 次式を得る.

$$\oint_C \boldsymbol{H} \cdot \mathrm{d}\boldsymbol{s} = Hl = NI \tag{442}$$

ただし, 断面積は小さいとして1周の長さ l は場所によらず一定とする. 断面を貫く磁束 $\varPhi$ は

$$\varPhi = BS = \mu HS = \frac{\mu S}{l} NI \tag{443}$$

である. この式をつぎの形に表す.

$$NI = R_{\mathrm{m}} \varPhi \tag{444}$$

$$R_{\mathrm{m}} = \frac{l}{\mu S} \tag{445}$$

ここで, NI を起磁力 (magnetomotive force), R_{m} を磁気抵抗という. 電

気回路と磁気回路を比較すると，電流は磁束に，起電力は起磁力に，電気抵抗は磁気抵抗に，電気電導率は透磁率に対応している．

図 75(b) のように，磁気回路の一部に間隔 δ の狭い空隙があるとしよう．空隙の縁の付近における磁束線の乱れは無視する．磁性体と空隙との境界において磁束密度 (の法線成分) が連続であることから，磁束密度の大きさは磁束線に沿って一定である[†39]．この値を B とすると，磁場の強さ H は，磁性体の中では B/μ，空隙では B/μ_0 である．磁性体の長さを l とするとアンペールの法則から次式を得る．

$$\oint_C \boldsymbol{H} \cdot \mathrm{d}\boldsymbol{s} = \frac{Bl}{\mu} + \frac{B\delta}{\mu_0} = NI \tag{446}$$

これより，起磁力 NI と磁束 $\Phi = BS$ の関係は

$$NI = R_\mathrm{m}\Phi, \quad R_\mathrm{m} = \frac{l}{\mu S} + \frac{\delta}{\mu_0 S} \tag{447}$$

となる．磁気抵抗 R_m は磁性体の磁気抵抗と空隙の磁気抵抗の和になっている．比透磁率の大きな強磁性体を用いると，通常は $\mu/\mu_0 \gg l/\delta$ が成り立つので，磁気抵抗は $R_\mathrm{m} \cong \delta/\mu_0 S$ である．空隙における磁束密度は，次式で与えられる．

$$B = \frac{\mu_0 NI}{\delta} \tag{448}$$

6.9 超伝導体の完全反磁性

金属の電気抵抗は通常，温度を下げると減少する．ある種の金属や合金ではある温度 (臨界温度という) を境にして電気抵抗が完全に消失する．この現象を超伝導 (superconductivity) という．

超伝導状態においては，電気抵抗は 0 なので超伝導体内部では電場は 0 である．また，超伝導体は磁束を排斥し，内部では磁束密度は 0 となる．この現象はマイスナー効果 (Meissner effect) とよばれ，電気抵抗が 0 である

[†39] 磁気回路からの磁場のもれが無視できれば，断面積が一定の磁気回路における磁束密度の大きさは，導線の巻き方 ((a) のように一様に巻くか，(b) のように一部にだけ巻くか) には関係なく，総巻数だけによって決まる．

こととは独立した現象である．超伝導体の内部で $\boldsymbol{B} = \mu_0(\boldsymbol{H} + \boldsymbol{M}) = 0$ が成り立つということは

$$\boldsymbol{M} = -\boldsymbol{H}, \quad \chi_{\mathrm{m}} = -1 \tag{449}$$

を意味する．この性質を完全反磁性という．

半径 a の円柱状導体の断面を一様な伝導電流が軸方向に流れている場合を考える．全電流を I とすると，円柱内部の磁場の強さは

$$\boldsymbol{H} = \frac{I}{2\pi a^2}(-y,\, x,\, 0) \tag{450}$$

である．超伝導状態になると，完全反磁性の条件から

$$\boldsymbol{M} = -\boldsymbol{H} = -\frac{I}{2\pi a^2}(-y,\, x,\, 0) \tag{451}$$

である．円柱側面の法線方向の単位ベクトルは

$$\boldsymbol{n} = \frac{1}{a}(x,\, y,\, 0), \quad x^2 + y^2 = a^2 \tag{452}$$

であるので，円柱内および表面の磁化電流はそれぞれ

$$\boldsymbol{i}_{\mathrm{M}} = \mathrm{rot}\boldsymbol{M} = -\frac{I}{\pi a^2}(0,\, 0,\, 1) \tag{453}$$

$$I_{\mathrm{M}} = \boldsymbol{M} \times \boldsymbol{n} = \frac{I}{2\pi a}(0,\, 0,\, 1) \tag{454}$$

となる．内部の磁化電流 $\boldsymbol{i}_{\mathrm{M}}$ は伝導電流密度をちょうど打ち消すので，結果として円柱の表面を軸に平行に流れる磁化電流 I_{M} が残る．超伝導体を流れる電流は表面を流れる．

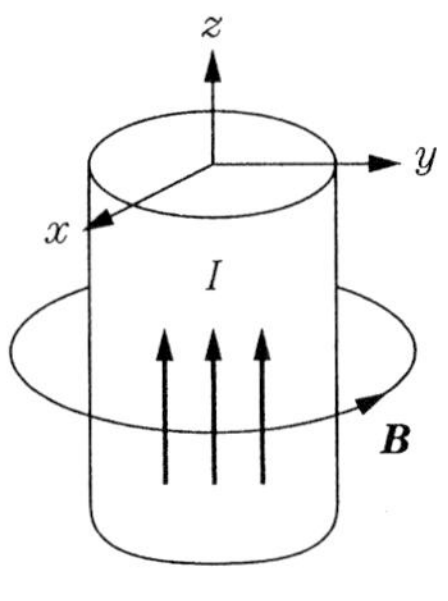

図 76　超伝導体は完全反磁性体

演 習 問 題

反磁性の古典的解釈

[1] 電子 (質量 m, 電荷 $-e$) が原子核 (電荷 $+e$) を中心とする半径 a の円周上を等速に運動している．この軌道面に垂直に磁場 $\boldsymbol{B}$ をかけたとき電子の軌道半径は変化せず，運動の角速度が変化すると考えて，電子の軌道運動による磁気モーメントの変化が磁場と逆方向となることを説明し，その大きさを求めよ．

磁　化

[2] 中心軸方向に一様に磁化した十分に長い磁性体の円柱がある．円柱の半径は a，軸方向の磁化の大きさは M である．円柱の中心軸上の磁束密度を求めよ．

[3] 内半径 a，外半径 b，厚さ t の磁性体リングがある．磁性体は中心軸に平行に一様に磁化しており，磁化の大きさは M である．リングの中心軸上，中心から距離 d だけ離れた点の磁束密度を求めよ．ただし d は板の厚さ t に比べて十分に大きいとする．

磁気回路

[4] 空隙 d のある軟鉄心の環状ソレノイド（トロイド）がある．鉄心の透磁率は μ，トロイドの軸の半径は R，コイルの総巻き数は N，電流は I である．

(1) 鉄心内部と空隙の間の磁束密度 B, B_0，磁場の強さ H, H_0，および鉄心の磁化 M を求めよ．ただし空隙の外へ洩れる磁場はないものとする．

(2) $R = 20\,\mathrm{cm}$, $d = 2\,\mathrm{mm}$, $N = 1000$, $I = 1\,\mathrm{A}$, $\mu/\mu_0 = 2000$ として空隙の磁束密度 B_0 と磁場の強さ H_0 を計算せよ．空隙部分の磁場は磁性体のない (空心の) 場合の何倍か．

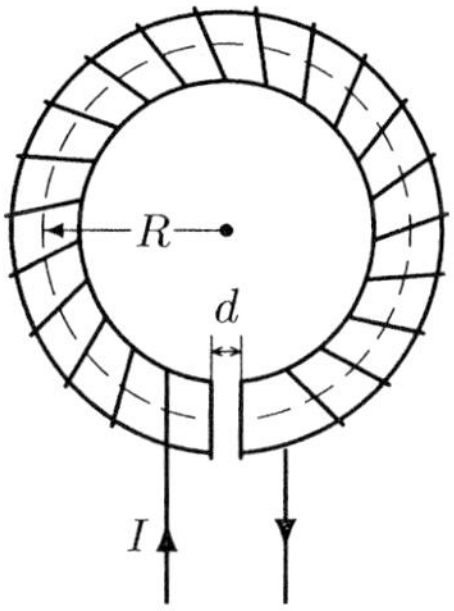

7章
電　磁　誘　導

これまでは，電場や磁場が時間的に一定であると仮定していたが，以下では電磁場が時間的に変化する場合を扱う．電磁場が急速に変化すると，電磁波の発生が無視できなくなるが，ここでは電磁波の発生が無視できる場合を扱う．

7.1　電磁誘導の現象

電流が磁気的現象を示すことは，1820 年にエルステッド[†40] によって発見された．ファラデー[†41] は逆に磁気的現象によって電流をつくることができるはずだと考えて，1831 年に電磁誘導の現象を発見した．

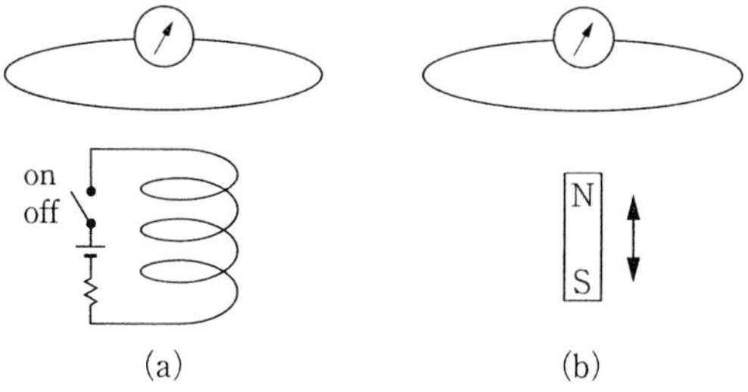

図 **77**　電磁誘導の現象

[†40] エルステッド (H. C. Oersted, 1777–1851)．デンマークの物理学者．
[†41] ファラデー (Michael Faraday, 1791–1867)．イギリスの物理学者，化学者．電気分解の研究でも名高いが，電磁誘導の発見は画期的なものであった．

ファラデーの発見した現象の要点を図 77(a)，(b) で説明しよう．

(a) 第 1 の回路のスイッチを入れたり切ったりする瞬間に第 2 の回路に電流が流れる．一般に，第 1 の回路に流れる電流の強さが変わるときに，第 2 の回路に電流が流れる．

(b) 磁石を近づけたり遠ざけたりするとき，回路に電流が流れる．磁石を固定しておき，回路を動かした場合にも電流が流れる．

回路に誘導される電流の向きに関しては 1834 年にレンツがつぎの規則を発見した[†42]．

- 誘導電流の向きは，その電流のつくる磁場が回路を貫く磁束の変化を打ち消す向きである．

これをレンツの法則 (Lenz's law) という．以上の現象を電磁誘導 (electromagnetic induction) といい，電磁誘導によって回路に発生する起電力を誘導起電力，回路に流れる電流を誘導電流という．回路を貫く磁束 Φ と回路に発生する誘導起電力 ϕ_{em} は

$$\phi_{\mathrm{em}} = -\frac{\mathrm{d}\Phi}{\mathrm{d}t} \tag{455}$$

の関係にある．これをファラデーの法則という．なお，ϕ_{em} と Φ の正負はつぎのように決める．回路に正の向きを決めておき，その向きに電流を流す起電力を正とする．また，その向きに右ねじを回したときに右ねじの進む向きに貫く磁束を正とする．式 (455) の負号は，誘導起電力による電流が磁束の変化を妨げる向きに生じるというレンツの法則を表している．レンツの法則は，エネルギー保存則の帰結である．仮に，磁束の変化を助ける向きに電流が生じると仮定すると，磁束の増加は電流を増やし，電流の増加は磁束を増やすという循環が生じ，エネルギー保存則に矛盾する．

ファラデーの法則は，回路が静磁場中を運動する場合には，次節にみるようにローレンツ力によって説明できる．

---

†42 レンツ (H. F. E. Lenz, 1804–1865)．ロシアの物理学者．

7.2 静磁場中を運動する回路

静磁場中を運動する回路を考える．回路の微小部分 $\mathrm{d}\boldsymbol{s}$ が磁場 $\boldsymbol{B}$ の中を速度 $\boldsymbol{v}$ で運動しているとき，微小部分にある電荷 q の粒子にはローレンツ力

$$\boldsymbol{F} = q\boldsymbol{v} \times \boldsymbol{B} \tag{456}$$

が作用する．電荷 q に比例した力 $\boldsymbol{F}$ が作用するということは電場

$$\boldsymbol{E} = \boldsymbol{F}/q = \boldsymbol{v} \times \boldsymbol{B} \tag{457}$$

が存在することを意味する．この電場を誘導電場という．誘導電場を回路 $\mathcal{C}$ に沿って線積分すれば回路に生じる誘導起電力を得る．

$$\phi_{\mathrm{em}} = \oint_{\mathcal{C}} \boldsymbol{E} \cdot \mathrm{d}\boldsymbol{s} = \oint_{\mathcal{C}} (\boldsymbol{v} \times \boldsymbol{B}) \cdot \mathrm{d}\boldsymbol{s} \tag{458}$$

一方，微小時間 $\mathrm{d}t$ のあいだに回路の微小部分は $\boldsymbol{v}\,\mathrm{d}t$ だけ変位するので，微小部分が描く面積は $|\boldsymbol{v}\,\mathrm{d}t \times \mathrm{d}\boldsymbol{s}|$，この面積を貫く磁束は

$$\boldsymbol{B} \cdot (\boldsymbol{v}\,\mathrm{d}t \times \mathrm{d}\boldsymbol{s}) = -(\boldsymbol{v}\,\mathrm{d}t \times \boldsymbol{B}) \cdot \mathrm{d}\boldsymbol{s} \tag{459}$$

である．これを回路 1 周について積分すると，微小時間 $\mathrm{d}t$ のあいだの磁束の変化 $\mathrm{d}\Phi$ を得る．

$$\mathrm{d}\Phi = -\oint_{\mathcal{C}} (\boldsymbol{v}\,\mathrm{d}t \times \boldsymbol{B}) \cdot \mathrm{d}\boldsymbol{s} \tag{460}$$

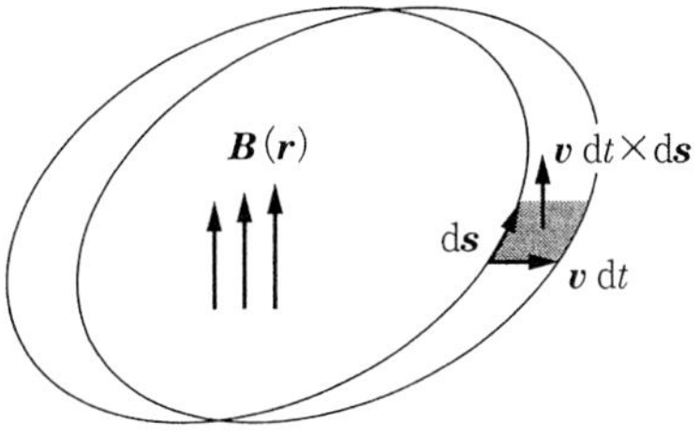

図 **78** 磁場中で運動する回路

$$\frac{\mathrm{d}\Phi}{\mathrm{d}t} = -\oint_C (\boldsymbol{v} \times \boldsymbol{B}) \cdot \mathrm{d}\boldsymbol{s} \tag{461}$$

式(458)，(461)からファラデーの法則(455)

$$\phi_{\mathrm{m}} = -\frac{\mathrm{d}\Phi}{\mathrm{d}t} \tag{462}$$

を得る．

例1：運動する長方形回路

図79のように，かぎられた範囲の一様な磁場 $\boldsymbol{B}$ の中に，磁場に垂直に長方形の回路を入れて，回路を速さ v で図の方向に動かすときの誘導起電力を求めよう．なお，磁場の縁のはみ出しは無視する．回路の速度を $\boldsymbol{v}$ とすると，導線中の電子にはたらくローレンツ力は

$$\boldsymbol{f} = -e\boldsymbol{v} \times \boldsymbol{B} \tag{463}$$

である．力の大きさは evB，力の方向は導線PQ間では導線に沿っているが，その他の部分では導線に垂直であるので，誘導起電力は誘導電場 vB とPQ間の長さ l の積 lvB に等しい．回路を貫く磁束 $\Phi = lxB$ を微分しても同じ結果を得る．

$$\phi_{\mathrm{em}} = -\frac{\mathrm{d}\Phi}{\mathrm{d}t} = -l\frac{\mathrm{d}x}{\mathrm{d}t}B = lvB \tag{464}$$

誘導電流 I は図の矢印の方向に流れるので，長方形の各辺には図79に示した方向に力が作用する．F_2 と F_3 は打ち消すので，回路には移動方向と逆向

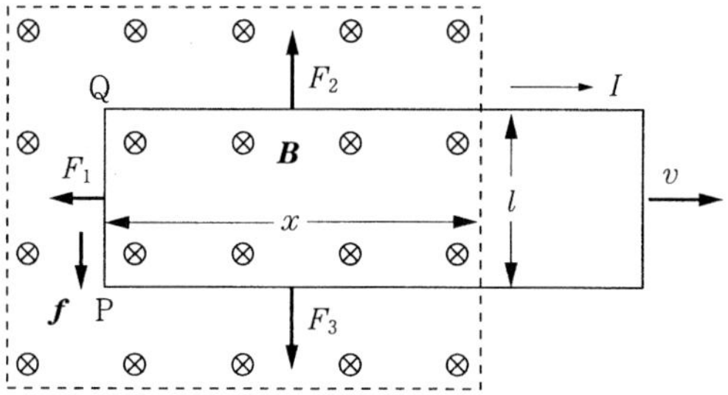

図 **79**　運動する長方形回路に生じる誘導起電力

きに力 $F_1 = lIB$ が作用する．このことは，回路を移動させるには仕事が必要であることを意味する．単位時間あたりの仕事は $W = Fv = lvBI = \phi_{\mathrm{em}} I$ である．回路の抵抗を R とすると，誘導電流は $I = \phi_{\mathrm{em}}/R$ であるから $W = I^2 R$ である．仕事は回路に発生するジュール熱に等しいことがわかる．

例 2：交流発電機

磁束密度 B の一様な磁場の中に図 80 のように置かれた面積 S の回路を，磁場に垂直な軸のまわりに一定の角速度 ω で回転させるとき，回路に発生する起電力を求めよう．回路を貫く磁束 Φ は

$$\Phi = BS \sin \omega t \tag{465}$$

と表せる．したがって，起電力は

$$\phi_{\mathrm{em}} = -\frac{\mathrm{d}\Phi}{\mathrm{d}t} = -\omega BS \cos \omega t \tag{466}$$

これが交流発電機の原理である．周波数は $\omega/2\pi$，交流電圧の振幅は ωBS である．

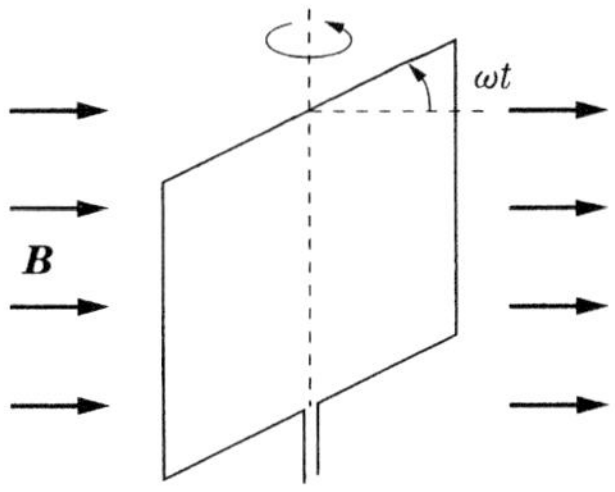

図 80　交流発電機の原理

例 3：単 極 誘 導

一様な磁束密度 $\boldsymbol{B}$ の中に磁場に垂直に半径 a の導体円板がある．円板を，中心を通る軸のまわりに角速度 ω で回転させるとき，図 81 の回路には起電力が生じる．半径 r の地点の回転速度は ωr であるから，回転軸に垂直で外向き方向に誘導電場 $E(r) = \omega r B$ が生じ，起電力は

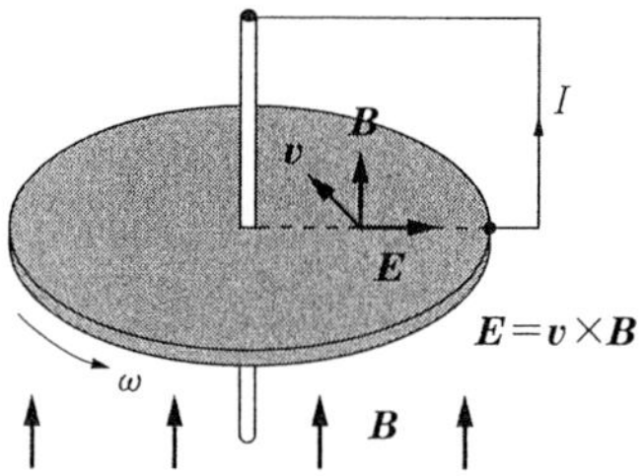

図 81 単極誘導

$$\phi_{\mathrm{m}} = \int_0^a \omega Br\,\mathrm{d}r = \frac{1}{2}a^2\omega B \qquad (467)$$

である．この現象を単極誘導といい，直流発電に利用することができる．逆に，回路に電池を入れて直流電流を流すと導体円板は回転する．これを単極モーターという．

回路を含む面は磁場の方向に平行なので，回路を貫く磁束は0であるが，ローレンツ力を通して起電力が生じる．導体円板を静止させておいて磁場をつくる磁石を回転させても，ローレンツ力ははたらかないので起電力は生じない．

例4：渦 電 流

図79の長方形の回路の代わりに，長方形の金属板を磁場中から引き出すとしよう．この場合にも誘導電流が生じるが，定まった電流の流れ道があるわけではないので，金属板の各部分で渦巻きのような電流を生じる．これを渦電流という．この場合にもレンツの法則に従って，渦電流は金属板の運動を妨げるように生じるので，金属板を動かすには仕事が必要である．

静止している金属板を貫く磁束密度が変化する場合にも渦電流が生じる．IH 調理器は，振動磁場が金属鍋の底に引き起こす渦電流によって発生するジュール熱を利用して調理する[†43]．

回転している金属円板に平行に棒磁石を近づけると，磁石も回り出す．金

[†43] IH は induction heater(電磁誘導ヒーター) の略である．

属円板内に渦電流が，運動を妨げるように生じるからである[†44].

7.3 ファラデーの法則

7.3.1 積分表現

静磁場中を運動する回路を考えて，回路を貫く磁束と回路の起電力の関係式 (462) を導いたが，運動の相対性を考えると，回路を止めておいて磁場を移動させても，同じ結果を与えるはずである．実は，式 (462) は時間的に変化する磁場の中で回路が静止している場合にも成り立つ．静止している回路に誘導起電力が生じることは，これまで学んだ電磁気学の法則では説明できない．つまり，この現象は新しい法則である．

起電力を誘導電場 $\boldsymbol{E}$ の線積分として，磁束を磁束密度 $\boldsymbol{B}$ の面積分として表すと式 (455) は

$$\oint_{\mathcal{C}} \boldsymbol{E} \cdot \mathrm{d}\boldsymbol{s} = -\frac{\mathrm{d}}{\mathrm{d}t} \int_{\mathcal{S}} \boldsymbol{B} \cdot \mathrm{d}\boldsymbol{S} \tag{468}$$

となる．左辺の積分は回路の閉曲線 $\mathcal{C}$ に沿っての線積分，右辺の積分は閉曲線 $\mathcal{C}$ が囲む任意の曲面 $\mathcal{S}$ 上での面積分である．ファラデーは式 (468) が閉曲線 $\mathcal{C}$ に沿って導線があるなしにかかわらず成り立つと考えた．すなわち，時間的に変化する磁場のある空間には電場が生じているのである．"ファラデーの法則" とよばれる由縁である．もし，電場の中にたまたま導線があると，導線内の荷電粒子は電場による力を受け，誘導起電力が発生するのである．

7.3.2 微分表現

式 (468) の左辺にストークスの定理 (回転定理) を使い面積分として表すと次式を得る．

$$\int_{\mathcal{S}} (\mathrm{rot}\, \boldsymbol{E}) \cdot \mathrm{d}\boldsymbol{S} = -\frac{\mathrm{d}}{\mathrm{d}t} \int_{\mathcal{S}} \boldsymbol{B} \cdot \mathrm{d}\boldsymbol{S} = -\int_{\mathcal{S}} \frac{\partial \boldsymbol{B}}{\partial t} \cdot \mathrm{d}\boldsymbol{S} \tag{469}$$

[†44] この現象は，アラゴー (D. F. J. Arago, 1786–1853) が 1824 年に発見したのでアラゴーの円板とよばれる．

積分する面は任意であるから，次式が成り立つ．

$$\mathrm{rot}\,\boldsymbol{E} = -\frac{\partial \boldsymbol{B}}{\partial t} \tag{470}$$

これがファラデーの法則の微分表現である．空間の各点における磁場の時間変化により，その点に電場が生じることがわかる．

7.4　自己誘導と相互誘導

7.4.1　自己誘導

回路を流れる電流がそのまわりにつくる磁場は電流に比例するので，回路自身を貫く磁束 Φ も電流 I に比例する．

$$\Phi = LI \tag{471}$$

比例定数 L を回路の自己インダクタンス (self inductance) という．L は (磁束)/(電流) の次元をもつので，単位は $\mathrm{T{\cdot}m^2/A}$ または Wb/A であるが，これをヘンリー (henry，記号 H) と定義する[†45]．なお，H を使うと透磁率の単位は $\mathrm{N/A^2}$ $(=\mathrm{T{\cdot}m/A})$ は H/m と表される．

電流が時間的に変化するとき，時間変化があまり速くなければ周囲に生じる磁場 $\boldsymbol{B}(\boldsymbol{r}, t)$ は各瞬間の電流 $I(t)$ によって生じる静磁場と同じと考えてよい．このような取扱いができる電流を準定常電流とよぶ[†46]．

回路に準定常電流 $I(t)$ が流れているとき，回路を貫く磁束は $\Phi(t) = LI(t)$ と表される．電流が時間的に変化するとき回路には誘導起電力

$$\phi_{\mathrm{em}} = -\frac{\mathrm{d}\Phi}{\mathrm{d}t} = -L\frac{\mathrm{d}I}{\mathrm{d}t} \tag{472}$$

が生じる．この現象を自己誘導 (self induction) という．負号は，誘導起電力が電流の変化を妨げる向きに生じることを意味する．

例：ソレノイドの自己インダクタンス

断面積 S，長さ l，単位長さあたりの巻数 n のソレノイドの自己インダ

†45 1832 年に自己誘導を発見した米国の物理学者ヘンリー (J. Henry, 1797–1878) に由来する．

†46 どのくらい速い時間変化まで準定常電流であるかは 2.8.1 の b. で考察する．

クタンス L を求めよう．ソレノイド内部の磁束密度は $B = \mu_0 nI$ である(式 (283))．断面を通る磁束は BS であるから，コイルを貫く磁束は総巻数 $N = nl$ をかけて

$$\Phi = NBS = \mu_0 n^2 lSI \tag{473}$$

である．したがって，自己インダクタンスは

$$L = \mu_0 n^2 lS \tag{474}$$

と求まる．ソレノイドの内部に透磁率 μ の磁性体が入っている場合には μ_0 は μ に置きかえられる．

7.4.2 相互誘導

回路 C_1 を流れる電流 I_1 がつくる磁場の中に別の回路 C_2 があるとき，回路 C_2 を貫く磁束 Φ_2 は I_1 に比例する．比例定数を L_{21} とすると

$$\Phi_2 = L_{21} I_1 \tag{475}$$

である．逆に回路 C_2 に電流 I_2 が流れるとき，回路 C_1 を貫く磁束 Φ_1 は I_2 に比例する．比例定数を L_{12} とすると

$$\Phi_1 = L_{12} I_2 \tag{476}$$

である．比例定数 L_{21} と L_{12} を相互インダクタンス (mutual inductance) という．以下に示すように $L_{21} = L_{12}$ である．

回路 C_1 を流れる電流 I_1 が変化するとき，電磁誘導によって回路 C_2 には誘導起電力

$$\phi_{\mathrm{em}} = -\frac{\mathrm{d}\Phi_2}{\mathrm{d}t} = -L_{21}\frac{\mathrm{d}I_1}{\mathrm{d}t} \tag{477}$$

が生じる．この現象を相互誘導という．

一般に，たくさんの回路 C_j があるとき，各回路を流れる電流を I_j とすると，回路 C_i を貫く磁束は

$$\Phi_i = \sum_j L_{ij} I_j \tag{478}$$

と表される．L_{ii} は回路 $\mathcal{C}_i$ の自己インダクタンス，L_{ij} $(i \neq j)$ は回路 $\mathcal{C}_i$ と $\mathcal{C}_j$ のあいだの相互インダクタンスである．

相互インダクタンスは，2 つの回路の形状と位置関係が決まれば決定される．一般に，回路を貫く磁束は，ベクトルポテンシャル $\boldsymbol{A}(\boldsymbol{r})$ を使って

$$\Phi = \int_{\mathcal{S}} \boldsymbol{B} \cdot \mathrm{d}\boldsymbol{S} = \int_{\mathcal{S}} (\mathrm{rot}\boldsymbol{A}) \cdot \mathrm{d}\boldsymbol{S} = \oint_{\mathcal{C}} \boldsymbol{A} \cdot \mathrm{d}\boldsymbol{s} \tag{479}$$

と表される．回路 $\mathcal{C}_1$ の電流が回路 $\mathcal{C}_2$ の位置につくるベクトルポテンシャルは

$$\boldsymbol{A}(\boldsymbol{r}_2) = \frac{\mu_0 I_1}{4\pi} \oint_{\mathcal{C}_1} \frac{\mathrm{d}\boldsymbol{s}_1}{|\boldsymbol{r}_2 - \boldsymbol{r}_1|} \tag{480}$$

であるから，回路 $\mathcal{C}_2$ を貫く磁束は

$$\Phi_2 = \oint_{\mathcal{C}_2} \boldsymbol{A}(\boldsymbol{r}_2) \cdot \mathrm{d}\boldsymbol{s}_2 = \frac{\mu_0 I_1}{4\pi} \oint_{\mathcal{C}_1} \oint_{\mathcal{C}_2} \frac{\mathrm{d}\boldsymbol{s}_1 \cdot \mathrm{d}\boldsymbol{s}_2}{|\boldsymbol{r}_2 - \boldsymbol{r}_1|} \tag{481}$$

である．相互インダクタンス L_{21} は

$$L_{21} = \frac{\mu_0}{4\pi} \oint_{\mathcal{C}_1} \oint_{\mathcal{C}_2} \frac{\mathrm{d}\boldsymbol{s}_1 \cdot \mathrm{d}\boldsymbol{s}_2}{|\boldsymbol{r}_2 - \boldsymbol{r}_1|} \tag{482}$$

と表される．右辺は添字の 1 と 2 を入れかえに対して不変であるから

$$L_{21} = L_{12} \tag{483}$$

であることがわかる．この関係を相互インダクタンスの相反定理という．

7.5 磁気エネルギー

7.5.1 回路の磁気エネルギー

自己インダクタンス L の回路に電流 I が流れている．微小時間 $\mathrm{d}t$ のあいだに電流を $\mathrm{d}I$ 増加させるとしよう．回路には，誘導起電力 (472) が電流の増加を妨げる向きに生じる．これを打ち消す電位差 $\phi = L\,\mathrm{d}I/\mathrm{d}t$ をかけて，電荷 $\mathrm{d}Q = I\,\mathrm{d}t$ を運ぶには仕事

$$\mathrm{d}W = \phi\,\mathrm{d}Q = L\frac{\mathrm{d}I}{\mathrm{d}t} \cdot I\,\mathrm{d}t = LI\,\mathrm{d}I \tag{484}$$

を要する．電流を 0 から I まで増加するのに必要な仕事は

$$W = \int_0^I LI\,\mathrm{d}I = \frac{1}{2}LI^2 \tag{485}$$

である．このエネルギーは磁気エネルギーとして回路に蓄えられる．すなわち，自己インダクタンス L の回路に電流 I が流れているとき回路は

$$U = \frac{1}{2}LI^2 = \frac{1}{2}I\varPhi \tag{486}$$

の磁気エネルギーをもっている．ただし，$\varPhi = LI$ は回路を貫く磁束である．多くの回路にそれぞれ電流が流れているときの磁気エネルギーは

$$U = \frac{1}{2}\sum_i \varPhi_i I_i = \frac{1}{2}\sum_i \sum_j L_{ij} I_i I_j \tag{487}$$

と表される．

例 1：ソレノイドの磁気エネルギー

ソレノイド (断面積 S，長さ l，単位長さあたり巻数 n) の内部の磁束密度は $B = \mu_0 nI$，自己インダクタンスは $L = \mu_0 n^2 Sl$ なので，電流 I が流れているソレノイドがもつ磁気エネルギーは

$$U = \frac{1}{2}LI^2 = \frac{1}{2\mu_0}(\mu_0 nI)^2 Sl = \frac{B^2}{2\mu_0}V \tag{488}$$

である．ただし，$V = Sl$ はソレノイドの内部の体積である．したがって，磁場のある空間は単位体積あたり

$$u = \frac{B^2}{2\mu_0} \tag{489}$$

のエネルギーをもつことがわかる．u は磁場のエネルギー密度であり，電場のエネルギー密度 (146) に対応している．

例 2：同軸円筒の磁気エネルギー

半径が a，b $(b > a)$ の同軸円筒状導体に逆方向に電流 I が一様に流れている．電流は円筒面を一様に軸方向に流れるものとする (図 82)．2 つの円筒のあいだに生じる磁束密度の大きさは，軸から距離を r とすると

$$B(r) = \frac{\mu_0 I}{2\pi r}, \quad b > r > a \tag{490}$$

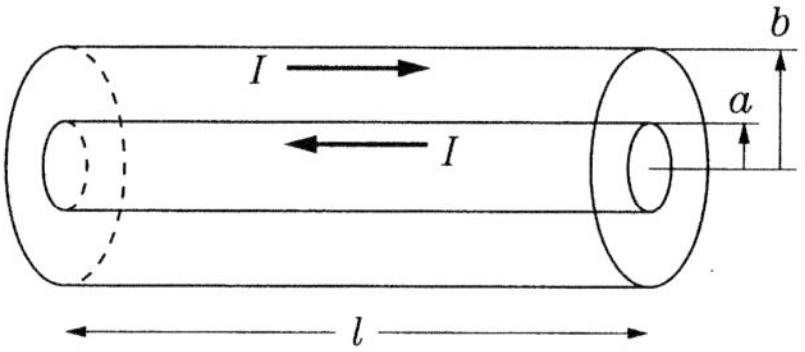

図 82　同軸円筒状導体

である．軸方向の単位長さを l とすると，磁気エネルギーは

$$U = \frac{l}{2\mu_0}\int_a^b B^2(r)\,2\pi r\,\mathrm{d}r = \frac{\mu_0 l}{4\pi}I^2\log\frac{b}{a} \tag{491}$$

を得る．$U = LI^2/2$ と比べて自己インダクタンス L が求まる．

$$L = \frac{\mu_0 l}{2\pi}\log\frac{b}{a} \tag{492}$$

7.5.2　磁場のエネルギー密度

回路がもっている磁気エネルギーの式 (486) における磁束 Φ に式 (479) を代入して

$$U = \frac{1}{2}\Phi I = \frac{I}{2}\oint_C \boldsymbol{A}\cdot\mathrm{d}\boldsymbol{s} \tag{493}$$

と書き直そう．ここで，$I\,\mathrm{d}\boldsymbol{s} \to \boldsymbol{i}\,\mathrm{d}V$ と置きかえれば，電流が空間的に分布している場合の式を得る．

$$U = \frac{1}{2}\int_V \boldsymbol{A}\cdot\boldsymbol{i}\,\mathrm{d}V \tag{494}$$

右辺の $\boldsymbol{i}$ に微分形式のアンペールの法則 $\mathrm{rot}\boldsymbol{H} = \boldsymbol{i}$ を使うと

$$U = \frac{1}{2}\int_V \boldsymbol{A}\cdot\mathrm{rot}\boldsymbol{H}\,\mathrm{d}V \tag{495}$$

となる．ここで，ベクトル解析の公式

$$\mathrm{div}(\boldsymbol{A}\times\boldsymbol{H}) = H\cdot\mathrm{rot}\boldsymbol{A} - \boldsymbol{A}\cdot\mathrm{rot}\boldsymbol{H} \tag{496}$$

を用いると次式を得る．

$$U = \frac{1}{2}\left\{\int_V \boldsymbol{H}\cdot\mathrm{rot}\boldsymbol{A}\,\mathrm{d}V - \int_V \mathrm{div}(\boldsymbol{A}\times\boldsymbol{H})\,\mathrm{d}V\right\} \tag{497}$$

右辺 { } 内の第 1 項において $\mathrm{rot}\boldsymbol{A} = \boldsymbol{B}$ である．第 2 項は，ガウスの定理 (発散定理) を使って領域 V の境界面 S の面積分に置きかえることができる．

$$U = \frac{1}{2}\int_V \boldsymbol{H}\cdot\boldsymbol{B}\,\mathrm{d}V - \frac{1}{2\mu_0}\oint_S (\boldsymbol{A}\times\boldsymbol{H})\cdot\mathrm{d}\boldsymbol{S} \tag{498}$$

回路から十分遠方に境界面 S をとれば面積分は 0 となる．したがって

$$U = \frac{1}{2}\int_V \boldsymbol{H}\cdot\boldsymbol{B}\,\mathrm{d}V \tag{499}$$

となる．すなわち，磁場のエネルギー密度

$$u = \frac{1}{2}\boldsymbol{H}\cdot\boldsymbol{B} \tag{500}$$

を得る．$\boldsymbol{B} = \mu\boldsymbol{H}$ の場合には

$$u = \frac{1}{2}\mu H^2 = \frac{B^2}{2\mu} \tag{501}$$

である．

7.6 過 渡 現 象

7.6.1 RL 回路

起電力 ϕ_{em} の電池と抵抗値 R の抵抗，自己インダクタンス L のコイルを直列につないだ図 83(a) の回路を考える．スイッチ S を入れると電流が流れ始めるが，コイルの自己誘導による誘導起電力が電流の増加を妨げる向きに発生する．それゆえ，このとき発生する誘導起電力を逆起電力ということがある．逆起電力が発生するために，回路に定常的に電流が流れるようになるまでには時間がかかる．回路の電流や電圧が定常値にいたる過程を過渡現象という．

回路を流れる電流を $I(t)$ とすると，コイルに発生する逆起電力は $-L\,\mathrm{d}I/\mathrm{d}t$ であるから，電池の起電力 ϕ_{em} とあわせて回路の全起電力は

$$\phi_{\mathrm{em}} - L\frac{\mathrm{d}I}{\mathrm{d}t} \tag{502}$$

である．これを抵抗の電圧降下 RI に等しいと置いて電流 $I(t)$ の時間変化

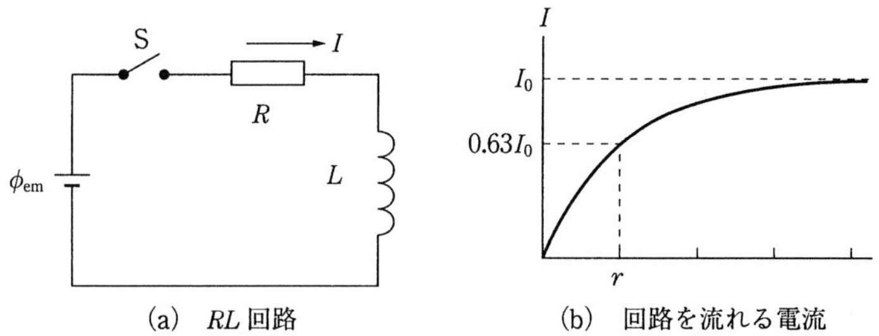

図 83 (a)RL 回路, (b) スイッチ S を入れた後の回路の電流変化. 十分時間が経つと $I_0 = \phi_{em}/R$ となる.

を決める微分方程式を得る.

$$\phi_{em} - L\frac{dI}{dt} = RI \tag{503}$$

$t = 0$ で $I = 0$ の初期条件のもとで解くと

$$I(t) = \frac{\phi_{em}}{R}\left(1 - e^{-Rt/L}\right) \tag{504}$$

を得る. 電流変化の様子を図 83(b) に示す. スイッチを入れた瞬間 $(t = 0)$ における誘導起電力は $-\phi_{em}$ に等しく, 電池の起電力をちょうど打ち消す. 十分時間が経ち電流変化がなくなればコイルは単なる導線であり, 電流は一定値 ϕ_{em}/R に落ち着く. 時間の次元をもつ量

$$\tau = \frac{L}{R} \tag{505}$$

を回路の時定数という. τ は定常値の $1 - e^{-1} \cong 63\%$ にいたるまでの時間である[†47]. 逆に, 電流が流れている回路のスイッチを瞬間的に切ると, コイルにはかなり高い誘導起電力が生じる[†48].

---

†47 インダクタンスの単位 H は J/A^2, 抵抗の単位 Ω は W/A^2 と表せるから H/Ω は時間の単位 J/W=s になっている.

†48 大きな直流電流が流れているスイッチを切ると, スイッチの電極間でアーク放電が起きる. このため, 直流回路のスイッチは少しずつ磨耗する. 50 Hz の交流の場合には 1/100 秒以内に電圧が 0 となるので, 放電が起きたとしてもただちにおさまる. 交流回路のスイッチが on-off してもほとんど痛まないのは幸いである.

7.6.2 *RC* 回路

つぎに，電池 (起電力 $\phi_{\rm em}$)，抵抗 (抵抗値 R)，コンデンサー (電気容量 C) からなる図 84 のような直列回路を考えよう．回路を流れる電流を $I(t)$，コンデンサーに蓄えられた電荷を $Q(t)$ とする．電池の起電力 $\phi_{\rm em}$ は抵抗の電圧降下 RI とコンデンサーの電極間の電位差 Q/C との和に等しい．

$$\phi_{\rm em} = RI + \frac{Q}{C} \tag{506}$$

電荷保存則より

$$I = \frac{{\rm d}Q}{{\rm d}t} \tag{507}$$

の関係がある．式 (506) を時間で微分して，式 (507) を使うと次式を得る．

$$R\frac{{\rm d}I}{{\rm d}t} + \frac{I}{C} = 0 \tag{508}$$

はじめコンデンサーは充電されてないとすると，スイッチを入れた瞬間 $(t = 0)$ には電位差は 0 なので，回路には $\phi_{\rm em}/R$ の電流が流れる．方程式 (508) の解は

$$I(t) = \frac{\phi_{\rm em}}{R}\,{\rm e}^{-t/RC} \tag{509}$$

となる．十分時間が経ってコンデンサーが充電されると，電流は流れなくなる．回路の時定数は，次式で与えられる．

$$\tau = RC \tag{510}$$

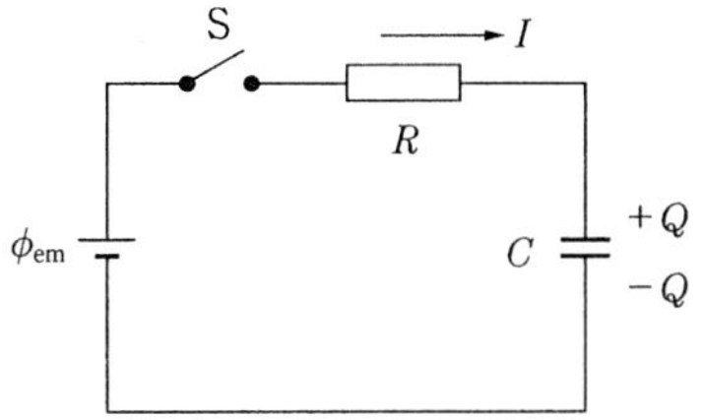

図 **84**　*RC* 回路

7.7 交流回路

7.7.1 複素インピーダンス

正弦的に時間変化する電圧を交流電圧，電流を交流電流，略して交流 (alternative current, AC) という．交流電圧の電源に抵抗 (抵抗値 R)，コンデンサー (電気容量 C)，コイル (自己インダクタンス L) を直列につないだ図 85 の回路を考えよう．回路を流れる電流を $I(t)$，コンデンサーに蓄えられる電荷を $Q(t)$ とする．回路の起電力 (502) を抵抗の電圧降下 RI とコンデンサーの電極間の電位差 Q/C との和に等しいと置いて次式を得る．

$$L\frac{\mathrm{d}I}{\mathrm{d}t} + RI + \frac{Q}{C} = \phi(t) \tag{511}$$

$$I = \frac{\mathrm{d}Q}{\mathrm{d}t} \tag{512}$$

交流電圧を

$$\phi(t) = \phi_0 \cos(\omega t + \alpha) \tag{513}$$

と与えたとき，定常的な $I(t)$，$Q(t)$ はつぎの形に表される．

$$I(t) = I_0 \cos(\omega t + \beta) \tag{514}$$

$$Q(t) = Q_0 \cos(\omega t + \gamma) \tag{515}$$

$I(t)$，$Q(t)$ を求めるには複素表示を使うと便利である．複素表示は，θ が

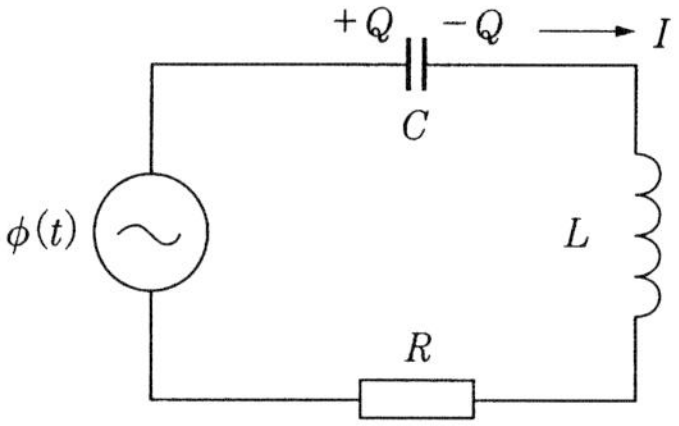

図 85 交流の RLC 回路

実数のときに虚数単位を i ($i=\sqrt{-1}$) と記すと

$$\mathrm{e}^{i\theta}=\cos\theta+i\sin\theta \tag{516}$$

が成り立つことを利用する[†49]．$\phi(t)$，$I(t)$，$Q(t)$ に対応してつぎの複素関数を考えよう．

$$\tilde{\phi}(t)=\phi_0\,\mathrm{e}^{i(\omega t+\alpha)}=\tilde{\phi}_0\,\mathrm{e}^{i\omega t},\quad \tilde{\phi}_0=\phi_0\,\mathrm{e}^{i\alpha} \tag{517}$$

$$\tilde{I}(t)=I_0\,\mathrm{e}^{i(\omega t+\beta)}=\tilde{I}_0\,\mathrm{e}^{i\omega t},\quad \tilde{I}_0=I_0\,\mathrm{e}^{i\beta} \tag{518}$$

$$\tilde{Q}(t)=Q_0\,\mathrm{e}^{i(\omega t+\gamma)}=\tilde{Q}_0\,\mathrm{e}^{i\omega t},\quad \tilde{Q}_0=Q_0\,\mathrm{e}^{i\gamma} \tag{519}$$

文字の上の $\tilde{}$ は，複素量を意味する．求める $\phi(t)$，$I(t)$，$Q(t)$ はそれぞれ対応する複素関数 $\tilde{\phi}(t)$，$\tilde{I}(t)$，$\tilde{Q}(t)$ の実数部分として表される．

式 (511) と (512) に現れる $\phi(t)$，$I(t)$，$Q(t)$ を対応する複素関数に置きかえる．

$$L\frac{\mathrm{d}\tilde{I}}{\mathrm{d}t}+R\tilde{I}+\frac{\tilde{Q}}{C}=\tilde{\phi} \tag{520}$$

$$\tilde{I}=\frac{\mathrm{d}\tilde{Q}}{\mathrm{d}t} \tag{521}$$

定常的な解は，つぎのようにして簡単に求めることができる．まず，$\tilde{I}(t)$, $\tilde{Q}(t)$ の定義 (518), (519) より

$$\frac{\mathrm{d}\tilde{I}}{\mathrm{d}t}=i\omega\tilde{I},\quad \frac{\mathrm{d}\tilde{Q}}{\mathrm{d}t}=i\omega\tilde{Q} \tag{522}$$

である．式 (521) より

$$\tilde{I}=i\omega\tilde{Q}\quad \text{すなわち}\quad \tilde{Q}=\frac{\tilde{I}}{i\omega} \tag{523}$$

を得る．これらを式 (520) に代入して

$$\left(i\omega L+R+\frac{1}{i\omega C}\right)\tilde{I}=\tilde{\phi} \tag{524}$$

を得る．以上からつぎの解が求まる．

$$\tilde{I}=\frac{\tilde{\phi}}{\tilde{Z}} \tag{525}$$

[†49] 虚数単位 i を電流密度 (の大きさ) と混同しないこと．

$$\tilde{Z} = R + i\left(\omega L - \frac{1}{\omega C}\right) \tag{526}$$

$\tilde{Z}$ を回路の複素インピーダンス，または単にインピーダンス (impedance) という．抵抗，コイル，コンデンサーのインピーダンスはそれぞれ R, $i\omega L$, $1/i\omega C$ である．インピーダンスの実数部分を抵抗，虚数部分をリアクタンス (reactance) という．式 (526) の複素数の $\tilde{Z}$ を絶対値 Z と位相 θ を使って表すと

$$\tilde{Z} = Z\,\mathrm{e}^{i\theta} \tag{527}$$

$$Z = \sqrt{R^2 + \left(\omega L - \frac{1}{\omega C}\right)^2} \tag{528}$$

$$\tan\theta = \frac{\omega L - \frac{1}{\omega C}}{R} \tag{529}$$

である[†50]．この関係は $\tilde{Z}$ を複素平面に表すとわかりやすい (図 86)．θ を使うと $\tilde{I}(t)$ は

$$\tilde{I}(t) = \frac{\phi_0}{\sqrt{R^2 + \left(\omega L - \frac{1}{\omega C}\right)^2}}\,\mathrm{e}^{i(\omega t + \alpha - \theta)} \tag{530}$$

と表される．この実数部分をとって電流 $I(t)$ は

$$I(t) = \frac{\phi_0}{\sqrt{R^2 + \left(\omega L - \frac{1}{\omega C}\right)^2}}\cos(\omega t + \alpha - \theta) \tag{531}$$

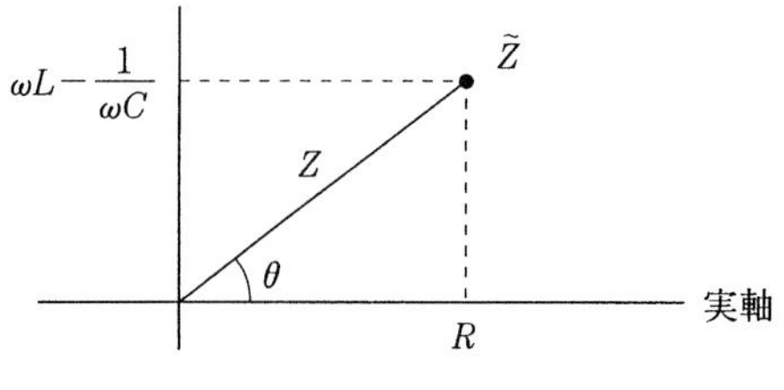

図 86 複素平面における複素インピーダンス

---

†50 式 (529) から θ を決定するときには $\pm\pi$ の不定性がある．この不定性を除くには $\cos\theta = R/Z$ と $\sin\theta = (\omega L - 1/\omega C)/Z$ の符号を調べる必要がある．

と求まる．$\theta > 0$ の場合には，電流の位相は電圧の位相より θ だけ遅れる．

式 (531) において R が小さければ，角周波数が

$$\omega = \frac{1}{\sqrt{LC}} \tag{532}$$

のとき電流の振幅は非常に大きくなる．これは，共鳴現象である．この現象は，ラジオやテレビの電波を受信して特定の周波数の信号をとり出すのに利用されている．

7.7.2 交流の電力

インピーダンスが抵抗 R だけの場合には，電流と電圧のあいだに位相差はない．

$$\phi(t) = \phi_0 \cos(\omega t + \alpha) \tag{533}$$

$$I(t) = I_0 \cos(\omega t + \alpha), \quad I_0 = \frac{\phi_0}{R} \tag{534}$$

このとき，抵抗で消費される電力 $P = \phi I$ の平均値，すなわち交流の 1 周期 $T = 2\pi/\omega$ における時間平均値 $\langle P \rangle$ は

$$\langle P \rangle = \frac{\phi_0 I_0}{T} \int_0^T \cos^2(\omega t + \alpha)\,\mathrm{d}t = \frac{1}{2}\phi_0 I_0 = \frac{1}{2} R I_0^{\,2} \tag{535}$$

である．したがって

$$I_{\mathrm{e}} = \frac{I_0}{\sqrt{2}}, \quad \phi_{\mathrm{e}} = \frac{\phi_0}{\sqrt{2}} \tag{536}$$

を用いると交流の電力は直流の場合と同じ形の式で表される．

$$\langle P \rangle = \phi_{\mathrm{e}} I_{\mathrm{e}} = R I_{\mathrm{e}}^{\,2} \tag{537}$$

ϕ_{e}，I_{e} をそれぞれ交流電圧，交流電流の実効値 (effective value) という．

交流電圧と交流電流のあいだに位相差がある場合には注意が必要である．交流電流 (531) を

$$I(t) = I_0 \cos(\omega t + \alpha - \theta), \quad I_0 = \frac{\phi_0}{Z} \tag{538}$$

と表すと，電力の瞬時値は

$$P(t) = \phi(t)\, I(t) = \phi_0 I_0 \cos(\omega t + \alpha) \cos(\omega t + \alpha - \theta)$$

$$= \frac{1}{2}\phi_0 I_0\{\cos\theta + \cos(2\omega t + 2\alpha - \theta)\} \tag{539}$$

この時間平均をとると

$$\langle P\rangle = \frac{1}{T}\int_0^T P(t)\,\mathrm{d}t = \frac{1}{2}\phi_0 I_0 \cos\theta \tag{540}$$

となる．実効値を用いて表すと

$$\langle P\rangle = \phi_\mathrm{e} I_\mathrm{e} \cos\theta \tag{541}$$

となる．この式の $\cos\theta$ を力率 (power factor) という．電圧と電流の位相に差がある場合には，交流の電力は単に電圧と電流の実効値の積ではない．リアクタンスだけの回路は，電圧と電流の位相差が 90° ($\theta = \pi/2$ または $\theta = -\pi/2$) であり力率が 0 となるので，電力は消費されない．

なお，交流の電力 $\langle P\rangle$ を複素量 $\tilde{\phi}$，$\tilde{I}$ を使って表すと

$$\langle P\rangle = \frac{1}{2}\mathrm{Re}\left(\tilde{\phi}\,\tilde{I}^*\right) \tag{542}$$

となる．ただし，* は複素共役，Re( ) は実数部分を意味する．

7.7.3 変 圧 器

透磁率の大きな環状磁性体に 2 つのコイルを別々に巻いたものを変圧器 (transformer) という．2 つのコイルの巻数をそれぞれ N_1，N_2 とすると，各コイルの自己インダクタンスは，1 巻きのインダクタンスを L_0 とすると，

$$L_1 = L_0 N_1^{\,2}, \quad L_2 = L_0 N_2^{\,2} \tag{543}$$

である．また，磁束の損失がないとしているので，2 つのコイルの相互インダクタンスは

$$M = \sqrt{L_1 L_2} = L_0 N_1 N_2 \tag{544}$$

である (章末の演習問題 [9] 参照)．一方のコイル (1 次コイル) に起電力 $\phi_1(t)$ の交流電源，他方のコイル (2 次コイル) に負荷抵抗 R をつけたとき，負荷抵抗にかかる電圧 $\phi_2(t)$ を求めよう．1 次コイル，2 次コイルを流れる電流を $I_1(t)$，$I_2(t)$ とすると，つぎの関係が成り立つ．

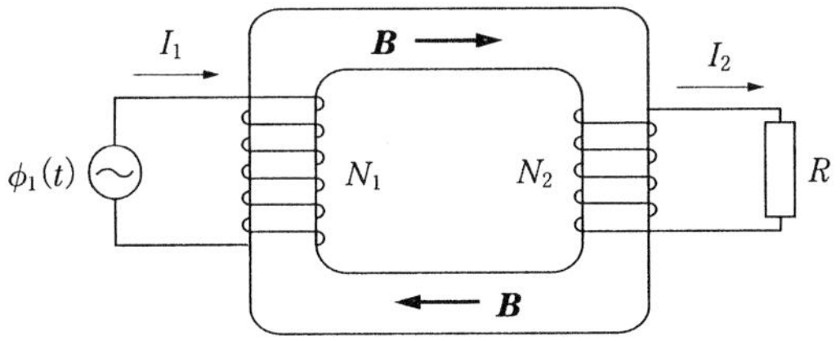

図 **87** 変圧器

$$\phi_1(t) = L_1 \frac{dI_1}{dt} - M \frac{dI_2}{dt} \tag{545}$$

$$0 = L_2 \frac{dI_2}{dt} - M \frac{dI_1}{dt} + RI_2 \tag{546}$$

ただし，2 つのコイルの巻く向きが逆の場合には，M を含む項の符号は逆になる．複素表現を用いると

$$\tilde{\phi}_1 = i\omega L_1 \tilde{I}_1 - i\omega M \tilde{I}_2 \tag{547}$$

$$0 = i\omega L_2 \tilde{I}_2 - i\omega M \tilde{I}_1 + R\tilde{I}_2 \tag{548}$$

となる．2 つの式から I_1 を消去して ($L_1 L_2 = M^2$ に注意)

$$\tilde{\phi}_1 = \frac{L_1}{M} R\tilde{I}_2 = \frac{N_1}{N_2} R\tilde{I}_2 \tag{549}$$

を得る．2 次コイルの負荷にかかる交流電圧 $\tilde{\phi}_2$ は，$\tilde{\phi}_2 = R\tilde{I}_2$ であるから，1 次側の電圧 $\tilde{\phi}_1$ とつぎの関係にある．

$$\tilde{\phi}_2 = \frac{N_2}{N_1} \tilde{\phi}_1 \tag{550}$$

つまり，2 次側の電圧は $\tilde{\phi}_2$ はコイルの巻数によって自由に変えることができる．

1 次側と 2 次側の電流の比は，式 (546) から

$$\frac{\tilde{I}_1}{\tilde{I}_2} = \frac{i\omega L_2 + R}{i\omega M} = \frac{L_2}{M} + i\frac{R}{\omega M} \tag{551}$$

である．もし，2 次側の抵抗が十分に小さく $R \ll \omega M$ である場合には

$$\frac{\tilde{I}_1}{\tilde{I}_2} \cong \frac{L_2}{M} = \frac{N_2}{N_1} \tag{552}$$

が成り立つので

$$\frac{\tilde{\phi}_2 \tilde{I}_2^*}{\tilde{\phi}_1 \tilde{I}_1^*} = 1 \tag{553}$$

すなわち，1次側と2次側の電力は等しい．また，1次側と2次側のインピーダンスの比は

$$\frac{\tilde{Z}_2}{\tilde{Z}_1} = \frac{\tilde{\phi}_2/\tilde{I}_2}{\tilde{\phi}_1/\tilde{I}_1} = \left(\frac{N_2}{N_1}\right)^2 \tag{554}$$

である．インピーダンスの変換は変圧器のもう1つの重要な機能である．

一般に，負荷に最大出力を与えるには，電源側と負荷のインピーダンスを一致させる必要がある．このことをインピーダンス整合 (impedance matching) という．たとえば，増幅器の出力をスピーカーに入れる場合，増幅器の出力インピーダンスはスピーカーの入力インピーダンスに比べて通常ずっと大きい．このような場合に適当な巻数比のトランスを使うことによって，両者のインピーダンス整合を図ることができる．

演 習 問 題

ファラデーの法則

[1] 旅客機が水平に速さ $v = 250\,\mathrm{m/s}$ で飛行している．両翼の端から端までの長さは $l = 60\,\mathrm{m}$ である．地磁気の垂直成分の大きさを $B = 4 \times 10^{-5}\,\mathrm{T}$ として，この間に生じる電位差を求めよ．

[2] 一様な磁場 (磁束密度 B) 内で半径 a の半円形に曲げた針金を周波数 ν で回転する．針金の両端に生じる誘導起電力の周波数と振幅を求めよ．

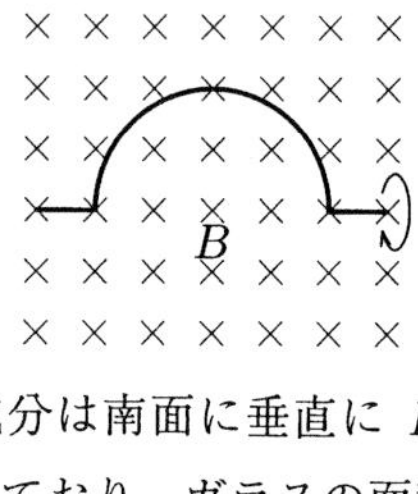

[3] 部屋の南面に両開きの窓がある．地磁気の水平成分は南面に垂直に $B = 2 \times 10^{-5}\,\mathrm{T}$ である．窓ガラスは金属枠にはめられており，ガラスの面積は $S = 1.5\,\mathrm{m}^2$，金属枠の一周の電気抵抗は $R = 5 \times 10^{-3}\,\Omega$ である．この窓を直角に開けたとき，枠を流れる電気量 Q を求めよ．

[4] 十分に長い直線電流 I に平行に2本の導体のレールがある．レールの右端

は電気的につながれている．この２本のレールに垂直に，両端をレールに接触して，電気抵抗 R の金属棒を左方に速さ v で滑らす．レールの抵抗は無視できるとする．

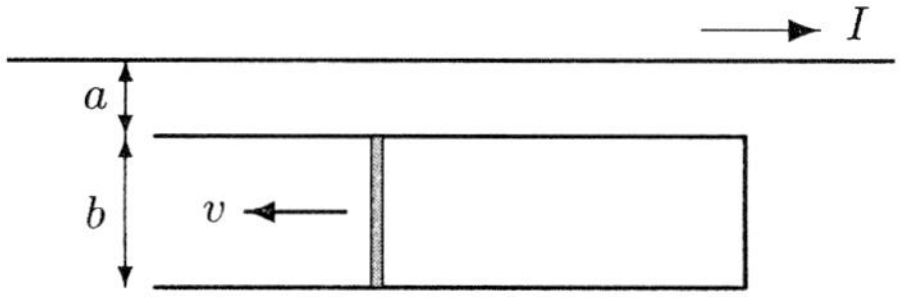

(1) 金属棒の両端に生じる誘導起電力 ϕ を求めよ．

(2) 金属棒を滑らすのに必要な力 F を求めよ．

(3) 力 F のなす仕事が金属棒に発生するジュール熱に等しいことを示せ．

[5] 上端を導線で結ばれた２本の長い平行なレールが鉛直に置かれている．導線とレールの電気抵抗は無視できる．一様な磁場がレールを含む面に垂直に存在する．レールと電気的接触を保って，水平な金属棒が摩擦なく滑り落ちるとき，金属棒の速さが一定値に近づくわけを説明せよ．金属棒の長さ $l = 0.5\,\mathrm{m}$，質量 $m = 0.01\,\mathrm{kg}$，電気抵抗 $R = 0.001\,\Omega$ および磁束密度 $B = 0.2\,\mathrm{T}$，重力加速度 $g = 9.8\,\mathrm{m/s^2}$ としてこの一定速さ v_m を求めよ．

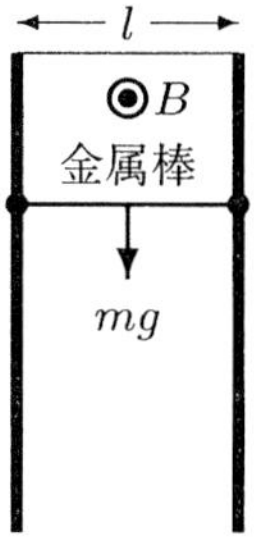

[6] 巻き半径 a，単位長さ当たりの巻き数 n の十分に長い空心のソレノイドがある．このソレノイドに交流電流 $I(t) = I_0 \sin(\omega t)$ を流すとき，ソレノイドの軸のまわりに同心円状の電場が生じる．ソレノイド内外の電場の強さ $E(t)$ を求めよ．ただしソレノイドの外側の磁場は０であるとする．

自己インダクタンス

[7] 幅 l の薄い銅板を図のように半径 a の円筒形に丸めて “ソレノイド” をつくった ($l \gg a$ とする)．電流 I が全幅にわたって一様に流れるとして以下に答えよ．なお平板部分と両端の影響は考えなくてよい．

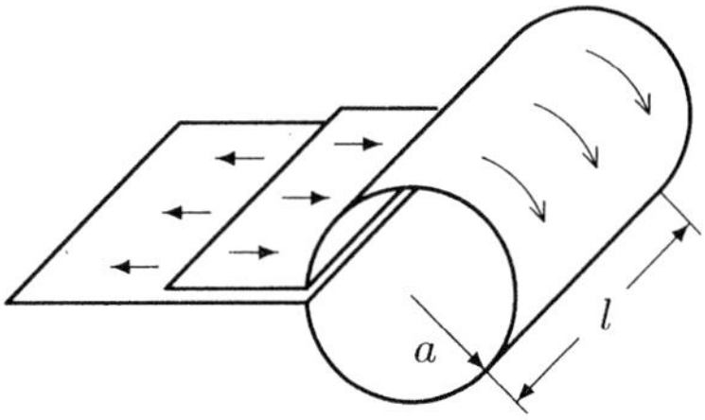

(1) ソレノイド内の磁場 B を求めよ．

(2) 自己インダクタンス L を求めよ．

[8] 右図のような十分長い同軸の円筒状導体がある．内側円筒の表面 (半径 a) と外側円筒の内面 (半径 b) に互いに逆方向に電流 I が一様に流れている．次の関係を使って 2 通りの方法で軸方向の単位長さ当たりの自己インダクタンス L を求めよ．

(1) 図の陰影をつけた長方形断面を貫く磁束が LI に等しいこと．

(2) 2 つの円筒の間の磁場のエネルギーが $LI^2/2$ に等しいこと．

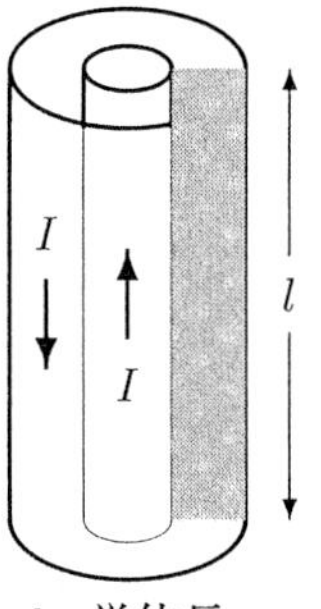

l＝単位長

相互インダクタンス

[9] 透磁率の大きな環状磁性体にコイル 1，コイル 2 が巻いてある．それぞれのコイルの自己インダクタンスを L_1，L_2，それらのあいだの相互インダクタンスを M とするとき，磁束の漏洩がない場合には $M = \sqrt{L_1 L_2}$ であることを示せ．

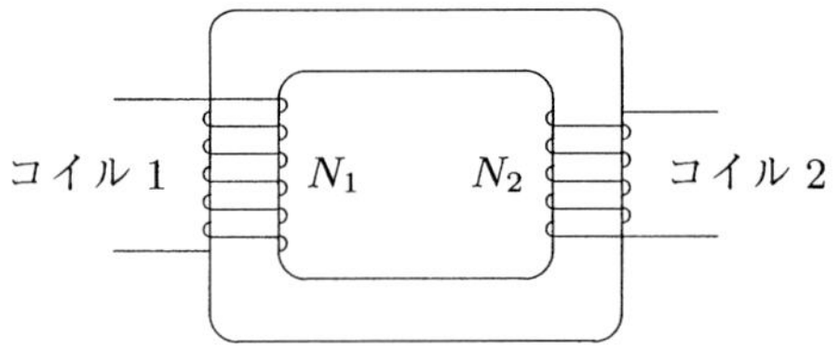

[10] 断面の面積 S_1，S_2 ($S_1 < S_2$)，軸方向の長さ l_1，l_2 ($l_1 > l_2$)，単位長さ当たりの巻き数 n_1，n_2 のコイル (ソレノイド) が軸を共通にして重ねてある．2 つのコイルの相互インダクタンスを求めよ．ただし内側コイルによって生じる磁束はもれなくコイルの内部を貫くものとする．

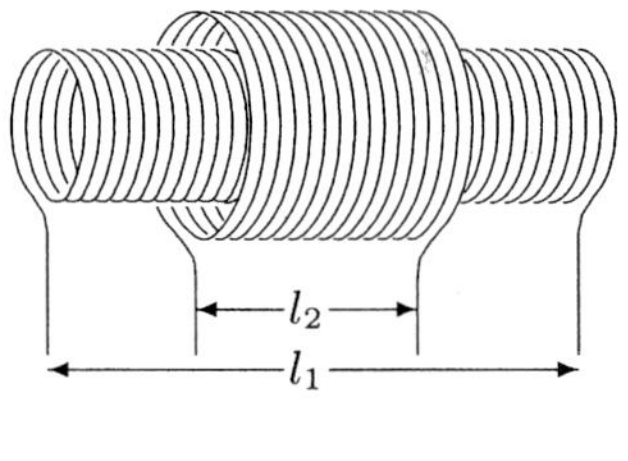

[11] 十分に長い直線導線と半径 a の円形導線が同一平面内にある．直線導線から円形導線の中心までの距離は $x\ (x > a)$ である．2つの回路の間の相互インダクタンス M を求めよ．なお必要なら次の積分を使え．

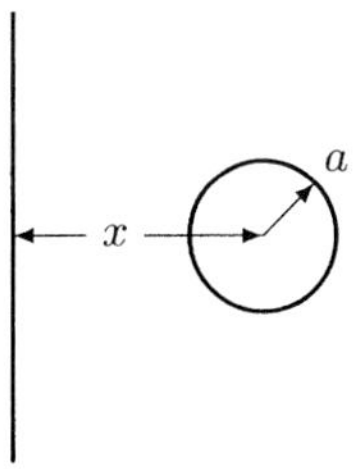

$$\int_0^{\pi} \frac{d\theta}{x + r\cos\theta} = \frac{\pi}{\sqrt{x^2 - r^2}} \quad \text{ただし } x > r$$

交流回路

[12] 抵抗とインダクタンスの直列回路がある．直流の 100 V をかけると 2.5 A 流れる．50 Hz の交流 $\phi_{\mathrm{e}} = 100\,\mathrm{V}$ (実効値) をかけると $I_{\mathrm{e}} = 2\,\mathrm{A}$ (実効値) 流れる．インダクタンス L を求めよ．交流電圧 $\phi(t)$ と交流電流 $I(t)$ の位相差を θ とする．$\cos\theta$ の値を求めよ．この交流回路の消費電力は $\phi_{\mathrm{e}} I_{\mathrm{e}} \cos\theta$ である．この値は抵抗で消費される電力 $I_{\mathrm{e}}{}^2 R$ に等しいことを確かめよ．

[13] 図の交流回路において $\omega L = 2R$，$\omega C = 1/R$ の関係があるとする．交流電源の電圧を $\phi(t) = \phi_0 \cos(\omega t)$ とするとき

(1) 回路を流れる電流 $I(t)$ を求めよ．

(2) R，L，C の電位差 $\phi_R(t)$，$\phi_L(t)$，$\phi_C(t)$ を求めよ．

(3) 電流の実効値 I_{e} を求めよ．

(4) 回路で消費される電力 (時間平均値) $\langle P \rangle$ を求めよ．

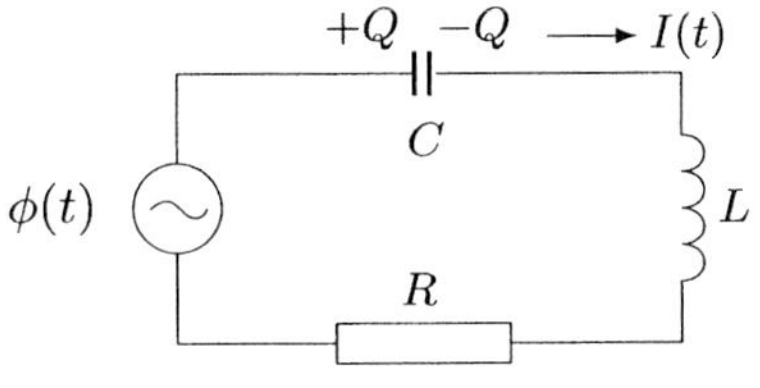

8章
電　磁　波

ファラデーの法則によれば，磁場が時間的に変化すると電場が生じる．マクスウェルは，電場が変化したら磁場が生じることを理論的に推論して，電磁場の基本法則を完成させた．得られた理論から波動方程式が導かれ，電場と磁場の振動が波として空間を光速度で伝わることが示された．電磁波である．

8.1　変　位　電　流

8.1.1　アンペールの法則の矛盾と一般化

物理量が時間的に変化しない静電場，静磁場の基本法則を積分形式で表すと，つぎの通りである．

$$\oint_S \boldsymbol{D} \cdot \mathrm{d}\boldsymbol{S} = \int_V \rho \, \mathrm{d}V \tag{555}$$

$$\oint_S \boldsymbol{B} \cdot \mathrm{d}\boldsymbol{S} = 0 \tag{556}$$

$$\oint_C \boldsymbol{E} \cdot \mathrm{d}\boldsymbol{s} = 0 \tag{557}$$

$$\oint_C \boldsymbol{H} \cdot \mathrm{d}\boldsymbol{s} = \int_S \boldsymbol{i} \cdot \mathrm{d}\boldsymbol{S} \tag{558}$$

静電場におけるガウスの法則 (555) は，電気力線が正電荷から出て負電荷に入ることを表している．また，磁気におけるガウスの法則 (556) は，磁束線がつねに閉曲線をつくること (磁荷が存在しないこと) を表している．

これらは，電荷や電流が時間的に変化する場合にも成り立つ．

渦なしの法則 (557) は，静電場が保存場であることを表しているが，磁場が時間的に変化する空間では，つぎのファラデーの法則に置きかわる．

$$\oint_{\mathcal{C}} \boldsymbol{E}\cdot \mathrm{d}\boldsymbol{s} = -\frac{\mathrm{d}}{\mathrm{d}t}\int_{\mathcal{S}} \boldsymbol{B}\cdot \mathrm{d}\boldsymbol{S} \tag{559}$$

アンペールの法則 (558) は，定常電流の場における静磁場を記述する．電流が時間的に変化する場合には，この式は矛盾を含んでいることが，つぎの考察からわかる．コンデンサーが放電して電流 I が流れる場合を考えよう．図 88 のように，閉曲線 $\mathcal{C}$ を縁とする面 $\mathcal{S}_1$ を電流 I が貫くようにとると

$$\int_{\mathcal{S}_1} \boldsymbol{i}\cdot \mathrm{d}\boldsymbol{S} = I \tag{560}$$

である．ところが面 $\mathcal{S}_2$ を，コンデンサーの電極のあいだを横切るようにとると，この面を電流は貫いてないから

$$\int_{\mathcal{S}_2} \boldsymbol{i}\cdot \mathrm{d}\boldsymbol{S} = 0 \tag{561}$$

である．面のとり方によって積分の結果が異なってしまうのでは物理法則にはなりえない．この矛盾は，電流が不連続であることから生じている．

ところで，面 $\mathcal{S}_1$ と $\mathcal{S}_2$ で囲まれた領域において電荷保存則を考えよう．領域内の電荷を Q，領域から外へ出ていく電流を I とすると

$$I + \frac{\mathrm{d}Q}{\mathrm{d}t} = 0 \tag{562}$$

である．領域内の電荷 Q はガウスの法則によれば

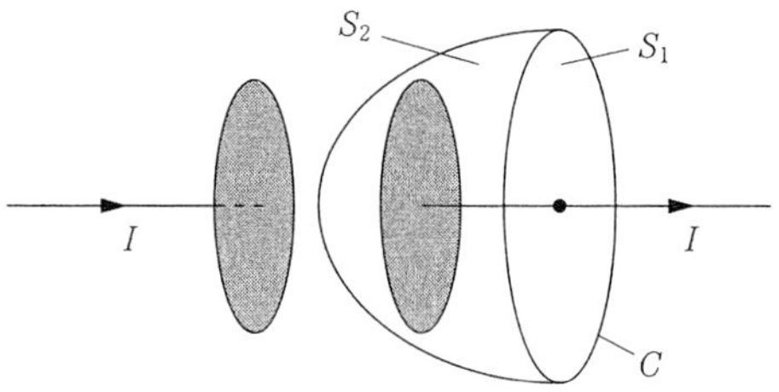

図 88　コンデンサーを含む回路にアンペールの法則を適用する．

$$Q = \oint_{\mathcal{S}_1+\mathcal{S}_2} \boldsymbol{D} \cdot \mathrm{d}\boldsymbol{S} \tag{563}$$

と表される．また，領域から出て行く電流 I は電流密度を $\boldsymbol{i}$ とすると

$$I = \oint_{\mathcal{S}_1+\mathcal{S}_2} \boldsymbol{i} \cdot \mathrm{d}\boldsymbol{S} \tag{564}$$

と表される．これらを式 (562) に代入して，次式を得る．

$$\oint_{\mathcal{S}_1+\mathcal{S}_2} \left(\boldsymbol{i} + \frac{\partial \boldsymbol{D}}{\partial t} \right) \cdot \mathrm{d}\boldsymbol{S} = 0 \tag{565}$$

ここで，面素ベクトル $\mathrm{d}\boldsymbol{S}$ の方向は領域の外向き法線方向である．閉曲面を $\mathcal{S}_1$ と $\mathcal{S}_2$ に分け，各面の面素ベクトルの正の向きを電流の方向にそろえると，次式を得る．

$$\int_{\mathcal{S}_1} \left(\boldsymbol{i} + \frac{\partial \boldsymbol{D}}{\partial t} \right) \cdot \mathrm{d}\boldsymbol{S} = \int_{\mathcal{S}_2} \left(\boldsymbol{i} + \frac{\partial \boldsymbol{D}}{\partial t} \right) \cdot \mathrm{d}\boldsymbol{S} \tag{566}$$

それゆえ $\boldsymbol{i} + \mathrm{d}\boldsymbol{D}/\mathrm{d}t$ の面積分は面の選び方に関係しない．コンデンサーの電極間に電流密度 $\mathrm{d}\boldsymbol{D}/\mathrm{d}t$ の電流が流れているとすれば，電流の連続性が保たれる．電束密度の時間変化による電流を変位電流 (displacement current) または電束電流という．$\partial \boldsymbol{D}/\partial t$ は変位電流密度である．アンペールの法則に変位電流を含めて

$$\oint_{\mathcal{C}} \boldsymbol{H} \cdot \mathrm{d}\boldsymbol{s} = \int_{\mathcal{S}} \left(\boldsymbol{i} + \frac{\partial \boldsymbol{D}}{\partial t} \right) \cdot \mathrm{d}\boldsymbol{S} \tag{567}$$

とすれば矛盾は生じない．変位電流は以上のような理論的な整合性の観点からマクスウェルによって導かれたので，式 (567) はマクスウェル–アンペールの法則または一般化されたアンペールの法則とよばれる．磁場を求めるときには，変位電流も考慮しなければならない．

例：円形平行板コンデンサーの極板間の磁場

半径 a の円形平行板コンデンサーの極板上の電荷が $Q(t) = Q_0 \sin \omega t$ と変化するとき，極板間の変位電流と磁束密度を求めよう．電極板の縁の付近を除いて極板間の電場は一様であり，電束密度の大きさ D は単位面積あたりの電荷に等しい．

$$D = \frac{Q}{\pi a^2} \tag{568}$$

変位電流密度は

$$\frac{\partial D}{\partial t} = \frac{1}{\pi a^2}\frac{\mathrm{d}Q}{\mathrm{d}t} \tag{569}$$

である．極板間を流れる変位電流は

$$\pi a^2 \frac{\partial D}{\partial t} = \frac{\mathrm{d}Q}{\mathrm{d}t} \tag{570}$$

であり，伝導電流 $I = \mathrm{d}Q/\mathrm{d}t$ に等しい．

変位電流による磁束線は，中心軸のまわりの同心円である．半径 r の円を考えてマクスウェル–アンペールの法則

$$\oint_{\mathcal{C}} \boldsymbol{H}\cdot \mathrm{d}\boldsymbol{s} = \int_{\mathcal{S}} \frac{\partial \boldsymbol{D}}{\partial t}\cdot \mathrm{d}\boldsymbol{S} \tag{571}$$

を適用する．$r < a$ の場合には

$$2\pi r H = \pi r^2 \frac{\partial D}{\partial t} \tag{572}$$

$$H(r) = \frac{r}{2}\frac{\partial D}{\partial t} = \frac{Q_0 \omega\, r}{2\pi a^2}\cos\omega t \tag{573}$$

$r > a$ の場合には

$$2\pi r H = \pi a^2 \frac{\partial D}{\partial t} \tag{574}$$

$$H(r) = \frac{a^2}{2r}\frac{\partial D}{\partial t} = \frac{Q_0 \omega}{2\pi r}\cos\omega t \tag{575}$$

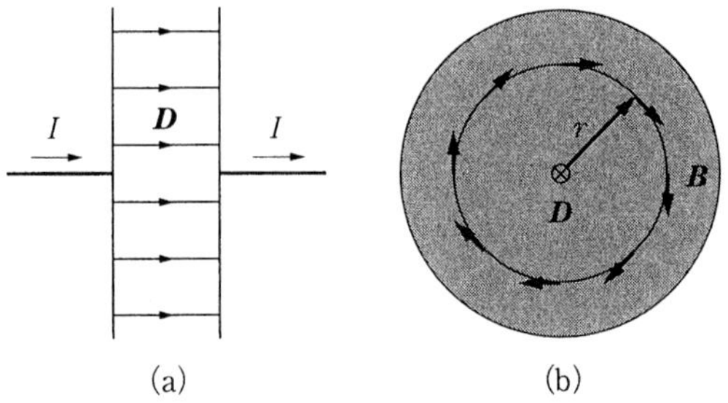

図 89 (a) 円板形コンデンサーの側面図，(b) 円形極板間の断面図 (電場の方向は紙面の手前側から裏側へ)．

となる．いずれの場合も $B(r)=\mu_0 H(r)$ である．

8.1.2 準定常電流の条件

導体中を時間的に変化する電流が流れている場合に，伝導電流と変位電流の大きさを比べてみよう．時間変化があまり速くなければオームの法則が成り立つことは実験的に確かめられているので，伝導電流密度は電気伝導率 σ と電場 $\boldsymbol{E}(t)$ の積である．

$$\boldsymbol{i}=\sigma\boldsymbol{E} \tag{576}$$

一方，変位電流密度は

$$\boldsymbol{i}_{\mathrm{D}}=\frac{\partial\boldsymbol{D}}{\partial t}=\epsilon\frac{\partial\boldsymbol{E}}{\partial t} \tag{577}$$

である．ここで，ϵ は導体の誘電率である．誘電率はもともとは誘電体(絶縁体)に対して定義されたものであるが，金属のような導体に対しても物理的意味をもっている．金属は，ほとんど自由に動きまわっている電子("自由" 電子)と規則的に配列しているイオン化した原子からなっている．外部から電場が作用すると，イオン化した原子は誘電体中の原子と同様に電場によって分極する．この分極による誘電率は ϵ_0 の $1\sim10$ 倍の大きさである[†51]．

角周波数 ω の交流電場を考えよう．

$$\boldsymbol{E}(t)=\boldsymbol{E}_0\sin\omega t \tag{578}$$

伝導電流と変位電流はそれぞれ次式で与えられる．

$$\boldsymbol{i}(t)=\sigma\boldsymbol{E}_0\sin\omega t \tag{579}$$

$$\boldsymbol{i}_{\mathrm{D}}(t)=\epsilon\,\omega\boldsymbol{E}_0\cos\omega t \tag{580}$$

それぞれの振幅の大きさ $i=\sigma E_0$，$i_{\mathrm{D}}=\epsilon\omega E_0$ を比較すると

$$\frac{i_{\mathrm{D}}}{i}=\frac{\epsilon\omega}{\sigma} \tag{581}$$

---

†51 静電気における導体は，誘電率が無限大の極限の誘電体であるが，この意味の誘電率と混同しないこと．

である．通常の金属では，電気伝導率は $\sigma \sim 10^7\,\mathrm{S/m}$ であるから，誘電率を $\epsilon \sim 10^{-10}\,\mathrm{F/m}$ としても $\epsilon/\sigma \sim 10^{-17}\,\mathrm{s}$ である．それゆえ金属中では，マイクロ波領域の周波数 10 GHz ($\omega = 2\pi \times 10^{10}\,\mathrm{s}^{-1}$) においても $i_{\mathrm{D}}/i \sim 10^{-6}$ であり，変位電流はまったく無視してさしつかえない．このように，変位電流を無視してよいとき準定常電流という．準定常電流は回路の過渡現象理論や交流理論の前提である．

8.2 マクスウェルの方程式

8.2.1 電磁場の基本法則の積分表示

電磁場を決定する基本法則は，積分形式で以下の 4 つである．

マクスウェル–アンペールの法則

$$\oint_{\mathcal{C}} \boldsymbol{H} \cdot \mathrm{d}\boldsymbol{s} = \int_{\mathcal{S}} \boldsymbol{i} \cdot \mathrm{d}\boldsymbol{S} + \frac{\mathrm{d}}{\mathrm{d}t} \int_{\mathcal{S}} \boldsymbol{D} \cdot \mathrm{d}\boldsymbol{S} \tag{582}$$

電磁誘導に関するファラデーの法則

$$\oint_{\mathcal{C}} \boldsymbol{E} \cdot \mathrm{d}\boldsymbol{s} = -\frac{\mathrm{d}}{\mathrm{d}t} \int_{\mathcal{S}} \boldsymbol{B} \cdot \mathrm{d}\boldsymbol{S} \tag{583}$$

ガウスの法則

$$\oint_{\mathcal{S}} \boldsymbol{D} \cdot \mathrm{d}\boldsymbol{S} = \int_{\mathcal{V}} \rho \mathrm{d}V \tag{584}$$

磁場に関するガウスの法則

$$\oint_{\mathcal{S}} \boldsymbol{B} \cdot \mathrm{d}\boldsymbol{S} = 0 \tag{585}$$

真空中では $\rho = 0$ および $\boldsymbol{i} = 0$ であり，

$$\boldsymbol{D} = \epsilon_0 \boldsymbol{E}, \qquad \boldsymbol{B} = \mu_0 \boldsymbol{H} \tag{586}$$

の関係がある．線形で等方的な媒質中では

$$\boldsymbol{D} = \epsilon \boldsymbol{E}, \quad \boldsymbol{B} = \mu \boldsymbol{H}, \quad \boldsymbol{i} = \sigma \boldsymbol{E} \tag{587}$$

である．

8.2.2 電磁場の基本法則の微分表示

電磁波の基本法則を微分形式で表すと，以下のようになる．

マクスウェル–アンペールの法則

$$\mathrm{rot}\boldsymbol{H} = \boldsymbol{i} + \frac{\partial \boldsymbol{D}}{\partial t} \tag{588}$$

電磁誘導に関するファラデーの法則

$$\mathrm{rot}\boldsymbol{E} = -\frac{\partial \boldsymbol{B}}{\partial t} \tag{589}$$

ガウスの法則

$$\mathrm{div}\boldsymbol{D} = \rho \tag{590}$$

磁場に関するガウスの法則

$$\mathrm{div}\boldsymbol{B} = 0 \tag{591}$$

これらは，電磁場の基本方程式であり，基本的にはマクスウェルにより導かれたのでマクスウェルの方程式 (Maxwell equations) とよばれる[†52]．すべての電磁気学的な現象は，マクスウェルの方程式から出発して理論的に説明することができる．

8.2.3 電磁場のエネルギーの流れ

ベクトル解析の恒等式

$$\mathrm{div}(\boldsymbol{E} \times \boldsymbol{H}) = \boldsymbol{H} \cdot \mathrm{rot}\boldsymbol{E} - \boldsymbol{E} \cdot \mathrm{rot}\boldsymbol{H} \tag{592}$$

において，右辺の rot$\boldsymbol{E}$，rot$\boldsymbol{H}$ にマクスウェルの方程式 (588)，(589) を代入すると

$$\mathrm{div}(\boldsymbol{E} \times \boldsymbol{H}) = -\left(\boldsymbol{E} \cdot \frac{\partial \boldsymbol{D}}{\partial t} + \boldsymbol{H} \cdot \frac{\partial \boldsymbol{B}}{\partial t}\right) - \boldsymbol{E} \cdot \boldsymbol{i} \tag{593}$$

となる．$\boldsymbol{E}$ と $\boldsymbol{D}$，$\boldsymbol{B}$ と $\boldsymbol{H}$ の線形関係を用いると

$$\boldsymbol{E} \cdot \frac{\partial \boldsymbol{D}}{\partial t} + \boldsymbol{H} \cdot \frac{\partial \boldsymbol{B}}{\partial t} = \frac{\partial}{\partial t}\left(\frac{1}{2}\boldsymbol{E} \cdot \boldsymbol{D} + \frac{1}{2}\boldsymbol{B} \cdot \boldsymbol{H}\right) \tag{594}$$

[†52] イギリスの物理学者マクスウェル (J. C. Maxwell, 1831–1879) によって 1864 年までにまとめ上げられた．

が成り立つので，式 (593) は

$$-\frac{\partial}{\partial t}\left(\frac{1}{2}\boldsymbol{E}\cdot\boldsymbol{D}+\frac{1}{2}\boldsymbol{B}\cdot\boldsymbol{H}\right)=\mathrm{div}(\boldsymbol{E}\times\boldsymbol{H})+\boldsymbol{E}\cdot\boldsymbol{i} \tag{595}$$

となる．両辺を領域 V にわたって体積積分すると

$$-\frac{\mathrm{d}}{\mathrm{d}t}\int_V\left(\frac{1}{2}\boldsymbol{E}\cdot\boldsymbol{D}+\frac{1}{2}\boldsymbol{B}\cdot\boldsymbol{H}\right)\mathrm{d}V=\int_V\mathrm{div}(\boldsymbol{E}\times\boldsymbol{H})\,\mathrm{d}V+\int_V\boldsymbol{E}\cdot\boldsymbol{i}\,\mathrm{d}V \tag{596}$$

となる．ガウスの定理を用いて，上式の右辺第 1 項を領域 V の表面 $\mathcal{S}$ における面積分として表すと

$$-\frac{\mathrm{d}}{\mathrm{d}t}\int_V u\,\mathrm{d}V=\oint_{\mathcal{S}}(\boldsymbol{E}\times\boldsymbol{H})\cdot\mathrm{d}\boldsymbol{S}+\int_V\boldsymbol{E}\cdot\boldsymbol{i}\,\mathrm{d}V \tag{597}$$

となる．ただし

$$u=\frac{1}{2}\boldsymbol{E}\cdot\boldsymbol{D}+\frac{1}{2}\boldsymbol{B}\cdot\boldsymbol{H} \tag{598}$$

である．式 (597) は，エネルギーの式と解釈される．左辺は領域内にある電磁場のエネルギーの単位時間あたりの減少量，右辺の第 1 項は領域の表面から単位時間あたりに外へ出ていく電磁場のエネルギー，右辺の第 2 項は領域内においてジュール熱として単位時間あたりに消費されるエネルギーである．式 (598) の右辺第 1 項は電場のエネルギー密度 (398)，第 2 項は磁場のエネルギー密度 (500) に一致している．したがって，電場と磁場が時間的に変動していても電場と磁場のエネルギー密度は同じ式で表されることがわかる．また，電場と磁場に垂直な単位面積を単位時間あたりに通過するエネルギーは

$$\boldsymbol{S}=\boldsymbol{E}\times\boldsymbol{H} \tag{599}$$

と表される．$\boldsymbol{S}$ をポインティングベクトル (Poynt- ing vector) という[†53]．

[†53] イギリスの物理学者ポインティング (J. H. Poynting, 1852–1914) によって 1884 年に導入された．なお，ポインティングベクトルは通常 $\boldsymbol{S}$ で表す．面素ベクトル $\mathrm{d}\boldsymbol{S}$ の $\boldsymbol{S}$ と混同しないこと．

8.3 電 磁 波

8.3.1 電磁場の方程式

電荷の存在しない一様な媒質 (誘電率 ϵ，透磁率 μ，電気伝導率 σ) においては $\rho = 0$ と置き，$\boldsymbol{D} = \epsilon\boldsymbol{E}$，$\boldsymbol{B} = \mu\boldsymbol{H}$，$\boldsymbol{i} = \sigma\boldsymbol{E}$ の関係を使うとマクスウェルの方程式は

$$\mathrm{rot}\boldsymbol{B} = \sigma\mu\boldsymbol{E} + \epsilon\mu\frac{\partial\boldsymbol{E}}{\partial t} \tag{600}$$

$$\mathrm{rot}\boldsymbol{E} = -\frac{\partial\boldsymbol{B}}{\partial t} \tag{601}$$

$$\mathrm{div}\boldsymbol{E} = 0 \tag{602}$$

$$\mathrm{div}\boldsymbol{B} = 0 \tag{603}$$

となる．式 (601) の両辺の回転 (rot) をとり，右辺の $\mathrm{rot}\boldsymbol{B}$ に式 (600) を代入すると

$$\mathrm{rot}(\mathrm{rot}\boldsymbol{E}) = -\mathrm{rot}\frac{\partial\boldsymbol{B}}{\partial t} = -\frac{\partial}{\partial t}\mathrm{rot}\boldsymbol{B} = -\sigma\mu\frac{\partial\boldsymbol{E}}{\partial t} - \epsilon\mu\frac{\partial^2\boldsymbol{E}}{\partial t^2} \tag{604}$$

となる．左辺をベクトル解析の恒等式

$$\mathrm{rot}(\mathrm{rot}\boldsymbol{E}) = \mathrm{grad}(\mathrm{div}\boldsymbol{E}) - \nabla^2\boldsymbol{E} \tag{605}$$

を使って変形し，式 (602) を代入して次式を得る．

$$\nabla^2\boldsymbol{E} - \epsilon\mu\frac{\partial^2\boldsymbol{E}}{\partial t^2} - \sigma\mu\frac{\partial\boldsymbol{E}}{\partial t} = 0 \tag{606}$$

磁場に対しても同様な式が成り立つ．

$$\nabla^2\boldsymbol{B} - \epsilon\mu\frac{\partial^2\boldsymbol{B}}{\partial t^2} - \sigma\mu\frac{\partial\boldsymbol{B}}{\partial t} = 0 \tag{607}$$

8.3.2 波動方程式

電荷も電流も存在しない一様な媒質中においては式 (606)，(607) において $\sigma = 0$ と置いて，次式を得る．

$$\nabla^2 \boldsymbol{E} - \frac{1}{c^2}\frac{\partial^2 \boldsymbol{E}}{\partial t^2} = 0 \tag{608}$$

$$\nabla^2 \boldsymbol{B} - \frac{1}{c^2}\frac{\partial^2 \boldsymbol{B}}{\partial t^2} = 0 \tag{609}$$

ただし

$$c = \frac{1}{\sqrt{\epsilon\mu}} \tag{610}$$

は定数である．この形の偏微分方程式は波動方程式とよばれ，一般解はつぎの形に表すことができる．

$$E(z, t) = E_1(z - ct) + E_2(z + ct) \tag{611}$$

ここで，$E_1(u)$，$E_2(u)$ は u の任意の1価関数である．$E_1(z-ct)$ は $E_1(z)$ を ct だけ $+z$ 方向へ平行移動したもの，$E_2(z+ct)$ は $E_2(z)$ を ct だけ $-z$ 方向へ平行移動したものであるから c は波の速さであることがわかる．電場と磁場は互いに結びついて波として真空中や媒質中を伝わる．この波を電磁波 (electromagnetic wave) という．式 (610) の c は電磁波の速さである．真空中では ϵ, μ を ϵ_0, μ_0 に置きかえて，電磁波の速さは

$$c_0 = \frac{1}{\sqrt{\epsilon_0\mu_0}} \tag{612}$$

と表される．マクスウェルは，電磁波の速さが光の速さに一致するとみなせることから，光が電磁波であることを確信した．実際，可視光は波長約 $0.4 \sim 0.7\,\mu$m の電磁波である．式 (612) の c_0 は真空中の光速度であり，国際単位系では

$$c_0 = 2.99792458 \times 10^8\,\mathrm{m/s} \tag{613}$$

と定義されている．媒質中と真空中の光波の速さの比

$$n = \frac{c_0}{c} = \sqrt{\frac{\epsilon\mu}{\epsilon_0\mu_0}} \tag{614}$$

を媒質の屈折率という．反磁性や常磁性を示す物質（通常の透明な物質）では μ/μ_0 はほとんど1なので十分よい近似でつぎの式で表される．

$$n = \sqrt{\frac{\epsilon}{\epsilon_0}} \tag{615}$$

8.3.3 平面電磁波

式 (608), (609) は，つぎの正弦波の解をもつ．

$$\boldsymbol{E}(\boldsymbol{r},t) = \boldsymbol{E}_0 \sin(\omega t - \boldsymbol{k}\cdot\boldsymbol{r}) \tag{616}$$

$$\boldsymbol{B}(\boldsymbol{r},t) = \boldsymbol{B}_0 \sin(\omega t - \boldsymbol{k}\cdot\boldsymbol{r}) \tag{617}$$

ω は角周波数，$\boldsymbol{k}$ は波動ベクトルである．このように角周波数が唯一に与えられた正弦波を単色波という．また，位相が一定の面 (波面) は

$$\omega t - \boldsymbol{k}\cdot\boldsymbol{r} = \text{const.} \tag{618}$$

と表され，$\boldsymbol{k}$ に垂直な平面である．波面が平面の波を平面波という．$\boldsymbol{k}$ は平面波の伝播方向を向いたベクトルで，その大きさ k は媒質中の波長 λ と $k = 2\pi/\lambda$ の関係にある．式 (616) が波動方程式 (608) を満たすことから k と ω は

$$k = \frac{\omega}{c} \tag{619}$$

の関係にある．式 (616) の発散

$$\mathrm{div}\boldsymbol{E} = -\boldsymbol{k}\cdot\boldsymbol{E}_0 \cos(\omega t - \boldsymbol{k}\cdot\boldsymbol{r}) \tag{620}$$

を式 (602) に代入して $\boldsymbol{k}\cdot\boldsymbol{E}_0 = 0$ を得る．同様に $\boldsymbol{k}\cdot\boldsymbol{B}_0 = 0$ である．したがって電場，磁場ベクトルの方向はともに波の伝播方向に垂直であり，電磁波は横波であることがわかる．つぎに，式 (616) の回転

$$\mathrm{rot}\boldsymbol{E} = -\boldsymbol{k}\times\boldsymbol{E}_0 \cos(\omega t - \boldsymbol{k}\cdot\boldsymbol{r}) \tag{621}$$

を式 (601) に代入して，つぎの関係を得る．

$$\boldsymbol{k}\times\boldsymbol{E}_0 = \omega\boldsymbol{B}_0 \tag{622}$$

以上から，$\boldsymbol{E}_0$，$\boldsymbol{B}_0$，$\boldsymbol{k}$ は相互に垂直で，図 90 に示すように右手系をなす．E_0 と B_0 はつぎの関係にある．

$$\frac{E_0}{B_0} = c, \quad c = \frac{1}{\sqrt{\epsilon\mu}} \tag{623}$$

また，E_0 と H_0 は，つぎの関係にある．

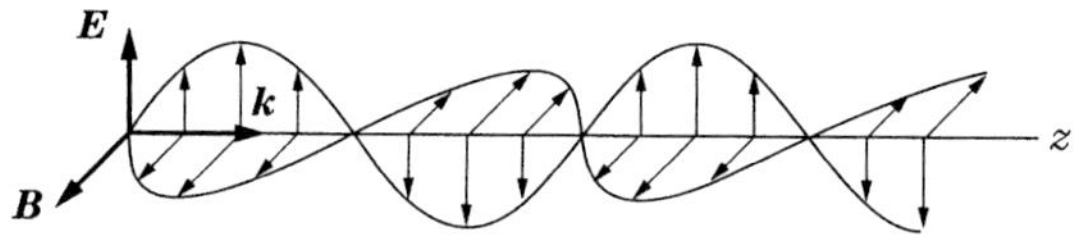

図 90　ある瞬間にみた直線偏波の平面電磁波

$$\frac{E_0}{H_0} = Z, \quad Z = \sqrt{\frac{\mu}{\epsilon}} \tag{624}$$

Z を波動インピーダンスという[†54]．真空中では $Z = 376.7\,\Omega$ である．

8.3.4　電磁波のエネルギーと運動量

電磁波の電場と磁場のあいだには式 (623) の関係があるので，電場のエネルギー密度 $\epsilon E^2/2$ と磁場のエネルギー密度 $B^2/2\mu$ は等しい．電磁波のエネルギー密度は両者の和である．

$$u(\boldsymbol{r}, t) = \frac{\epsilon}{2}E^2 + \frac{1}{2\mu}B^2 = \epsilon E_0^{\,2} \sin^2(\omega t - \boldsymbol{k} \cdot \boldsymbol{r}) \tag{625}$$

$u(\boldsymbol{r}, t)$ は時間的，空間的に変化しているが，観測される値は時間平均値である．周期 $2\pi/\omega$ に比べて十分に長い時間にわたって sin 関数の 2 乗を平均すると 1/2 であるから，時間平均したエネルギー密度は

$$\langle u \rangle = \frac{1}{2}\epsilon E_0^{\,2} = \frac{1}{2\mu}B_0^{\,2} \tag{626}$$

である．電磁波のエネルギーの流れを表すポインティングベクトル $\boldsymbol{S} = \boldsymbol{E} \times \boldsymbol{H}$ は $\boldsymbol{k}$ の方向を向き，その大きさは

$$S = \sqrt{\frac{\epsilon}{\mu}}E^2 = \epsilon c E^2 = cu \tag{627}$$

に等しく，時間平均値は

$$\langle S \rangle = c\langle u \rangle = \frac{1}{2}\epsilon c E_0^{\,2} \tag{628}$$

と表される．$\langle S \rangle$ を電磁波の強さという．

量子論によれば，周波数 ν の電磁波はエネルギー $h\nu$，運動量 $h\nu/c$ (h

[†54] 電場の単位は V/m，磁場の強さの単位は A/m であるから E_0/H_0 の単位は V/A = Ω である．

はプランク定数) をもつ粒子 (光子という) でもある．したがって，エネルギー密度 u の電磁波は運動量密度 $u/c = S/c^2$ をもつ．運動量がベクトル量であることを考慮すると，電磁波の運動量密度 $\boldsymbol{G}$ は

$$\boldsymbol{G} = \frac{\boldsymbol{S}}{c^2} = \boldsymbol{D} \times \boldsymbol{B} \tag{629}$$

と表される．

8.3.5 電磁波の偏り

電磁波の電場と磁場は一方を与えれば他方は唯一に決まるので，いつも電場と磁場の両方を記す必要はない．以下では，必要な場合を除いて電場のみ記す．

電磁波の波動ベクトル $\boldsymbol{k}$ を与えたとき，$\boldsymbol{E}$ は方向に関して 2 つの自由度をもつので，単色の電磁波の一般的な電場は

$$\boldsymbol{E}(\boldsymbol{r}, t) = E_1 \boldsymbol{e}_1 \cos(\omega t - \boldsymbol{k} \cdot \boldsymbol{r} - \varphi_1) + E_2 \boldsymbol{e}_2 \cos(\omega t - \boldsymbol{k} \cdot \boldsymbol{r} - \varphi_2) \tag{630}$$

と表される．単位ベクトル $\boldsymbol{e}_1$，$\boldsymbol{e}_2$ は互いに垂直で，$\boldsymbol{k}$ にも垂直である．電場の $\boldsymbol{e}_1$，$\boldsymbol{e}_2$ 成分は直交するので，電磁波のエネルギー密度とポインティングベクトルは各成分の和である．

$$\langle u \rangle = \frac{1}{2} \epsilon \left(E_1{}^2 + E_2{}^2 \right) \tag{631}$$

$$\langle S \rangle = c \langle u \rangle = \frac{1}{2} \epsilon c \left(E_1{}^2 + E_2{}^2 \right) \tag{632}$$

電磁場ベクトルの振動の様式を電磁波の偏りといい，特定の偏りを示す電磁波を偏波あるいは偏光 (polarized light) という．

1) 直 線 偏 波

E_1 または E_2 の一方が 0 の場合，あるいは $\varphi_1 = \varphi_2$ の場合には $\boldsymbol{E}(\boldsymbol{r}, t)$ は一平面内にある．2 つの位相が等しい場合には $\varphi_1 = \varphi_2 = \varphi$ と置いて

$$\boldsymbol{E}(\boldsymbol{r}, t) = E_0 \boldsymbol{e} \cos(\omega t - \boldsymbol{k} \cdot \boldsymbol{r} - \varphi) \tag{633}$$

$$E_0 = \sqrt{E_1{}^2 + E_2{}^2} \tag{634}$$

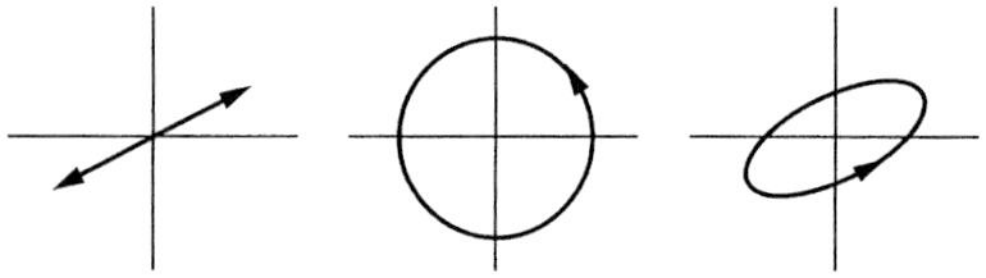

図 **91** 電磁波の偏りの例. (a) 直線偏波, (b) 左まわり円偏波, (c) 左まわり楕円偏波.

$$e = \frac{E_1 \boldsymbol{e}_1 + E_2 \boldsymbol{e}_2}{\sqrt{E_1^2 + E_2^2}} \tag{635}$$

となる. 伝播方向に垂直な面内に投影すると電場の振動は一直線上にあるので, この電磁波を直線偏波あるいは平面偏波とよぶ. $\boldsymbol{E}$ を含む面を偏波面という.

2) 円 偏 波

電場の振幅が等しく ($E_1 = E_2$), 位相差が $\pi/2$ に等しい ($\varphi_1 - \varphi = \pm\pi/2$) 場合には, 伝播方向に垂直な面内に投影すると, 電場ベクトルの先端は円を描くので円偏波とよぶ. 進行方向からみて右まわり (時計まわり) ならば右円偏波, 左まわり (反時計まわり) ならば左円偏波とよぶ.

円偏光の光子は $\pm h/2\pi$ (h はプランク定数) のスピン角運動量をもつので, 円偏波は角運動量を運ぶ[†55].

3) 楕 円 偏 波

一般には, 伝播方向に垂直な面内に投影すると, 電場ベクトルの先端は楕円を描くので楕円偏波と呼ぶ.

8.4 電磁波の反射と透過

2つの異なる媒質の境界に入射した電磁波 (光波) は, 一部は反射し一部は透過する. 境界面において, 電磁場が満たすべき条件から反射と屈折の

[†55] 偏光でなくても, 波面が光軸のまわりにらせん状をなす光ビームは角運動量を運ぶ. これを光の軌道角運動量という.

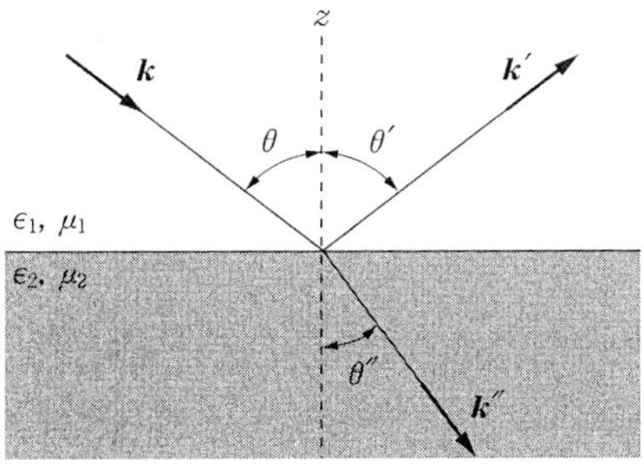

図 **92** 異なる媒質の境界面における反射と屈折

法則，および反射率と透過率を導こう．

図 92 のように，境界面を x–y 面とし，入射波の伝播ベクトル $\boldsymbol{k}$ は x–z 面に平行であるとする．境界面の法線方向と $\boldsymbol{k}$ がつくる面 (x–z 面) を入射面という．境界面には，電荷や電流は存在しないとする．入射側の媒質の誘電率を ϵ_1，透磁率を μ_1，透過側で ϵ_2，μ_2 とする．屈折率はそれぞれ

$$n_1 = \sqrt{\frac{\epsilon_1\mu_1}{\epsilon_0\mu_0}}, \quad n_2 = \sqrt{\frac{\epsilon_2\mu_2}{\epsilon_0\mu_0}} \tag{636}$$

波動インピーダンスは

$$Z_1 = \sqrt{\frac{\mu_1}{\epsilon_1}}, \quad Z_2 = \sqrt{\frac{\mu_2}{\epsilon_2}} \tag{637}$$

である．

入射波，反射波，透過波の電場を次式で表す．$\boldsymbol{H}(\boldsymbol{r},t)$，$\boldsymbol{D}(\boldsymbol{r},t)$，$\boldsymbol{B}(\boldsymbol{r},t)$ についても同様な式で表されるとする．

入射波

$$\boldsymbol{E}(\boldsymbol{r},t) = \boldsymbol{E}_0 \sin(\omega t - \boldsymbol{k}\cdot\boldsymbol{r}) \tag{638}$$

反射波

$$\boldsymbol{E}'(\boldsymbol{r},t) = \boldsymbol{E}'_0 \sin(\omega' t - \boldsymbol{k}'\cdot\boldsymbol{r}) \tag{639}$$

透過波

$$\boldsymbol{E}''(\boldsymbol{r},t) = \boldsymbol{E}''_0 \sin(\omega'' t - \boldsymbol{k}''\cdot\boldsymbol{r}) \tag{640}$$

ここで，$\boldsymbol{k}$，$\boldsymbol{k}'$，$\boldsymbol{k}''$ はそれぞれ入射波，反射波，透過波の波動ベクトル，ω，ω'，ω'' は角周波数である．これらのあいだには，つぎの関係がある．

$$\omega = c_1 k, \quad \omega' = c_1 k', \quad c_1 = \frac{c_0}{n_1} \tag{641}$$

$$\omega'' = c_2 k'', \quad c_2 = \frac{c_0}{n_2} \tag{642}$$

境界面において，電場および磁場の強さの接線成分，電束密度および磁束密度の法線成分は連続でなければならない (添字 t は接線成分，n は法線成分を表す)．

$$E_{\mathrm{t}} + E'_{\mathrm{t}} = E''_{\mathrm{t}} \tag{643}$$

$$H_{\mathrm{t}} + H'_{\mathrm{t}} = H''_{\mathrm{t}} \tag{644}$$

$$D_{\mathrm{n}} + D'_{\mathrm{n}} = D''_{\mathrm{n}} \tag{645}$$

$$B_{\mathrm{n}} + B'_{\mathrm{n}} = B''_{\mathrm{n}} \tag{646}$$

8.4.1 反射の法則と屈折の法則

反射波，透過波の伝播ベクトルが入射面に垂直な成分 (y 成分) をもたないことは，以下の取扱いを一般化すれば容易に導くことができるので，ここでは最初から y 成分は 0 とする．入射波，反射波，透過波の伝播方向が境界面の法線方向となす角度を，図 92 に示すように，それぞれ θ，θ'，θ'' とする．各波の位相はそれぞれ

$$\omega t - \boldsymbol{k}\cdot\boldsymbol{r} = \omega t - kx\sin\theta + kz\cos\theta \tag{647}$$

$$\omega' t - \boldsymbol{k}'\cdot\boldsymbol{r} = \omega' t - k'x\sin\theta' - k'z\cos\theta' \tag{648}$$

$$\omega'' t - \boldsymbol{k}''\cdot\boldsymbol{r} = \omega'' t - k''x\sin\theta'' + k''z\cos\theta'' \tag{649}$$

と表せる．境界面 $z=0$ においてそれぞれの位相は

$$\omega t - kx\sin\theta \tag{650}$$

$$\omega' t - k'x\sin\theta' \tag{651}$$

$$\omega'' t - k''x\sin\theta'' \tag{652}$$

である．境界条件 (643)~(646) は，境界面の任意の点において任意の時刻に成り立たなければならない．そのためには，式 (650)~(652) の t および x の係数はそれぞれ等しくなければならない．すなわち

$$\omega = \omega' = \omega'' \tag{653}$$

$$k \sin\theta = k' \sin\theta' = k'' \sin\theta'' \tag{654}$$

式 (653) は反射波，透過波の角周波数は入射波と同じであること意味する．したがって，$k = k'$ が成り立ち，式 (654) からつぎの関係を得る．

$$\theta = \theta' \tag{655}$$

$$\frac{\sin\theta''}{\sin\theta} = \frac{k}{k''} = \frac{c_2}{c_1} = \frac{n_1}{n_2} \tag{656}$$

式 (655) は反射の法則，式 (656) は屈折の法則またはスネルの法則 (Snell's law) とよばれている[†56]．

8.4.2 フレネルの式

電場を入射面 (x–z 面) に平行な成分 (p 成分) と垂直な成分 (s 成分) に分けて，境界条件 (643)~(646) を適用し，各偏光成分の反射率と透過率を求めよう[†57]．図 93 の状況を考えて入射波，反射波，透過波 (屈折波) の電場と磁場の強さの振幅を直交成分で表す．入射波

$$\boldsymbol{E}_0 = (E_{\mathrm{p}}\cos\theta,\ E_{\mathrm{s}},\ E_{\mathrm{p}}\sin\theta) \tag{657}$$

$$\boldsymbol{H}_0 = \left(\frac{E_{\mathrm{s}}}{Z_1}\cos\theta,\ -\frac{E_{\mathrm{p}}}{Z_1},\ \frac{E_{\mathrm{s}}}{Z_1}\sin\theta\right) \tag{658}$$

反射波

$$\boldsymbol{E}'_0 = (-E'_{\mathrm{p}}\cos\theta,\ E'_{\mathrm{s}},\ E'_{\mathrm{p}}\sin\theta) \tag{659}$$

$$\boldsymbol{H}'_0 = \left(-\frac{E'_{\mathrm{s}}}{Z_1}\cos\theta,\ -\frac{E'_{\mathrm{p}}}{Z_1},\ \frac{E'_{\mathrm{s}}}{Z_1}\sin\theta\right) \tag{660}$$

透過波

---

†56 オランダの数学者スネル (W. Snell van Roijen, 1580–1626) によって 1620 年に発見された．

†57 p, s はドイツ語の parallel(平行), senkrecht(垂直) に由来する．

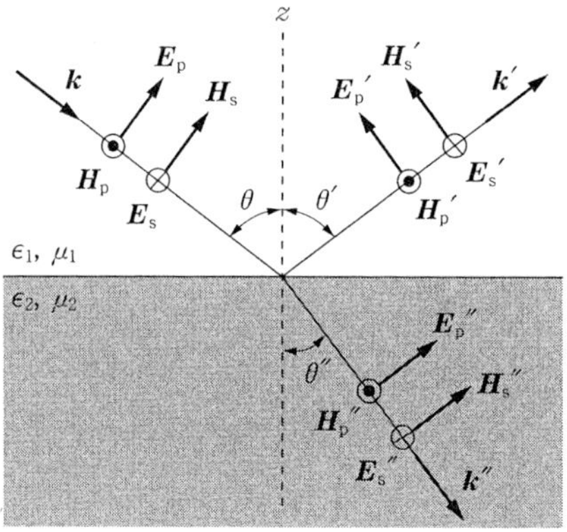

図 93　電場を入射面に平行な p 成分と垂直な s 成分に分ける．⊙は紙面に垂直，裏から表向き ($-y$ 方向)，⊗は紙面に垂直，表から裏向き ($+y$ 方向) を示す．

$$\boldsymbol{E}_0'' = (E_{\rm p}'' \cos\theta'',\, E_{\rm s}'',\, E_{\rm p}'' \sin\theta'') \tag{661}$$

$$\boldsymbol{H}_0'' = \left(\frac{E_{\rm s}''}{Z_2}\cos\theta'',\, -\frac{E_{\rm p}''}{Z_2},\, \frac{E_{\rm s}''}{Z_2}\sin\theta''\right) \tag{662}$$

境界条件 (643)，(644) はそれぞれ電場，磁場の強さの x 成分，y 成分の連続を意味する．

$$E_{\rm p}\cos\theta - E_{\rm p}'\cos\theta = E_{\rm p}''\cos\theta'' \tag{663}$$

$$E_{\rm s} + E_{\rm s}' = E_{\rm s}'' \tag{664}$$

$$\frac{E_{\rm s}}{Z_1}\cos\theta - \frac{E_{\rm s}'}{Z_1}\cos\theta = \frac{E_{\rm s}''}{Z_2}\cos\theta'' \tag{665}$$

$$-\frac{E_{\rm p}}{Z_1} - \frac{E_{\rm p}'}{Z_1} = -\frac{E_{\rm p}''}{Z_2} \tag{666}$$

なお，電束密度と磁束密度の境界条件 (645)，(646) はそれぞれ

$$\epsilon_1 E_{\rm p}\sin\theta + \epsilon_1 E_{\rm p}'\sin\theta = \epsilon_2 E_{\rm p}''\sin\theta'' \tag{667}$$

$$\mu_1\frac{E_{\rm s}}{Z_1}\sin\theta + \mu_1\frac{E_{\rm s}'}{Z_1}\sin\theta = \mu_2\frac{E_{\rm s}''}{Z_2}\sin\theta'' \tag{668}$$

と表されるが，屈折の法則 (656) を考慮すると，それぞれ式 (666)，(664)

に帰着する ($\mu/Z=\sqrt{\epsilon\mu}$ に注意)．式 (663)，(666) から p 成分の振幅反射係数 $r_{\rm p}=E'_{\rm p}/E_{\rm p}$ と振幅透過係数 $t_{\rm p}=E''_{\rm p}/E_{\rm p}$ が求まる．

$$r_{\rm p}=\frac{E'_{\rm p}}{E_{\rm p}}=\frac{Z_1\cos\theta-Z_2\cos\theta''}{Z_1\cos\theta+Z_2\cos\theta''} \tag{669}$$

$$t_{\rm p}=\frac{E''_{\rm p}}{E_{\rm p}}=\frac{2Z_2\cos\theta}{Z_1\cos\theta+Z_2\cos\theta''} \tag{670}$$

また，式 (664)，(665) から s 成分の振幅反射係数 $r_{\rm s}=E'_{\rm s}/E_{\rm s}$ と振幅透過係数 $t_{\rm s}=E''_{\rm s}/E_{\rm s}$ が求まる．

$$r_{\rm s}=\frac{E'_{\rm s}}{E_{\rm s}}=\frac{Z_2\cos\theta-Z_1\cos\theta''}{Z_2\cos\theta+Z_1\cos\theta''} \tag{671}$$

$$t_{\rm s}=\frac{E''_{\rm s}}{E_{\rm s}}=\frac{2Z_2\cos\theta}{Z_2\cos\theta+Z_1\cos\theta''} \tag{672}$$

境界面に入射したエネルギーに対する反射したエネルギーの割合を反射率，透過したエネルギーの割合を透過率という．入射波と反射波は同じ媒質中にあるので，反射率は反射係数の 2 乗である．

$$R_{\rm p}=r_{\rm p}^{\ 2},\quad R_{\rm s}=r_{\rm s}^{\ 2} \tag{673}$$

透過率 T は波の強さ (628) の比と断面積の比の積である．p 成分について

$$T_{\rm p}=\frac{\epsilon_2c_2E''^2_{\rm p}}{\epsilon_1c_1E_{\rm p}^2}\frac{\cos\theta''}{\cos\theta}=\frac{Z_1\cos\theta''}{Z_2\cos\theta}t_{\rm p}^2 \tag{674}$$

である．s 成分についても同様である．反射率と透過率はエネルギー保存の関係

$$R_{\rm p}+T_{\rm p}=1,\quad R_{\rm s}+T_{\rm s}=1 \tag{675}$$

を満たしている．

とくに，$\mu_1\cong\mu_2\cong\mu_0$ の場合には屈折率は

$$n_1=\frac{\epsilon_1}{\epsilon_0},\quad n_2=\frac{\epsilon_2}{\epsilon_0} \tag{676}$$

と表され，$Z_2/Z_1=n_1/n_2$ であるので

$$r_{\rm p}=\frac{n_2\cos\theta-n_1\cos\theta''}{n_2\cos\theta+n_1\cos\theta''} \tag{677}$$

$$t_{\mathrm{p}} = \frac{2n_1 \cos\theta}{n_2 \cos\theta + n_1 \cos\theta''} \tag{678}$$

$$r_{\mathrm{s}} = \frac{n_1 \cos\theta - n_2 \cos\theta''}{n_1 \cos\theta + n_2 \cos\theta''} \tag{679}$$

$$t_{\mathrm{s}} = \frac{2n_1 \cos\theta}{n_1 \cos\theta + n_2 \cos\theta''} \tag{680}$$

となる．屈折の法則 $n_1 \sin\theta = n_2 \sin\theta''$ を使うと振幅反射係数は

$$r_{\mathrm{p}} = \frac{\tan(\theta - \theta'')}{\tan(\theta + \theta'')} \tag{681}$$

$$r_{\mathrm{s}} = -\frac{\sin(\theta - \theta'')}{\sin(\theta + \theta'')} \tag{682}$$

エネルギーの反射率は

$$R_{\mathrm{p}} = \frac{\tan^2(\theta - \theta'')}{\tan^2(\theta + \theta'')} \tag{683}$$

$$R_{\mathrm{s}} = \frac{\sin^2(\theta - \theta'')}{\sin^2(\theta + \theta'')} \tag{684}$$

と表される．これらの式はフレネルの式 (Fresnel's formula) とよばれる[†58]．

なお，図 93 のように各成分の正の方向を決めると，p 成分については $r_{\mathrm{p}} > 0$ のとき反射に際して位相が π 変化する (垂直入射の場合を考えれば位相が π 変化することがわかるだろう)．s 成分については $r_{\mathrm{s}} < 0$ のとき反射に際して位相が π 変化する．$n_1 < n_2$ の場合には $\theta > \theta''$ であるので，p 成分は $\theta + \theta'' < \pi/2$ のとき，s 成分はつねに反射に際して位相が π 変化する．透過に際しては位相の変化はない．

屈折率比 $n_2/n_1 = 1.5$ (空気中からガラスに入射する場合を想定) の場合に，入射角の関数として p 成分，s 成分の反射率 (683)，(684) を図 94 に示す．

垂直入射 ($\theta = 0$) の場合には，対称性から偏光依存性はなく，反射率は

$$R = \frac{(n_2 - n_1)^2}{(n_2 + n_1)^2} \tag{685}$$

---

†58 フランスの物理学者フレネル (A. J. Fresnel, 1788 – 1827) が光の電磁波理論が出る以前の 1821 年に光の弾性波動説に基づいて導いた．

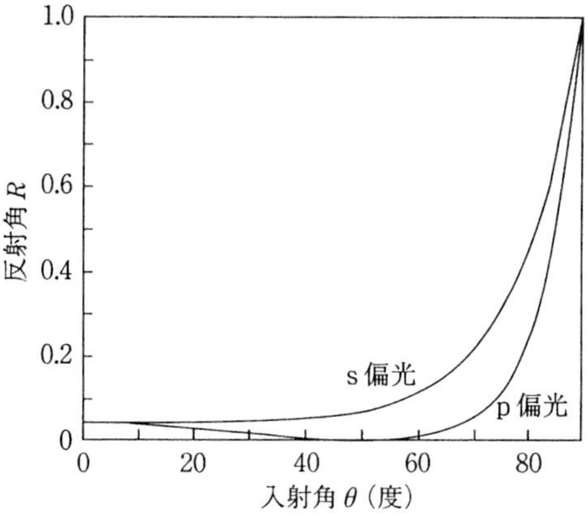

図 94 p 偏光 (電場が入射面に平行), s 偏光 (電場が入射面に垂直) の反射率. $n_2/n_1 = 1.5$.

である. p 成分の場合には入射角が

$$\tan\theta = \frac{n_2}{n_1} \tag{686}$$

を満たす場合に反射率は 0 となる. この入射角をブルースター角 (Brewster angle) とよぶ[†59].

8.4.3 全 反 射

屈折の法則 (656) によると, 入射側の屈折率 n_1 が透過側の n_2 より大きい場合には入射角 θ が

$$\sin\theta_{\rm cr} = \frac{n_2}{n_1} \tag{687}$$

を満たす角度 $\theta_{\rm cr}$ に等しいとき, 屈折角 θ'' は $\pi/2$ となり, $\theta > \theta_{\rm cr}$ においては屈折角は存在しない. このとき, 入射光のエネルギーはすべて反射される. この現象を全反射 (total reflection) といい, 角度 $\theta_{\rm cr}$ を全反射の臨界角という. この場合でも境界条件は満足されなければならないから, 第 2 媒質中の電磁場が 0 となるわけではない.

透過波を複素表示して

[†59] イギリスの物理学者ブルースター (Sir D. Brewster, 1781–1868) が 1815 年に発見した.

$$\tilde{\boldsymbol{E}}(\boldsymbol{r},t)=\tilde{\boldsymbol{E}}_0\,\mathrm{e}^{i\,(\omega t-k''x\sin\theta''+k''z\cos\theta'')} \tag{688}$$

と表す (ここで i は虚数単位). 複素数に拡張すれば $\theta>\theta_{\mathrm{cr}}$ のとき

$$\sin\theta''=\frac{n_1}{n_2}\sin\theta>1 \tag{689}$$

$$\cos\theta''=\pm i\sqrt{\left(\frac{n_1}{n_2}\right)^2\sin^2\theta-1} \tag{690}$$

である[†60]. $\cos\theta''$ は純虚数となるので式 (677) の r_{p}, 式 (679) の r_{s} の絶対値は 1, つまり反射率は 1 である. 式 (690) を式 (688) に代入して, 第 2 媒質中の波は次の因子を含むことがわかる.

$$\exp\{i\,(\omega t-kx\sin\theta)\}\times\exp\left(\frac{kz}{n_1}\sqrt{n_1^2\sin^2\theta-n_2^2}\right) \tag{691}$$

ただし, $k''=n_2k/n_1$ の関係を使った. また, 式 (690) の複号 (±) は $z\to-\infty$ のときに発散しないほうを選んだ. 右辺の第 1 因子は x 方向へ伝播する波を表している. 第 2 因子は第 2 媒質中 ($z<0$) の波が境界面からの距離 $|z|$ とともに指数関数的に減衰することを示している. 波の存在する範囲は, 実質的には波長の数倍程度である. また, 第 2 媒質中の電磁波の式 (661), (662) において $\cos\theta''$ が純虚数となるので E''_{0x} と H''_{0y}, E''_{0y} と H''_{0x} は位相が 90° ずれるから, ポインティングベクトルの z 成分の時間平均は 0 となり, $-z$ 方向へのエネルギーの流れはない. したがって, 入射波のエネルギーはすべて反射される. 第 2 媒質中の境界面付近に存在するこのような波をエバネッセント波 (evanescent wave) という.

8.5 導体による電磁波の反射

完全導体の内部には電場は存在しない. ファラデーの法則 (589) に $\boldsymbol{E}=0$ を代入すると $\partial\boldsymbol{B}/\partial t=0$ となるので, 時間的に変化する磁場は存在しない. したがって, 時間変化する電流も存在しない. もし, 時間的に変化する

[†60] 角度 θ'' は虚数となる. 複素数の角度は角度としての意味はないが, 複素数の波動ベクトル $k''_x=k''\sin\theta''$, $k''_z=k''\cos\theta''$ を与える. また, θ'' が純虚数ならば $\sin\theta''>1$ に注意する.

電流が存在するとすれば，変化する磁場ができるからである．完全導体に時間的に変化する電流が流れるとすれば，電流は表面を流れる．したがって，完全導体の表面外側では電場の接線成分は 0，磁場 (静磁場を除く) の法線成分は 0 である[†61]．

$$\boldsymbol{E}_{\rm t} = 0, \quad \boldsymbol{B}_{\rm n} = 0 \tag{692}$$

である．時間変化する磁場の強さの接線成分 $H_{\rm t}(t)$ と表面電流 $j(t)$ は $H_{\rm t} = j$ の関係にある．ベクトルの関係式として表すと

$$\boldsymbol{H} = \boldsymbol{j} \times \boldsymbol{n} \tag{693}$$

である．$\boldsymbol{n}$ は表面の外向き法線方向の単位ベクトルである．

半空間 $z > 0$ を占める完全導体の表面に垂直に x 方向に偏った電磁波

$$E_x(z,t) = E_0 \sin(\omega t - kz) \tag{694}$$

が入射するとき，反射波を

$$E'_x(z,t) = E'_0 \sin(\omega t + kz) \tag{695}$$

とすると，境界条件

$$E_x(0,t) + E'_x(0,t) = 0 \tag{696}$$

より $E'_0 = -E_0$ を得る．すなわち，電磁波は 100 %反射される．入射波と反射波を合わせた電磁波は定在波を形成する．

$$\begin{aligned} E_x(z,t) + E'_x(z,t) &= E_0\{\sin(\omega t - kz) - \sin(\omega t + kz)\} \\ &= -2E_0 \cos\omega t \sin kz \end{aligned} \tag{697}$$

なおこのとき，マクスウェルの方程式 (601) より

$$\frac{\partial E_x}{\partial z} = -\mu \frac{\partial H_y}{\partial t} \tag{698}$$

$$H_y(z,t) = 2\sqrt{\frac{\epsilon}{\mu}} E_0 \sin\omega t \cos kz \tag{699}$$

である．

†61　静磁場および定常電流は，完全導体の内部にも存在しうる．

完全導体は電気伝導率が無限大の極限であるが，有限の電気伝導率の導体の内部では電場は 0 でない．この場合には，方程式 (606) が成り立つ．その解を求めるには，複素表示を使うと便利である．表面に平行な電場を仮定し，複素形式に表そう．

$$\tilde{E}_x(z,t) = \tilde{E}_0\, \mathrm{e}^{i(\omega t - \gamma z)} \tag{700}$$

式 (606) より，つぎの複素形式の方程式を得る．

$$\frac{\partial^2 \tilde{E}_x}{\partial z^2} - \epsilon\mu \frac{\partial^2 \tilde{E}_x}{\partial t^2} - \sigma\mu \frac{\partial \tilde{E}_x}{\partial t} = 0 \tag{701}$$

式 (700) を式 (701) に代入して，つぎの関係を得る．

$$\gamma^2 = \epsilon\mu\omega^2 - i\omega\sigma\mu = -i\omega\sigma\mu\left(1 + i\frac{\epsilon\omega}{\sigma}\right) \tag{702}$$

準定常電流の条件が成り立つ周波数では $\omega\epsilon/\sigma \ll 1$ であるので，(　) 内の第 2 項は第 1 項に比べて無視できる．このとき

$$\gamma = \pm\sqrt{-i\omega\sigma\mu} = \pm\sqrt{\frac{\omega\sigma\mu}{2}}\,(1-i) \tag{703}$$

である．複号は $z > 0$ で発散しないほうの解を選ぶと

$$\tilde{E}_x(z,t) = \tilde{E}_0\, \mathrm{e}^{-z/\delta}\, \mathrm{e}^{i(\omega t - z/\delta)} \tag{704}$$

となる．ただし，δ はつぎの式で与えられる．

$$\delta = \sqrt{\frac{2}{\omega\sigma\mu}} \tag{705}$$

すなわち，電場は導体表面からの深さ z とともに指数関数的に減少し，変化する電磁場および電流が存在する範囲は実質的には表面から δ の数倍程度である．この現象を表皮効果 (skin effect)，δ を表皮の厚さ (表皮の深さ) とよぶ．たとえば，銅 ($\sigma = 6.4 \times 10^7\,\mathrm{S/m}$，$\mu \cong \mu_0$) の場合，周波数 $\omega/2\pi = 1\,\mathrm{kHz}$ で $\delta \cong 2\,\mathrm{mm}$，$10\,\mathrm{MHz}$ で $0.02\,\mathrm{mm}$ である．海水 ($\sigma = 4.3\,\mathrm{S/m}$，$\mu \cong \mu_0$) の場合には，表皮の厚さが 1 m となる周波数は約 60 kHz である．このため，潜水艦との交信には高周波の電波は使えない．

8.6 電磁ポテンシャル

8.6.1 電磁ポテンシャルの定義

マクスウェルの方程式において，磁場に関するガウスの法則を表す式(591)は磁場が時間的に変動する場合にも成り立つ．このことは，つねにベクトルポテンシャル $\boldsymbol{A}(\boldsymbol{r}, t)$ が定義でき

$$\boldsymbol{B} = \mathrm{rot}\boldsymbol{A} \tag{706}$$

と表すことができることを意味する．これをファラデーの法則を表す式(589)に代入すると

$$\mathrm{rot}\left(\boldsymbol{E} + \frac{\partial \boldsymbol{A}}{\partial t}\right) = 0 \tag{707}$$

を得る．$\boldsymbol{E} + \partial \boldsymbol{A}/\partial t$ は回転が0であるから，スカラー関数 $\phi(\boldsymbol{r}, t)$ を使って

$$\boldsymbol{E} + \frac{\partial \boldsymbol{A}}{\partial t} = -\mathrm{grad}\,\phi \tag{708}$$

と表すことができる．時間変化がないときに静電場の関係式(61)に一致するように負号を付けた．以上から，$\boldsymbol{E}(\boldsymbol{r}, t)$ と $\boldsymbol{B}(\boldsymbol{r}, t)$ はスカラー関数 $\phi(\boldsymbol{r}, t)$，ベクトル関数 $\boldsymbol{A}(\boldsymbol{r}, t)$ を用いて

$$\boldsymbol{E} = -\mathrm{grad}\,\phi - \frac{\partial \boldsymbol{A}}{\partial t} \tag{709}$$

$$\boldsymbol{B} = \mathrm{rot}\boldsymbol{A} \tag{710}$$

と表される．この $\phi(\boldsymbol{r}, t)$ と $\boldsymbol{A}(\boldsymbol{r}, t)$ を電磁ポテンシャル (electromagnetic potential) という．

ところで，任意のスカラー関数を $\chi(\boldsymbol{r}, t)$ とするとき電磁ポテンシャル

$$\phi' = \phi - \frac{\partial \chi}{\partial t} \tag{711}$$

$$\boldsymbol{A}' = \boldsymbol{A} + \mathrm{grad}\chi \tag{712}$$

は ϕ，$\boldsymbol{A}$ とまったく同じ電磁場を与える．式(711)，(712)による電磁ポテンシャル $\boldsymbol{A}$，ϕ から別の電磁ポテンシャル $\boldsymbol{A}'$，ϕ' への変換をゲージ変換

という．ある電場と磁場を与える $\boldsymbol{A}'$，ϕ' は無数にたくさんあるので $\boldsymbol{A}'$，ϕ' を決めるために付加条件が課せられる．よく使われるのは，つぎのどちらかの条件である．

① ローレンスゲージ (Lorenz gauge) の条件

電磁ポテンシャル ϕ' と $\boldsymbol{A}'$ を式

$$\mathrm{div}\boldsymbol{A}' + \epsilon\mu\frac{\partial\phi'}{\partial t} = 0 \tag{713}$$

を満たすように選ぶとき，ϕ' と $\boldsymbol{A}'$ をローレンスゲージ (ローレンツゲージとよばれることも多い) における電磁ポテンシャルという．ただし，ϵ，μ は媒質の誘電率と透磁率である．

② クーロンゲージの条件

ベクトルポテンシャル $\boldsymbol{A}'$ を

$$\mathrm{div}\boldsymbol{A}' = 0 \tag{714}$$

となるように選ぶときに，クーロンゲージ (Coulomb gauge) における電磁ポテンシャルという．クーロンゲージを使うと，真空中の電磁場はベクトルポテンシャルだけで記述することができる．

8.6.2 電磁ポテンシャルの満たす方程式

電磁ポテンシャルの定義式からマクスウェルの方程式のうちの (589) と (591) は自動的に満たされる．残りの方程式 (588)，(590) に ϕ と $\boldsymbol{A}$ を代入して電磁ポテンシャルが満たす方程式を導こう．

まず，媒質は一様で等方的であると仮定し，$\boldsymbol{D} = \epsilon\boldsymbol{E}$ および $\boldsymbol{B} = \mu\boldsymbol{H}$ が成り立つとする．式 (588)，(590) に式 (709)，(710) を代入して

$$\frac{1}{\mu}\mathrm{rot}(\mathrm{rot}\boldsymbol{A}) = \boldsymbol{i} + \epsilon\frac{\partial}{\partial t}\left(-\mathrm{grad}\,\phi - \frac{\partial\boldsymbol{A}}{\partial t}\right) \tag{715}$$

$$\epsilon\,\mathrm{div}\left(-\mathrm{grad}\,\phi - \frac{\partial\boldsymbol{A}}{\partial t}\right) = \rho \tag{716}$$

を得る．ここで，ベクトル解析の恒等式

$$\mathrm{rot}(\mathrm{rot}\boldsymbol{A}) = \mathrm{grad}(\mathrm{div}\boldsymbol{A}) - \nabla^2 \boldsymbol{A} \tag{717}$$

$$\mathrm{div}(\mathrm{grad}\,\phi) = \nabla^2 \phi \tag{718}$$

を使って式 (715)，(716) を整理すると

$$\left(\nabla^2 \boldsymbol{A} - \epsilon\mu \frac{\partial^2 \boldsymbol{A}}{\partial t^2}\right) - \mathrm{grad}\left(\mathrm{div}\boldsymbol{A} + \epsilon\mu \frac{\partial \phi}{\partial t}\right) = -\mu \boldsymbol{i} \tag{719}$$

$$\nabla^2 \phi + \frac{\partial}{\partial t}(\mathrm{div}\boldsymbol{A}) = -\frac{\rho}{\epsilon} \tag{720}$$

となる．ローレンスゲージの電磁ポテンシャルの場合には，条件式 (713) を代入すると式 (719)，(720) はそれぞれ

$$\nabla^2 \boldsymbol{A} - \epsilon\mu \frac{\partial^2 \boldsymbol{A}}{\partial t^2} = -\mu \boldsymbol{i} \tag{721}$$

$$\nabla^2 \phi - \epsilon\mu \frac{\partial^2 \phi}{\partial t^2} = -\frac{\rho}{\epsilon} \tag{722}$$

となる．これらの方程式をダランベールの方程式 (D'Alembert's equation) という．空間に電流，電荷が存在しなければ $\boldsymbol{A}$ と ϕ は波動方程式を満たす．

8.7 双極子放射

8.7.1 遅延ポテンシャル

原点に時間的に変化する点電荷 $q(t)$ があるとき，式 (722) の解は容易に求めることができる．この場合には原点付近を除いて

$$\nabla^2 \phi - \frac{1}{c^2} \frac{\partial^2 \phi}{\partial t^2} = 0 \tag{723}$$

である．ただし，$c = 1/\sqrt{\epsilon\mu}$ は光速度である．点電荷のまわりの電場は球対称であるので ∇^2 を極座標で表し，r 依存の項のみ残すと

$$\frac{1}{r^2} \frac{\partial}{\partial r}\left(r^2 \frac{\partial \phi}{\partial r}\right) - \frac{1}{c^2} \frac{\partial^2 \phi}{\partial t^2} = 0 \tag{724}$$

となる．ここで

$$\phi(r,\, t) = \frac{\psi(r,\, t)}{r} \tag{725}$$

と置いて，$\psi(r,\,t)$ に対する方程式に書きかえると

$$\frac{\partial^2 \psi}{\partial r^2} - \frac{1}{c^2}\frac{\partial^2 \psi}{\partial t^2} = 0 \tag{726}$$

を得る．これは1次元の波動方程式にほかならない．原点から遠方へ伝わる解を採用して

$$\psi(r,\,t) = f(r - ct) \tag{727}$$

ただし，f は任意の1価関数である．以上から

$$\phi(r,\,t) = \frac{f(r - ct)}{r} \tag{728}$$

を得る．$\phi(r,\,t)$ は球面波を表す．一方，原点のごく近傍では

$$\phi(r,\,t) = \frac{q(t)}{4\pi\epsilon r} \tag{729}$$

である．式 (728) と (729) を両立させて

$$\phi(r,\,t) = \frac{q(t - r/c)}{4\pi\epsilon r} \tag{730}$$

を得る．

電荷が空間的に分布している場合には，微小領域の電荷 $\rho(\boldsymbol{r}',\,t)\,\mathrm{d}V'$ が $\boldsymbol{r}$ につくるスカラーポテンシャル $\mathrm{d}\phi$ は

$$\mathrm{d}\phi(r,\,t) = \frac{\rho(\boldsymbol{r}',\,t - |\boldsymbol{r} - \boldsymbol{r}'|/c)\,\mathrm{d}V}{4\pi\epsilon\,|\boldsymbol{r} - \boldsymbol{r}'|} \tag{731}$$

であるから，積分して次式を得る．

$$\phi(r,\,t) = \frac{1}{4\pi\epsilon}\int \frac{\rho(\boldsymbol{r}',\,t')}{|\boldsymbol{r} - \boldsymbol{r}'|}\mathrm{d}V' \tag{732}$$

ただし

$$t' = t - \frac{|\boldsymbol{r} - \boldsymbol{r}'|}{c} \tag{733}$$

である．

同様に，式 (721) の x，y，z 成分に対しても，上の議論がそのまま成り立つので次式を得る．

$$\boldsymbol{A}(r,\,t) = \frac{\mu}{4\pi}\int \frac{\boldsymbol{i}(\boldsymbol{r}',\,t')}{|\boldsymbol{r} - \boldsymbol{r}'|}\mathrm{d}V' \tag{734}$$

式 (732)，(734) を遅延ポテンシャルという．これらは，$\boldsymbol{r}'$ における電荷

や電流の変化が別の点 $\boldsymbol{r}$ に伝わるまでに時間 $|\boldsymbol{r}-\boldsymbol{r}'|/c$ かかることを意味している．

8.7.2 双極子放射

振動する電気双極子モーメントを考えよう．z 軸上の $z=l/2$ に電荷 $q(t)$，$z=-l/2$ に電荷 $-q(t)$ があり，電荷は

$$q(t)=q_0\cos\omega t \tag{735}$$

と振動して，両者のあいだに振動電流

$$I=\frac{\mathrm{d}q}{\mathrm{d}t} \tag{736}$$

が流れるとする．電気双極子モーメントは

$$p(t)=q(t)l=p_0\cos\omega t,\quad p_0=q_0\,l \tag{737}$$

と表される．あるいは，z 軸上を

$$z(t)=l\cos\omega t \tag{738}$$

に従って単振動する点電荷 q_0 と原点に固定された点電荷 $-q_0$ とがつくる電気双極子モーメント

$$p(t)=q_0z(t)=p_0\cos\omega t,\quad p_0=q_0\,l \tag{739}$$

と考えてもよい．

振動する電気双極子モーメントは，電磁波を放射する．これを双極子放射という．放射される電磁波を求めよう．電流は z 軸に沿って流れているので

$$A_x=A_y=0 \tag{740}$$

である．式 (734) を使って

$$A_z(r,\,t)=\frac{\mu}{4\pi}\int_{-l/2}^{l/2}\frac{I(t-|\boldsymbol{r}-z'\hat{\boldsymbol{e}}_z|/c)}{|\boldsymbol{r}-z'\hat{\boldsymbol{e}}_z|}\,\mathrm{d}z' \tag{741}$$

である．ここで，l/c が振動の 1 周期に比べて十分に小さければ，すなわち l が波長に比べて十分に小さければ，被積分関数の分子は $I(t-r/c)$ と

近似してよい．また，$r \gg l$ ならば分母は r と近似できて

$$A_z(r,\, t) = \frac{\mu l\, I(t - r/c)}{4\pi r} \tag{742}$$

となる．ここで

$$l\, I = l\, \frac{\mathrm{d}q}{\mathrm{d}t} = \dot{p} \tag{743}$$

の関係を使うとベクトルポテンシャル

$$A_z(r,\, t) = \frac{\mu \dot{p}(t - r/c)}{4\pi r} \tag{744}$$

を得る．以下では p の時間微分を $\dot{p}$，2 階の時間微分を $\ddot{p}$ と表す．$\boldsymbol{A}$ の発散

$$\mathrm{div}\boldsymbol{A} = \frac{\partial A_z}{\partial z} = \frac{\partial A_z}{\partial r}\frac{\partial r}{\partial z} = -\frac{\mu}{4\pi}\left[\frac{\ddot{p}(t - r/c)}{cr} + \frac{\dot{p}(t - r/c)}{r^2}\right]\frac{z}{r} \tag{745}$$

をローレンス条件式 (713) に代入し，時間積分してつぎのスカラーポテンシャルを得る．

$$\phi(r,\, t) = \frac{1}{4\pi\epsilon}\left[\frac{\dot{p}(t - r/c)}{cr} + \frac{p(t - r/c)}{r^2}\right]\cos\theta \tag{746}$$

ただし，観測方向と z 軸のなす角度を θ として $z/r = \cos\theta$ と置いた．

ベクトルポテンシャル (744) とスカラーポテンシャル (746) を使うと，放射された電磁場を求めることができる．以下では十分に遠方を考えて $1/r^2$ の項は $1/r$ に比べて無視する．A_z を極座標成分で表すと

$$A_r = A_z\cos\theta,\ A_\theta = A_z\sin\theta,\ A_\varphi = 0 \tag{747}$$

$1/r$ の項のみ残す近似で以下の結果を得る．

$$E_r = -\frac{\partial \phi}{\partial r} - \frac{\partial A_r}{\partial t} \cong 0 \tag{748}$$

$$E_\theta = -\frac{1}{r}\frac{\partial \phi}{\partial \theta} - \frac{\partial A_\theta}{\partial t} \cong -\frac{1}{4\pi\epsilon c^2}\frac{\ddot{p}(t - r/c)}{r}\sin\theta \tag{749}$$

$$E_\varphi = -\frac{1}{r\sin\theta}\frac{\partial \phi}{\partial \varphi} - \frac{\partial A_\varphi}{\partial t} \cong 0 \tag{750}$$

および

$$B_r = \frac{1}{r\sin\theta}\left[\frac{\partial}{\partial\theta}(A_\varphi\sin\theta) - \frac{\partial A_\theta}{\partial\varphi}\right] \cong 0 \tag{751}$$

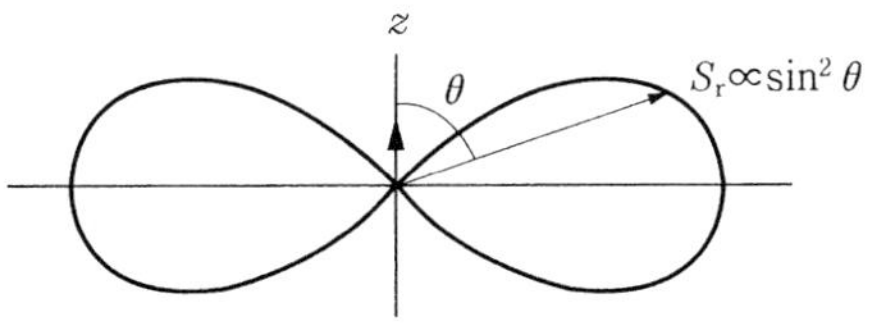

図 **95**　双極子放射の角度分布

$$B_\theta = \frac{1}{r}\left[\frac{1}{\sin\theta}\frac{\partial A_r}{\partial\varphi} - \frac{\partial}{\partial r}(rA_\varphi)\right] \cong 0 \tag{752}$$

$$B_\varphi = \frac{1}{r}\left[\frac{\partial}{\partial r}(rA_\theta) - \frac{\partial A_r}{\partial\theta}\right] \cong \frac{\mu}{4\pi c}\frac{\ddot{\mathrm{p}}(t-r/c)}{r}\sin\theta \tag{753}$$

単位時間あたりに放射されるエネルギーを求めよう．ポインティングベクトルは r 成分のみで

$$S_r = \frac{1}{\mu}E_\theta B_\varphi = \frac{c}{\epsilon}\left[\frac{\ddot{\mathrm{p}}(t-r/c)}{4\pi c^2 r}\right]^2 \sin^2\theta \tag{754}$$

となる．エネルギーは双極子と垂直な方向 (x–y 面内) にもっとも強く放射され，双極子の方向 (z 方向) には放射されない (図 95 参照)．S_r を半径 r の球の表面で積分すると全放射エネルギーが求まる．

$$P = \int_0^{2\pi} S_r\, 2\pi r^2 \sin\theta\,\mathrm{d}\theta = \frac{\ddot{\mathrm{p}}^2(t-r/c)}{6\pi\epsilon c^3} \tag{755}$$

時間平均した放射エネルギーは，次式で与えられる．

$$\langle P\rangle = \frac{\langle\ddot{\mathrm{p}}^2\rangle}{6\pi\epsilon c^3} = \frac{\omega^4 p_0^2}{12\pi\epsilon c^3} \tag{756}$$

1)　ア ン テ ナ

双極子放射を利用した電磁波の発生装置にアンテナ (antenna) がある．単位時間あたりに放射されるエネルギーは，振動電流の 2 乗平均

$$\langle I^2\rangle = \frac{\langle\dot{p}\rangle^2}{l^2} = \frac{\omega^2 p_0^2}{2l^2} \tag{757}$$

を使って式 (755) を表すと

$$\langle P\rangle = \frac{\omega^2 l^2}{6\pi\epsilon c^3}\langle I^2\rangle = R\langle I^2\rangle \tag{758}$$

となる．この式の右辺の係数

$$R = \frac{\omega^2 l^2}{6\pi\epsilon c^3} = \frac{2\pi}{3\epsilon c}\frac{l^2}{\lambda^2} \tag{759}$$

を放射インピーダンスという．$\lambda = 2\pi\omega/c$ は電磁波の波長である．自由空間に対して数値計算すると

$$R = 789\left(\frac{l}{\lambda}\right)\Omega \tag{760}$$

となる．以上は単純化したアンテナのモデルである．通常のアンテナは両端がコンデンサーにはなってない．また，地上付近のアンテナの場合には，地面の影響を考慮する必要がある．

2) トムソン散乱

自由電子による電磁波 (X 線) の散乱をトムソン散乱 (Thomson scattering) という[†62]．電子は電磁波を受けてそれと同じ振動数で振動する．この振動を古典的な運動方程式

$$m\ddot{z} = -eE_0 \cos\omega t \tag{761}$$

で表そう．ただし，電磁波は z 方向の偏波で，電場の振幅を E_0 とする．m は電子の質量，e は素電荷である．以下，真空中で考える．双極子モーメントの大きさを p とすると $\ddot{p} = -e\ddot{z}$ であるから，式 (756) における $\ddot{p}^2$ の時間平均は

$$\langle\ddot{p}^2\rangle = e^2\langle\ddot{z}^2\rangle = \frac{e^4 E_0^2}{2m^2} \tag{762}$$

と与えられる．単位時間あたりに放射されるエネルギーは

$$\langle P\rangle = \frac{e^4 E_0^2}{12\pi\epsilon_0 m^2 c^3} \tag{763}$$

となる．単位面積あたり，単位時間あたりに入射する電磁波のエネルギー

$$\langle P_{\text{in}}\rangle = \frac{1}{2}\epsilon_0 c E_0^2 \tag{764}$$

に対する，散乱されるエネルギーの割合を散乱断面積という．散乱断面積を σ_{T} と表すと

$$\sigma_{\text{T}} = \frac{\langle P\rangle}{\langle P_{\text{in}}\rangle} = \frac{e^4}{6\pi\epsilon_0^2 m^2 c^4} = \frac{8\pi}{3}\left(\frac{e^2}{4\pi\epsilon_0 mc^2}\right)^2 \tag{765}$$

†62 電子を発見したトムソン (J. J. Thomson, 1856–1940) による．

である．長さの次元をもつ，右辺の (　) 内の量

$$a_0 = \frac{e^2}{4\pi\epsilon_0 mc^2} \tag{766}$$

は古典電子半径とよばれ，その値は 2.818×10^{-15} m である．

3)　レイリー散乱

束縛された電子による電磁波の散乱をレイリー散乱 (Rayleigh scattering) という[†63]．電子が平衡点のまわりに角振動数 ω_0 で振動していると考える．外部から電磁波 (z 方向の偏波とする) が加わるとき，古典的な運動方程式は

$$m\ddot{z} + m\omega_0^2 z = -eE_0 \cos\omega t \tag{767}$$

と表される．電磁波と同じ角振動数の定常的な振動は，次式で与えられる．

$$z(t) = \frac{-eE_0}{m\,(\omega_0^2 - \omega^2)} \cos\omega t \tag{768}$$

$\ddot{p} = e\omega^2 z$ を式 (756) に代入して，単位時間あたりに散乱されるエネルギーは

$$\langle P \rangle = \frac{e^4\omega^4 E_0^2}{12\pi\epsilon_0 m^2 c^3\,(\omega_0^2 - \omega^2)^2} \tag{769}$$

レイリー散乱の散乱断面積 σ_R は

$$\sigma_\mathrm{R} = \frac{8\pi a_0^2}{3}\frac{\omega^4}{(\omega_0^2 - \omega^2)^2} \tag{770}$$

と表される．a_0 は古典電子半径である．とくに，$\omega \ll \omega_0$ の場合には，散乱断面積 σ_R は入射電磁波の周波数の 4 乗に比例する．空気の分子による可視光線の散乱はこの例である．短波長の青い光のほうが長波長の赤い光より強く散乱されるので空は青く，太陽から直接に目に入る光に関しては，赤い光のほうが散乱による減衰が小さいので夕焼けは赤くみえるのである．

[†63] レイリー (Lord Rayleigh, 1842–1919)．イギリス人．アルゴンの発見で 1904 年にノーベル物理学賞を受賞．

演 習 問 題

電磁気学の単位

[1] 次の単位の組み合わせは "無次元, m (meter), s (second), kg (kilogram), N (newton), J (joule), W (watt), V (volt), Ω (ohm), C (coulomb), A (ampere), T (Tesla), Wb (weber), H (henry), F (farad)" のいずれかに等しい．どれに等しいか．

(1) $\mathrm{C\,\Omega\,m/Wb}$　(2) $\mathrm{V\,s}$　(3) $\mathrm{C\,A/F}$　(4) $\mathrm{kg\,V\,m^2/(H\,A)^2}$　(5) $\mathrm{(H/F)^{1/2}}$
(6) $\mathrm{A^2\,\Omega}$　(7) $\mathrm{\Omega\,F}$

変位電流

[2] 「変化する磁場は電場をつくる」ということは簡単な実験で容易に示せるのに，「変化する電場は磁場をつくる」ということを簡単に示すことが難しいのはなぜか．

[3] (1) 平行平板コンデンサーの極板間の変位電流 I_d は $I_\mathrm{d} = C\dfrac{\mathrm{d}\phi}{\mathrm{d}t}$ と表されることを示せ．ただし C は電気容量, $\phi(t)$ は電極間の電位差である．

(2) 周波数が 50 Hz，1 MHz の交流電圧を電気容量 $C = 1\mu\mathrm{F}$ のコンデンサーにかけたとき，最大の変位電流が 1 A であるとすれば，交流電圧の振幅はそれぞれ何 V であるか．

[4] 半径 a，間隔 d の円形の平行平板コンデンサーに，振幅 ϕ_0，周波数 ν の交流電圧をかけた．電極間で中心軸から距離 r の地点の磁場の大きさの最大値 $B_\mathrm{m}(r)$ を求めよ．$r < a$ と $r > a$ で分けて答えよ．ただし極板の端の影響は無視する．

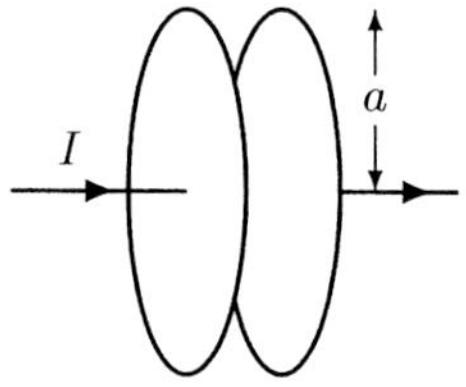

ポインティングベクトル

[5] 光ビームの断面積 1 mm^2，出力 1 W のレーザー光の電場の振幅 E_0 と磁場の振幅 B_0 を計算せよ．光の強さは断面で一様とする．

電磁波

[6] 真空中における電磁波の電場が次の式で与えられる．

$$E_y = 30\cos\left(2\pi \times 10^8\, t - \frac{2}{3}\pi x\right),\quad E_x = 0,\quad E_z = 0$$

ただし E の数値の単位は V/m，t は s(秒)，x は m である．

(1) 電磁波の伝播方向を求めよ．

(2) $E_y > 0$ のとき，磁場の方向を求めよ．

(3) 磁場の振幅を求めよ．

(4) 1 周期において時間平均したポインティングベクトルの大きさを求めよ．

[7] 真空中の $0 \leqq z \leqq a$ の領域で次の電磁場を考える．

$$
\begin{aligned}
E_x &= -B_0\,\omega\,\frac{a}{\pi}\sin\frac{\pi z}{a}\sin(ky-\omega t)\\
B_z &= B_0\,k\,\frac{a}{\pi}\sin\frac{\pi z}{a}\sin(ky-\omega t)\\
B_y &= B_0\cos\frac{\pi z}{a}\cos(ky-\omega t)
\end{aligned}
$$

他のすべての場の成分は 0 であり，B_0, a, k, ω は定数である．

(1) これらの電磁場がマクスウェル方程式の解であるためには a, k, ω のあいだにどのような関係が必要か．

(2) $z \leqq 0$, $z \geqq a$ は理想導体である．電場と磁場が導体表面の境界条件を満たしていることを確かめよ．

(3) 導体表面 $z = 0$ における表面電荷密度と表面電流密度を求めよ．

マクスウェル方程式

[8] マクスウェル方程式 $\mathrm{rot}\boldsymbol{H} = \boldsymbol{i} + \dfrac{\partial \boldsymbol{D}}{\partial t}$, $\mathrm{rot}\boldsymbol{E} = -\dfrac{\partial \boldsymbol{B}}{\partial t}$, $\mathrm{div}\boldsymbol{D} = \rho$, $\mathrm{div}\boldsymbol{B} = 0$ のうち後者の 2 つの式は，ある時刻において成り立つならば，任意の時刻において成り立つことを示せ．

ゲージ変換

[9] ベクトルポテンシャル $\boldsymbol{A}_1 = (0,\,Bx,\,0)$ と $\boldsymbol{A}_2 = \left(-\dfrac{1}{2}By,\,\dfrac{1}{2}Bx,\,0\right)$ は同じ磁場を与えるので，ゲージ変換 $\boldsymbol{A}_2 = \boldsymbol{A}_1 + \mathrm{grad}\,\chi$ が存在する．スカラー関数 χ を求めよ．

双極子放射

[10] 点電荷 q が半径 a の円周上を角速度 ω で回転しているとき，単位時間当たりに周囲に放射される電磁波の全エネルギーを求めよ．

9章

付　　録

9.1　電磁気学に特有な単位

表 付.1　電磁気学に特有な単位

物理量	単位	記号	定義
電流	アンペア	A	—
電気量	クーロン	C	A·s
電位，電圧	ボルト	V	J/C
電気抵抗	オーム	Ω	V/A
コンダクタンス	ジーメンス	S	1/Ω
電気容量	ファラド	F	C/V
磁束密度	テスラ	T	N/A·m
磁束	ウェーバー	Wb	$T{\cdot}m^2$
インダクタンス	ヘンリー	H	Wb/A

表 付.2　誘導単位を使う主な電磁気学の物理量

物理量	記号
電場の強さ	V/m，N/C
電束密度	C/m^2
電気分極	C/m^2
電気伝導率	S/m
誘電率	F/m
電気双極子モーメント	C·m
磁場の強さ	A/m
磁化	A/m
透磁率	H/m
磁気双極子モーメント	$A{\cdot}m^2$，J/T

表 付.3 基礎物理定数

真空中の光速度 (定義値)	c_0	2.99792458×10^8 m/s
真空の誘電率	ϵ_0	$8.85418782 \times 10^{-12}$ F/m
真空の透磁率	μ_0	$1.25663706 \times 10^{-6}$ H/m
素電荷	e	$1.60217646 \times 10^{-19}$C
電子の質量	m_{e}	$9.1093819 \times 10^{-31}$ kg
陽子の質量	m_{p}	$1.6726216 \times 10^{-27}$ kg
中性子の質量	m_{p}	$1.6749271 \times 10^{-27}$ kg
原子質量単位	m_{u}	$1.6605387 \times 10^{-27}$ kg
磁束量子	$h/2e$	$2.0678336 \times 10^{-15}$ Wb
ボーア磁子	μ_{B}	$9.2740090 \times 10^{-24}$ J/T
電子の磁気モーメント	μ_{e}	$-9.2847636 \times 10^{-24}$ J/T
陽子の磁気モーメント	μ_{p}	$1.4106066 \times 10^{-26}$ J/T
中性子の磁気モーメント	μ_{n}	$0.9662364 \times 10^{-26}$ J/T
プランク定数	h	$6.6260688 \times 10^{-34}$ J·s
万有引力定数	G	6.673×10^{-11} N·m^2/kg^2
アボガドロ定数	N_{A}	6.0221420×10^{23} mol^{-1}
気体定数	R	8.31447 J/mol·K
ボルツマン定数	k	1.380650×10^{-23} J/K

9.2 電磁気学で使うベクトル公式

9.2.1 ベクトルの積

スカラー 3 重積

$$\boldsymbol{A} \cdot (\boldsymbol{B} \times \boldsymbol{C}) = \boldsymbol{B} \cdot (\boldsymbol{C} \times \boldsymbol{A}) = \boldsymbol{C} \cdot (\boldsymbol{A} \times \boldsymbol{B}) \tag{付.1}$$

ベクトル 3 重積

$$\boldsymbol{A} \times (\boldsymbol{B} \times \boldsymbol{C}) = \boldsymbol{B}\,(\boldsymbol{A} \cdot \boldsymbol{C}) - \boldsymbol{C}\,(\boldsymbol{A} \cdot \boldsymbol{B}) \tag{付.2}$$

9.2.2 微分演算子

直交座標

$$\nabla\phi = \frac{\partial\phi}{\partial x}\hat{\mathbf{e}}_x + \frac{\partial\phi}{\partial y}\hat{\mathbf{e}}_y + \frac{\partial\phi}{\partial z}\hat{\mathbf{e}}_z \tag{付.3}$$

$$\mathrm{div}\boldsymbol{A} = \frac{\partial A_x}{\partial x} + \frac{\partial A_y}{\partial y} + \frac{\partial A_z}{\partial z} \tag{付.4}$$

$$\begin{aligned}\mathrm{rot}\boldsymbol{A} &= \left(\frac{\partial A_z}{\partial y} - \frac{\partial A_y}{\partial z}\right)\hat{\mathbf{e}}_x \\ &\quad + \left(\frac{\partial A_x}{\partial z} - \frac{\partial A_z}{\partial x}\right)\hat{\mathbf{e}}_y + \left(\frac{\partial A_y}{\partial x} - \frac{\partial A_x}{\partial y}\right)\hat{\mathbf{e}}_z\end{aligned} \tag{付.5}$$

円筒座標

$$\nabla\phi = \frac{\partial\phi}{\partial r}\hat{\mathbf{e}}_r + \frac{1}{r}\frac{\partial\phi}{\partial\theta}\hat{\mathbf{e}}_\theta + \frac{\partial\phi}{\partial z}\hat{\mathbf{e}}_z \tag{付.6}$$

$$\mathrm{div}\boldsymbol{A} = \frac{1}{r}\frac{\partial}{\partial r}(rA_r) + \frac{1}{r}\frac{\partial A_\theta}{\partial\theta} + \frac{\partial A_z}{\partial z} \tag{付.7}$$

$$\begin{aligned}\mathrm{rot}\boldsymbol{A} &= \left(\frac{1}{r}\frac{\partial A_z}{\partial\theta} - \frac{\partial A_\theta}{\partial z}\right)\hat{\mathbf{e}}_r \\ &\quad + \left(\frac{\partial A_r}{\partial z} - \frac{\partial A_z}{\partial r}\right)\hat{\mathbf{e}}_\theta + \frac{1}{r}\left(\frac{\partial}{\partial r}(rA_\theta) - \frac{\partial A_r}{\partial\theta}\right)\hat{\mathbf{e}}_z\end{aligned} \tag{付.8}$$

球座標

$$\nabla\phi = \frac{\partial\phi}{\partial r}\hat{\mathbf{e}}_r + \frac{1}{r}\frac{\partial\phi}{\partial\theta}\hat{\mathbf{e}}_\theta + \frac{1}{r\sin\theta}\frac{\partial\phi}{\partial\varphi}\hat{\mathbf{e}}_\varphi \tag{付.9}$$

$$\mathrm{div}\boldsymbol{A} = \frac{1}{r^2}\frac{\partial}{\partial r}(r^2A_r) + \frac{1}{r\sin\theta}\frac{\partial}{\partial\theta}(A_\theta\sin\theta) + \frac{1}{r\sin\theta}\frac{\partial A_\varphi}{\partial\varphi} \tag{付.10}$$

$$\begin{aligned}\mathrm{rot}\boldsymbol{A} &= \frac{1}{r\sin\theta}\left\{\frac{\partial}{\partial\theta}(A_\varphi\sin\theta) - \frac{\partial A_\theta}{\partial\varphi}\right\}\hat{\mathbf{e}}_r \\ &\quad + \frac{1}{r}\left\{\frac{1}{\sin\theta}\frac{\partial A_r}{\partial\varphi} - \frac{\partial}{\partial r}(rA_\varphi)\right\}\hat{\mathbf{e}}_\theta + \frac{1}{r}\left\{\frac{\partial}{\partial r}(rA_\theta) - \frac{\partial A_r}{\partial\theta}\right\}\hat{\mathbf{e}}_\varphi\end{aligned} \tag{付.11}$$

9.2.3 ベクトルの微分

$$\nabla(\phi\psi) = \phi\nabla\psi + \psi\nabla\phi \tag{付.12}$$

$$\mathrm{div}(\phi\boldsymbol{A}) = \boldsymbol{A}\cdot\nabla\phi + \phi\,\mathrm{div}\boldsymbol{A} \tag{付.13}$$

$$\mathrm{div}(\boldsymbol{A}\times\boldsymbol{B}) = \boldsymbol{B}\cdot(\mathrm{rot}\boldsymbol{A}) - \boldsymbol{A}\cdot(\mathrm{rot}\boldsymbol{B}) \tag{付.14}$$

$$\mathrm{rot}(\phi\boldsymbol{A}) = \nabla\phi\times\boldsymbol{A} + \phi\,\mathrm{rot}\boldsymbol{A} \tag{付.15}$$

$$\mathrm{div}(\nabla\phi) = \nabla^2\phi \tag{付.16}$$

$$\mathrm{rot}(\nabla\phi) = 0 \tag{付.17}$$

$$\mathrm{div}(\mathrm{rot}\boldsymbol{A}) = 0 \tag{付.18}$$

$$\mathrm{rot}(\mathrm{rot}\boldsymbol{A}) = \nabla(\mathrm{div}\boldsymbol{A}) - \nabla^2\boldsymbol{A} \tag{付.19}$$

9.2.4 ベクトルの積分

ガウスの発散定理

$$\oint_{\mathcal{S}} \boldsymbol{A}\cdot\mathrm{d}\boldsymbol{S} = \int_{\mathcal{V}} \mathrm{div}\cdot\boldsymbol{A}\,\mathrm{d}V \tag{付.20}$$

ストークスの回転定理

$$\oint_{\mathcal{C}} \boldsymbol{A}\cdot\mathrm{d}\boldsymbol{s} = \int_{\mathcal{S}} (\mathrm{rot}\boldsymbol{A})\cdot\mathrm{d}\boldsymbol{S} \tag{付.21}$$

$$\oint_{\mathcal{S}} \boldsymbol{n}\times\boldsymbol{A}\,\mathrm{d}S = \int_{\mathcal{V}} \mathrm{rot}\boldsymbol{A}\,\mathrm{d}V \tag{付.22}$$

参　考　文　献

もっと平易なところから復習したい人のために読みやすい入門書を掲げておく.

1) 兵頭俊夫：電磁気学 (裳華房テキストシリーズ - 物理学), 裳華房, 1999

平易な電磁気学の入門書. 基礎からマクスウェルの方程式までを積分形式で理解することを目指し, 本文では微分形式は使っていない.

2) 長岡洋介：「電磁気学 I」(物理入門コース 3),「電磁気学 II」(物理入門コース 4), 岩波書店, 1982,1983

電磁気学を初めて学ぶ人の入門書によい. 面積分, 線積分, ベクトルの微分などの必要な数学は説明を与えてから使用している. 第 1 巻には「電場と磁場」, 第 2 巻には「変動する電磁場」という副題が付いている.

本文では, 荷電粒子と電磁場の相互作用やマクスウェルの方程式と特殊相対論との関連などについては触れなかったが, さらに勉強するには, 以下の参考書などを参照されたい.

3) V. D. バーガー, M. G. オルソン：電磁気学 [新しい視点にたって] I, 同 II, 小林澈郎, 土佐幸子訳, 培風館, 1991

中程度の電磁気学である. 宇宙, 超伝導, 素粒子などから興味ある最新の話題を取り扱っていることが特徴である. 第 1 巻は静電気, 静磁気, 時間的に変化する電磁場, 第 2 巻は電磁波, 電磁波の放射, 相対論を扱っている.

4) 川村清：電磁気学 (岩波基礎物理シリーズ 3), 岩波書店, 1994

マクスウェル方程式から出発して, 導波路を伝わる電磁波, 電磁波の放射, 電磁気学と特殊相対論, 加速度運動する荷電粒子の電磁波の放射などの話題を扱っている.

5) 砂川重信：理論電磁気学, 紀伊國屋書店, 1965

すでに書店で求めることはできないが, 静電気, 定常電流, 静磁気もマクスウェルの方程式から出発して扱う. とくに, 電磁波, 電磁波の放射, 運動物体の電磁気学をていねいに論じている.

6) 太田浩一：電磁気学 I, 電磁気学 II (丸善基礎物理学コース), 丸善, 2000

電磁気学の入門から相対論，量子論との関連までの豊富な内容を著者の見方を交えて詳しく論じており，読み応えがある．理論の発展に貢献した人々の業績や発展の経緯が随所に織り込まれていることも特色である．第1巻は電磁気力の基本からマクスウェルの方程式まで，第2巻はマクスウェルの方程式を基礎として電磁波と物質中の電磁現象，さらに相対性理論，解析力学，量子力学との関連にまで発展する．

演習問題の解答

1 章

[1] 電子数 $(1/27) \times 6.02 \times 10^{23} \times 13 = 2.90 \times 10^{23}$

電荷は $2.90 \times 10^{23} \times 1.60 \times 10^{-19}\,\mathrm{C} = 4.64 \times 10^{4}\,\mathrm{C}$

[2] (1) 方向は →，大きさは $q^2/4\pi\epsilon_0 a^2$

(2) 方向は ↖，大きさは $(q^2/4\pi\epsilon_0 a^2)(\sqrt{2} - 1/2)$

[3] 糸と鉛直線のなす角度を θ とする．

$\dfrac{q^2}{4\pi\epsilon_0 x^2} = mg\tan\theta \cong mg\sin\theta = mg\dfrac{x}{2l}$ より $x = \left(\dfrac{lq^2}{2\pi\epsilon_0 mg}\right)^{1/3}$

[4] (1) $\phi = Q/4\pi\epsilon_0 a$

(2) 電場の方向は $Q > 0$ ならば ↓，

大きさは $E = \dfrac{Q/\alpha}{4\pi\epsilon_0 a^2}\displaystyle\int_{-\alpha/2}^{\alpha/2}\cos\theta\,\mathrm{d}\theta = \dfrac{Q}{2\alpha\pi\epsilon_0 a^2}\sin\dfrac{\alpha}{2}$

[5] (1) 電位 $\phi = \displaystyle\int_{-l/2}^{l/2}\dfrac{(Q/l)\,\mathrm{d}x'}{4\pi\epsilon_0(x - x')} = \dfrac{Q}{4\pi\epsilon_0 l}\log\dfrac{x + l/2}{x - l/2}$

x 軸は電気力線に一致するので $E_x = -\dfrac{\mathrm{d}\phi}{\mathrm{d}x} = \dfrac{Q}{4\pi\epsilon_0\{x^2 - (l/2)^2\}}$

(2) 電位 $\phi = \displaystyle\int_{-l/2}^{l/2}\dfrac{(Q/l)\,\mathrm{d}x'}{4\pi\epsilon_0\sqrt{x'^2 + y^2}} = \dfrac{Q}{4\pi\epsilon_0 l}\log\dfrac{\sqrt{y^2 + (l/2)^2} + l/2}{\sqrt{y^2 + (l/2)^2} - l/2}$

y 軸は電気力線に一致するので $E_y = -\dfrac{\mathrm{d}\phi}{\mathrm{d}y} = \dfrac{Q}{4\pi\epsilon_0 y\sqrt{y^2 + (l/2)^2}}$

[6] 電位 $\phi = \dfrac{Q}{4\pi\epsilon_0\sqrt{z^2 + a^2}}$，電場 $E = -\dfrac{\mathrm{d}\phi}{\mathrm{d}z} = \dfrac{Q}{4\pi\epsilon_0}\dfrac{z}{(z^2 + a^2)^{3/2}}$

[7] (1) 面電荷密度 $\sigma = \dfrac{Q}{\pi a^2}$ を使うと

電位 $\phi = \dfrac{\sigma}{4\pi\epsilon_0}\displaystyle\int_0^a\dfrac{2\pi r\,\mathrm{d}r}{\sqrt{r^2 + z^2}} = \dfrac{\sigma}{2\epsilon_0}(\sqrt{a^2 + z^2} - z)$

電場 $E_z = -\dfrac{\mathrm{d}\phi}{\mathrm{d}z} = \dfrac{\sigma}{2\epsilon_0}\left(1 - \dfrac{z}{\sqrt{a^2 + z^2}}\right)$

(2) 面電荷密度 $\sigma = \dfrac{Q}{\pi(a^2 - b^2)}$ を使うと

電位 $\phi = \dfrac{\sigma}{4\pi\epsilon_0}\displaystyle\int_b^a \dfrac{2\pi r\,\mathrm{d}r}{\sqrt{r^2+z^2}} = \dfrac{\sigma}{2\epsilon_0}(\sqrt{a^2+z^2}-\sqrt{b^2+z^2})$

電場 $E_z = -\dfrac{\mathrm{d}\phi}{\mathrm{d}z} = \dfrac{\sigma}{2\epsilon_0}\left(\dfrac{z}{\sqrt{b^2+z^2}} - \dfrac{z}{\sqrt{a^2+z^2}}\right)$

[8] (1) $E(z) = \dfrac{\sigma}{2\epsilon_0}$

(2) 一様に帯電した半径 a の円板による電場を差し引いて

$E(z) = \dfrac{\sigma}{2\epsilon_0} - \dfrac{\sigma}{2\epsilon_0}\left(1 - \dfrac{z}{\sqrt{a^2+z^2}}\right) = \dfrac{\sigma}{2\epsilon_0}\dfrac{z}{\sqrt{a^2+z^2}}$

[9] $\dfrac{q}{4\pi\epsilon_0}\left(\dfrac{1}{\sqrt{x^2+y^2}} - \dfrac{2}{\sqrt{(x-a)^2+y^2}}\right) = 0$ より $\left(x+\dfrac{a}{3}\right)^2 + y^2 = \left(\dfrac{2a}{3}\right)^2$

[10] $x = a/2$ の $\pm q$ による電場 $\dfrac{q}{4\pi\epsilon_0}\dfrac{a}{\{(x-a/2)^2+(a/2)^2\}^{3/2}}$

$x = -a/2$ の $\pm q$ による電場 $\dfrac{q}{4\pi\epsilon_0}\dfrac{a}{\{(x+a/2)^2+(a/2)^2\}^{3/2}}$

2 つあわせて $x \gg a$ の近似で $E = \dfrac{3a^2 q}{4\pi\epsilon_0 x^4}$

[11] 閉曲面内の電荷は q_1+q_2 であるから $\displaystyle\oint \boldsymbol{E}\cdot\mathrm{d}\boldsymbol{S} = \dfrac{q_1+q_2}{\epsilon_0}$

[12] $\displaystyle\int \boldsymbol{E}\cdot\mathrm{d}\boldsymbol{S} = \dfrac{q}{6\epsilon_0}$

[13] (1) $Q(r) = \displaystyle\int_a^r \rho(r)\,4\pi r^2\,\mathrm{d}r = 4\pi k\int_a^r r\mathrm{d}r = 2\pi k\,(r^2-a^2)$

(2) $E(r) = \dfrac{q+Q(r)}{4\pi\epsilon_0 r^2} = \dfrac{1}{4\pi\epsilon_0}\left(\dfrac{q}{r^2} + 2\pi k - \dfrac{2\pi k a^2}{r^2}\right)$

(3) $q = 2\pi k a^2$ であればよい． $k = q/2\pi a^2$

[14] (1) $4\pi E(r) = \dfrac{1}{\epsilon_0}\left(\dfrac{4}{3}\pi r^3\rho\right)$ より $E(r) = \dfrac{\rho}{3\epsilon_0}r$

(2) 中空部分の中心を支点とする位置ベクトルを $\boldsymbol{r}'$ とすると

$\boldsymbol{E} = \dfrac{\rho}{3\epsilon_0}(\boldsymbol{r}-\boldsymbol{r}') = \dfrac{\rho}{3\mathrm{e}_0}\boldsymbol{r}_0$，ただし $\boldsymbol{r}_0$ は球の中心を始点とする，中空球の中心の位置ベクトルである．中空球内の電場は一様であることがわかる．

[15] $E(r) = \dfrac{1}{4\pi\epsilon_0 r^2}\displaystyle\int_0^r \rho_0 \mathrm{e}^{-kr}4\pi r^2\,\mathrm{d}r = \dfrac{\rho_0}{\epsilon_0 k^3 r^2}\{2 - \mathrm{e}^{-kr}(k^2r^2+2kr+2)\}$

[16] (1) $E(r) = -\dfrac{\mathrm{d}\phi}{\mathrm{d}r} = \dfrac{q}{4\pi\epsilon_0}\left(\dfrac{k}{r} + \dfrac{1}{r^2}\right)\mathrm{e}^{-kr}$

(2) $\epsilon_0 E(r)\,4\pi r^2 = q(1+kr)\mathrm{e}^{-kr}$

(3) $r \to 0$ のとき $4\pi\epsilon_0 r^2 E(r) \to q$ なので原点に点電荷 q がある．

$r > 0$ においては $\epsilon_0 E(r)\,4\pi r^2 = q + \displaystyle\int_0^r \rho(r)\,4\pi r^2\,\mathrm{d}r$ の両辺を r で微分して $\rho(r) = -\dfrac{q}{4\pi}\dfrac{k^2\mathrm{e}^{-kr}}{r}$．なお空間の全電荷は $q + \displaystyle\int_0^r \rho(r)\,4\pi r^2\,\mathrm{d}r = q(1+kr)\mathrm{e}^{-kr}$，$r \to \infty$ のとき 0 である．

2 章

[1] 半径 R の球の表面の電場を E とする．電荷 $Q=4\pi\epsilon_0 R^2 E=3.3\times10^{-6}\,\mathrm{C}$，電気容量 $C=4\pi\epsilon_0 R=1.1\times10^{-11}\,\mathrm{F}$，電位 $\phi=Q/C=3.0\times10^5\,\mathrm{V}$

[2] コンデンサーの容量 $C=4\pi\epsilon_0 R=2.78\times10^{-11}\,\mathrm{F}$ $(R=0.25\,\mathrm{m})$，電位 $\phi=1.5\times10^4\,\mathrm{V}$，電荷 $Q=C\phi=4.2\times10^{-7}\,\mathrm{C}$

[3] (1) ガウスの法則を使うと中心から距離 r の点における電場は $E(r)=\dfrac{Q_1}{4\pi\epsilon_0 r^2}$ $(a<r<b)$，$E(r)=\dfrac{Q_1+Q_2}{4\pi\epsilon_0 r^2}$ $(r>c)$ である．したがって

$$\phi_2=\int_c^\infty \frac{Q_1+Q_2}{4\pi\epsilon_0 r^2}\,\mathrm{d}r=\frac{Q_1+Q_2}{4\pi\epsilon_0 c}$$
$$\phi_1=\int_a^b \frac{Q_1}{4\pi\epsilon_0 r^2}\,\mathrm{d}r+\phi_2=\frac{Q_1}{4\pi\epsilon_0}\left(\frac{1}{a}-\frac{1}{b}\right)+\frac{Q_1+Q_2}{4\pi\epsilon_0 c}$$

(2) Q_1，Q_2 を ϕ_1，ϕ_2 で表すと $Q_1=\dfrac{4\pi\epsilon_0 ab}{b-a}(\phi_1-\phi_2)$，$Q_2=-\dfrac{4\pi\epsilon_0 ab}{b-a}\phi_1+4\pi\epsilon_0\left(\dfrac{ab}{b-a}+c\right)\phi_2$，以上から容量係数は $C_{11}=\dfrac{4\pi\epsilon_0 ab}{b-a}$，$C_{12}=C_{21}=\dfrac{4\pi\epsilon_0 ab}{b-a}$，$C_{22}=4\pi\epsilon_0\left(\dfrac{ab}{b-a}+c\right)$

(3) $Q_1=Q$，$Q_2=-Q$ とすれば $\phi=\phi_1-\phi_2=\dfrac{b-a}{4\pi\epsilon_0 ab}Q$，したがって電気容量は $C=\dfrac{Q}{\phi}=\dfrac{4\pi\epsilon_0 ab}{b-a}$

[4] (1) 直列につないだコンデンサーの合成した電気容量を C とすると，$\dfrac{1}{C}=\dfrac{1}{C_1}+\dfrac{1}{C_2}$，$C=\dfrac{C_1C_2}{C_1+C_2}$．電気容量 C，電位差 $\phi=\phi_1+\phi_2$ のコンデンサーを導線でつないだとき，流れる電荷は $Q=C\phi=\dfrac{C_1C_2}{C_1+C_2}(\phi_1+\phi_2)$

(2) $Q_1=C_1\phi_1$，$Q_2=C_2\phi_2$ とする．蓄えられている電荷は

コンデンサー 1：$Q_1-Q=C_1\phi_1-C\phi=-\dfrac{C_1}{C_1+C_2}(Q_2-Q_1)$

コンデンサー 2：$Q_2-Q=C_2\phi_2-C\phi=\dfrac{C_2}{C_1+C_2}(Q_2-Q_1)$

(3) 電位差はそれぞれ $-\dfrac{Q_2-Q_1}{C_1+C_2}$，$\dfrac{Q_2-Q_1}{C_1+C_2}$ である．

[5] (1) $u_1=\dfrac{q^2}{4\pi\epsilon_0 a}$, (2) $u_2=\dfrac{q^2}{4\pi\epsilon_0 a}\left(1+\dfrac{\sqrt{2}}{2}\right)$, (3) $u_3=\dfrac{q^2}{4\pi\epsilon_0 a}\left(2+\dfrac{\sqrt{2}}{2}\right)$

[6] 球の表面の電位 $\phi=\dfrac{Q}{4\pi\epsilon_0 a}$，静電エネルギー $U=\dfrac{1}{2}Q\phi=\dfrac{Q^2}{8\pi\epsilon_0 a}$，したがって $m=U/c^2=4.55\times10^{-31}\,\mathrm{kg}$．なお古典電子半径は $\dfrac{e^2}{4\pi\epsilon_0 mc^2}$ と定義される．上で求めた質量は電子の質量の 1/2 である．

[**7**] (1) ポアソンの方程式 $\dfrac{\mathrm{d}^2\phi}{\mathrm{d}x^2} = -\dfrac{\rho_0}{\epsilon_0}$，境界条件 $\phi(0) = \phi_1$，$\phi(d) = \phi_2$ より

$$\phi(x) = -\frac{\rho_0}{2\epsilon_0}x^2 + \left(\frac{\rho_0 d}{2\epsilon_0} + \frac{\phi_2 - \phi_1}{d}\right)x + \phi_1$$

(2) $E_1 = -\dfrac{\rho_0 d}{2\epsilon_0} - \dfrac{\phi_2 - \phi_1}{d}$，$E_2 = \dfrac{\rho_0 d}{2\epsilon_0} - \dfrac{\phi_2 - \phi_1}{d}$

(3) $\sigma_1 = \epsilon_0 E_1$，$\sigma_2 = -\epsilon_0 E_2$ (符号に注意)

[**8**] 鏡像電荷を考えて B 地点の電場を求める．方向は地面に垂直下向き，大きさは $E = \dfrac{2Q}{4\pi\epsilon_0}\left\{\dfrac{h_1}{(d^2 + h_1^2)^{3/2}} - \dfrac{h_2}{(d^2 + h_2^2)^{3/2}}\right\} \cong 26\,\mathrm{V/m}$

[**9**] 導線からの距離 r，鏡像の位置の導線 (単位長さ当たりの電荷 $-\sigma$) からの距離 r' の点における電位 $\phi = \dfrac{\sigma}{2\pi\epsilon_0}\log\dfrac{r'}{r}$，導線の電位は $r' = 2h$，$r = a$ と取って $\phi = \dfrac{\sigma}{2\pi\epsilon_0}\log\dfrac{2h}{a}$，電気容量 $C = \dfrac{2\pi\epsilon_0}{\log(2h/a)}$，数値計算して $C = 1.85 \times 10^{-11}\,\mathrm{F}$

[**10**] $(-a, a)$，$(a, -a)$ の位置の $-q$，$(-a, -a)$ の位置の $+q$ との間に働く力を計算する．力は原点 (0,0) の方向，大きさ $\dfrac{q^2}{16\pi\epsilon_0 a^2}\left(\sqrt{2} + \dfrac{1}{2}\right)$

[**11**] 円筒の中心軸から距離 $l = a^2/d$ の位置に，線電荷密度 $-\sigma$ の導線を置くと，2 本の導線の電荷による円筒内面位置の電位は一定である．電位 0 の点を図の Q 点に取って，各導線から r_1，r_2 の円筒内の点における電位は

$$\phi = \frac{\sigma}{2\pi\epsilon_0}\left(\log\frac{r_2}{l-a} - \log\frac{r_1}{a-d}\right) = \frac{\sigma}{2\pi\epsilon_0}\log\frac{dr_2}{ar_1}$$

円筒内面においては $r_1/r_2 = d/a$ が成り立つので $\phi = 0$ である．

[**12**] 球の中心から $d = a^2/l$ の位置の電荷 $q' = -aq/l$ との間に作用する力に等しい．力の大きさは $F = \dfrac{|qq'|}{4\pi\epsilon_0(l-d)^2} = \dfrac{q^2}{4\pi\epsilon_0}\dfrac{al}{(l^2 - a^2)^2}$

球の電位が ϕ_0 の場合，球の中心に点電荷 $q'' = 4\pi\epsilon_0 a\phi_0$ を置いて $F = \dfrac{q^2}{4\pi\epsilon_0}\dfrac{al}{(l^2 - a^2)^2} - \dfrac{aq\phi_0}{d^2}$ (球の中心に向かう方向を正とする)

3 章

[**1**] 14.4 時間

[**2**] $12\,\mathrm{V} \times 80\,\mathrm{A} \times 3600\,\mathrm{s} = 3.46 \times 10^6\,\mathrm{J}$

[**3**] (1) $i = 0.1\,\mathrm{A}/\pi(2.5 \times 10^{-4}\,\mathrm{m})^2 = 5.09 \times 10^5\,\mathrm{A/m^2}$

(2) $E = \rho i = 1.56 \times 10^{-8}\,\Omega\cdot\mathrm{m} \times 5.09 \times 10^5\mathrm{A/m^2} = 7.94 \times 10^{-3}\,\mathrm{V/m}$

(3) ドリフト速度 $v = i/ne$ (n: 単位体積当たりの伝導電子の数)

$$n = \frac{8.93\,\mathrm{g/cm^3}}{63.5\,\mathrm{g/mol}} \times 6.02 \times 10^{23}/\mathrm{mol} = 8.47 \times 10^{28}\,\mathrm{m^{-3}}$$

$e = 1.60 \times 10^{-19}\,\mathrm{C}$ を代入して $v = 3.76 \times 10^{-5}\,\mathrm{m/s}$

[4] 1 回転するとき，球面上の電荷 $4\pi a^2 \sigma$ が回転軸を含む半平面を通過する．電流 $I = 4\pi a^2 \sigma \times (\omega/2\pi) = 2a^2 \sigma\omega$

[5] (1) 電流 $I = \dfrac{\phi_0}{R+r}$，電力 $P = \left(\dfrac{\phi_0}{R+r}\right)^2 R$

P が最大のとき，$R = r$, $P_{\max} = \phi_0^2/4r$，$\phi_R = \phi_0/2$

(2) 抵抗 R を流れる電流 $I = \dfrac{\phi_0}{R+r/n}$，電力 $P = \left(\dfrac{\phi_0}{R+r/n}\right)^2 R$

P が最大のとき，$R = r/n$, $P_{\max} = n\phi_0^2/4r$，$\phi_R = \phi_0/2$

[6] 例えば R_1 を ↙ の方向に流れる電流を I_1，R_3 を ↘ の方向に流れる電流を I_3，r を → の方向に流れる電流を I とすると

$R_1 I_1 + R_2(I_1 - I) = \phi$，$R_3 I_3 + R_x(I_3 + I) = \phi$，$R_1 I_1 + Ir - R_3 I_3 = 0$

この連立方程式を解いて I を得る．

[7] $R = r + \dfrac{1}{1/6r + 1/R}$，正の根を取って $R = 3r$

[8] 同心球殻のコンデンサーを考えると，球殻の電荷を $\pm Q$ とすると電位差 $\phi = \dfrac{Q}{4\pi\epsilon_0}\left(\dfrac{1}{b} - \dfrac{1}{a}\right)$，電気容量 $C = \dfrac{Q}{\phi} = 4\pi\epsilon_0 \dfrac{ab}{a-b}$

ϵ_0 を σ に，C を $1/R$ に置き換えて $R = \dfrac{1}{4\pi\sigma}\dfrac{a-b}{ab}$

[9] 同様に電気容量から抵抗 R を求める．単位長さ当たりの電荷を $\pm q$ とすると導線間の電位差 $\phi = \dfrac{q}{\pi\epsilon_0}\log\dfrac{d}{a}$，単位長さ当たりの電気容量 $C = \dfrac{\pi\epsilon_0}{\log(d/a)}$，求める抵抗 $R = \dfrac{1}{\pi\sigma}\log\dfrac{d}{a}$

4 章

[1] $F = \dfrac{4\pi \times 10^{-7}\mathrm{N/A^2} \times (100\,\mathrm{A})^2}{2\pi \times 0.1\,\mathrm{m}} = 2 \times 10^{-2}\,\mathrm{N/m}$

[2] 両側の長さ b の辺に作用する力は打ち消す．作用する力は，直線電流の方向，大きさ $F = \dfrac{\mu_0 I_1 I_2\, l}{2\pi}\left(\dfrac{1}{a} - \dfrac{1}{a+b}\right) = \dfrac{\mu_0 I_1 I_2 b\, l}{2\pi a(a+b)}$

数値計算の結果 $F = 3.2 \times 10^{-3}\,\mathrm{N}$

[3] 磁気的な力は $qq' > 0$ とすると，q' には $+x$ 方向，q には $+y$ 方向，大きさ $F_{\mathrm{b}} = \dfrac{\mu_0 qq' v^2}{4\sqrt{2}\,\pi r^2}$ (r は q, q' 間の距離)，電気的な力の大きさ $F_{\mathrm{e}} = \dfrac{qq'}{4\pi\epsilon_0 r^2}$，

力の比 $\dfrac{F_{\mathrm{b}}}{F_{\mathrm{e}}} = \dfrac{\epsilon_0\mu_0 v^2}{\sqrt{2}} = \dfrac{v^2}{\sqrt{2}\,c^2}$ $\left(\epsilon_0\mu_0 = \dfrac{1}{c^2}\text{ である}\right)$

[4] 直線部分の寄与はない．$B = \dfrac{\mu_0 I}{4\pi}\dfrac{\pi a}{a^2} = \dfrac{\mu_0 I}{4a}$ (紙面下向き)

[5] 直線部分の寄与はない．$B = \dfrac{\mu_0 I\theta}{4\pi}\left(\dfrac{1}{b} - \dfrac{1}{a}\right)$ (紙面下向き)

[6] 直線部分と半円部分の寄与を合わせて $B = \dfrac{\mu_0 I}{4\pi a}(2+\pi)$

[7] (1) 線電流に沿って z 軸を取り，$z = -L/2 \sim L/2$ の部分を考える．$z = -R/\tan\theta$，$L/2 = R/\tan\theta_0$ とすると

$$B = \frac{\mu_0 I}{4\pi}\int_{-L/2}^{L/2}\frac{\sin\theta\,\mathrm{d}z}{z^2+R^2} = \frac{\mu_0 I}{4\pi R}\int_{-\theta_0}^{\theta_0}\sin\theta\,\mathrm{d}\theta$$
$$= \frac{\mu_0 I}{2\pi R}\cos\theta_0 = \frac{\mu_0 I}{2\pi R}\frac{L/2}{\sqrt{(L/2)^2+R^2}} = \frac{\mu_0 I}{2\pi R}\frac{L}{\sqrt{L^2+4R^2}}$$

(2) 辺 a と辺 b の寄与の 2 倍

$$B = 2\times\left\{\frac{\mu_0 I}{2\pi\,(a/2)}\frac{b}{\sqrt{b^2+a^2}} + \frac{\mu_0 I}{2\pi\,(b/2)}\frac{a}{\sqrt{a^2+b^2}}\right\}$$
$$= \frac{2\mu_0 I}{\pi}\frac{\sqrt{a^2+b^2}}{ab}$$

(3) $R = \sqrt{x^2+(a/2)^2}$ とすると 1 つの辺がつくる磁場の大きさは $B_1 = \dfrac{\mu_0 I}{2\pi R}\dfrac{a}{\sqrt{a^2+4R^2}}$，面に平行な成分は打ち消すので垂直成分を 4 倍して

$$B(x) = 4B_1\frac{a/2}{R} = \frac{4\mu_0 I a^2}{\pi(a^2+4x^2)\sqrt{2a^2+4x^2}}$$

[8] 円電流の中心軸上の磁場は $B = \dfrac{\mu_0 I a^2}{2(a^2+z^2)^{3/2}}$ であることを利用して，角度 θ を $\tan\theta = a/(z_0-z)$ と定義すると

$$B = \frac{\mu_0 n I}{2}\int_0^L \frac{a^2\,\mathrm{d}z}{\{a^2+(z_0-z)^2\}^{3/2}} = \frac{\mu_0 n I}{2}\int_{\alpha_1}^{\pi-\alpha_2}\sin\theta\,\mathrm{d}\theta$$
$$= \frac{\mu_0 n I}{2}\{\cos\alpha_1 - \cos(\pi-\alpha_2)\} = \frac{\mu_0 n I}{2}(\cos\alpha_1+\cos\alpha_2)$$

[9] (1) $\oint \boldsymbol{B}\cdot\mathrm{d}\boldsymbol{s} = -2\mu_0 I$ (2) $\oint \boldsymbol{B}\cdot\mathrm{d}\boldsymbol{s} = 2\mu_0 I$

[10] $0 \leqq r \leqq c$ では $2\pi r B = \mu_0\dfrac{r^2 I}{c^2}$，$B = \dfrac{\mu_0 I r}{2\pi c^2}$

$c \leqq r \leqq b$ では $2\pi r B = \mu_0 I$，$B = \dfrac{\mu_0 I}{2\pi r}$

$b \leqq r \leqq a$ では $2\pi r B = \mu_0 I\left(1 - \dfrac{r^2-b^2}{a^2-b^2}\right)$，$B = \dfrac{\mu_0 I}{2\pi r}\dfrac{a^2-r^2}{a^2-b^2}$

$r > a$ では $B = 0$

[11] (1) $r < a$ では $B = \dfrac{\mu_0 i r}{2}$，$r \geqq a$ では $B = \dfrac{\mu_0 i a^2}{2r}$

$r < a$: $B_x = -B\dfrac{y}{r} = -\dfrac{\mu_0 i y}{2}$，$B_y = B\dfrac{x}{r} = \dfrac{\mu_0 i x}{2}$，$B_z = 0$

$r \geqq a$: $B_x = -B\dfrac{y}{r} = -\dfrac{\mu_0 i a^2 y}{2r^2}$，$B_y = B\dfrac{x}{r} = \dfrac{\mu_0 i a^2 x}{2r^2}$，$B_z = 0$

(2) $r=\sqrt{x^2+y^2}$，$\dfrac{\partial r}{\partial x}=\dfrac{x}{r}$，$\dfrac{\partial r}{\partial y}=\dfrac{y}{r}$ の関係に注意.

[12] 電流密度 $\boldsymbol{i}=\dfrac{I}{\pi(a^2-b^2)}$ を使って，空洞がないときの位置ベクトル $\boldsymbol{r}$ の磁束密度 $\boldsymbol{B}_1=\dfrac{\mu_0}{2}\boldsymbol{i}\times\boldsymbol{r}$，空洞の中心 $\boldsymbol{r}_0$ を始点とする空洞内の位置ベクトルを $\boldsymbol{r}'$ とする．逆方向に流れる電流による磁束密度 $\boldsymbol{B}_2=-\dfrac{\mu_0}{2}\boldsymbol{i}\times\boldsymbol{r}'$，両者の和を取って $\boldsymbol{B}=\boldsymbol{B}_1+\boldsymbol{B}_2=\dfrac{\mu_0}{2}\boldsymbol{i}\times\boldsymbol{r}_0$

[13] (1)，(2) とも $B_x=0$，$B_y=0$，$B_z=B$

[14] 回転軸と角度 $\theta\sim\theta+\mathrm{d}\theta$ をなす環状部分の電流と磁気モーメントは

$\mathrm{d}I=\sigma\,(\omega a\sin\theta)\,(a\,\mathrm{d}\theta)$，$\mathrm{d}m=\pi(a\sin\theta)^2\mathrm{d}I$

$m=\pi\sigma\omega a^4\displaystyle\int_0^{\pi}\sin^3\theta\,\mathrm{d}\theta=\frac{4\pi}{3}\sigma\omega a^4$

5 章

[1] (1) $\sigma_1=-P\cos 30^\circ$，$\sigma_2=P$，$\sigma_3=0$

(2) $\sigma(\theta)=P\cos\theta$

[2] 空洞内の電場と表面の法線方向のなす角度を θ_0 とする．$\boldsymbol{D}$ の法線成分の連続条件 $\epsilon E\cos\theta=\epsilon_0E_0\cos\theta_0$，$\boldsymbol{E}$ の接線成分の連続条件 $E\sin\theta=E_0\sin\theta_0$，以上から $E_0=E\sqrt{\sin^2\theta+(\epsilon/\epsilon_0)^2\cos^2\theta}$

[3] (1) $E=\dfrac{q}{4\pi\epsilon_0r^2}$

(2) r，a の大小関係に関係なく $D=\dfrac{q}{4\pi r^2}$，$r>a$ では $E=\dfrac{q}{4\pi\epsilon r^2}$

(3) $r>a$ で $P=\dfrac{q}{4\pi r^2}\left(1-\dfrac{\epsilon_0}{\epsilon}\right)$ なので $\sigma=-\dfrac{q}{4\pi r^2}\left(1-\dfrac{\epsilon_0}{\epsilon}\right)$

[4] 内側導体表面における真電荷の面密度を σ とする．誘電体内において $D(r)=\dfrac{\sigma a}{r}$，$E(r)=\dfrac{\sigma a}{\epsilon r}$，電位差 $\phi=\dfrac{\sigma a}{\epsilon}\log\dfrac{b}{a}$，分極 $P(r)=\dfrac{\sigma a}{r}\left(1-\dfrac{\epsilon_0}{\epsilon}\right)$，分極電荷密度 $\rho=-\mathrm{div}\boldsymbol{P}=-\dfrac{1}{r}\dfrac{\mathrm{d}}{\mathrm{d}r}(rP)=0$，内側表面の分極電荷密度 $\sigma_1=-\sigma\left(1-\dfrac{\epsilon_0}{\epsilon}\right)$，外側表面 $\sigma_2=\dfrac{\sigma a}{b}\left(1-\dfrac{\epsilon_0}{\epsilon}\right)$

[5] (1) $D_1=D_2=\dfrac{Q}{S}$，$E_1=\dfrac{Q}{\epsilon_1S}$，$E_2=\dfrac{Q}{\epsilon_2S}$，

電位差 $\phi=d_1E_1+d_2E_2$，電気容量 $C=\dfrac{Q}{\phi}=\dfrac{S}{d_1/\epsilon_1+d_2/\epsilon_2}$

(2) $E_1=E_2=\dfrac{\phi}{d}$，$\sigma_1=D_1=\epsilon_1E_1$，$\sigma_2=D_2=\epsilon_2E_2$，

$Q=\sigma_1S_1+\sigma_2S_2$，$C=\dfrac{Q}{\phi}=\dfrac{\epsilon_1S_1}{d}+\dfrac{\epsilon_2S_2}{d}$

[6] (1) 電気容量 $C=\dfrac{\epsilon S}{x}$，静電エネルギー $U=\dfrac{Q^2}{2C}$，

$F = -\dfrac{\mathrm{d}U}{\mathrm{d}x} = -\dfrac{Q^2}{2\epsilon S} = -\dfrac{1}{2}\epsilon E^2 S$ ($F < 0$ は，極板間に引力が作用していることを意味する)

(2) 電気容量 $C = \dfrac{\epsilon S}{x}$，静電エネルギー $U = \dfrac{1}{2}C\phi^2$，

$F = \dfrac{\mathrm{d}U}{\mathrm{d}x} = -\dfrac{\epsilon S\phi^2}{2x^2} = -\dfrac{1}{2}\epsilon E^2 S$ (力は (1) の場合と同じである)

[7] 電気容量 $C = \dfrac{\epsilon}{d}\dfrac{x}{l}S + \dfrac{\epsilon_0}{d}\dfrac{l-x}{l}S$，静電エネルギー $U = \dfrac{1}{2}C\phi^2$

$F = \dfrac{\mathrm{d}U}{\mathrm{d}x} = \dfrac{\phi^2}{2}\dfrac{\mathrm{d}C}{\mathrm{d}x} = \dfrac{(\epsilon - \epsilon_0)S\phi^2}{2dl}$

$F > 0$ は，誘電体板はコンデンサーに引き込まれる力を受けることを意味する．

6 章

[1] 電子の角速度を ω_0 とする．磁場をかけたときの角運動量の変化を $\Delta\omega$ とすると $ma(\omega_0 + \Delta\omega)^2 = ma\omega_0^2 + e(a\omega_0)B$ (向心力が増す方向の磁場の場合)，$\Delta\omega = eB/2m$，電流の変化 $\Delta I = e\Delta\omega/2\pi = e^2B/4\pi m$，$\Delta p = \pi a^2 \Delta I = a^2e^2B/4m$，磁気モーメントの変化は磁場と逆方向なので $\boldsymbol{\Delta p} = -\dfrac{a^2e^2}{4m}\boldsymbol{B}$ である．向心力を減らす方向に磁場をかけた場合も磁気モーメントの変化は磁場と逆向き．

[2] 磁化電流は円柱の側面を取り巻くように流れ，その大きさは軸方向の単位長さあたり M であるから，ソレノイドと同様に考えて $B = \mu_0 M$ である．

[3] 外側側面の磁化電流 Mt，内側側面の磁化電流 Mt，電流の向きは逆向きなので $B = \dfrac{\mu_0 Mt}{2}\left\{\dfrac{b^2}{(d^2+b^2)^{3/2}} - \dfrac{a^2}{(d^2+a^2)^{3/2}}\right\}$

[4] (1) $B = B_0$, $B = \mu H$, $B_0 = \mu_0 H_0$, $NI = (2\pi R - d)H + dH_0$ から

$H = \dfrac{\mu_0 NI}{d(\mu - \mu_0) + 2\pi R\mu_0}$，$H_0 = \dfrac{\mu NI}{d(\mu - \mu_0) + 2\pi R\mu_0}$，

$B = B_0 = \dfrac{\mu\mu_0 NI}{d(\mu - \mu_0) + 2\pi R\mu_0}$，

$M = \dfrac{B}{\mu_0} - H = \dfrac{(\mu - \mu_0)NI}{d(\mu - \mu_0) + 2\pi R\mu_0}$

(2) $B_0 = 0.92\,\mathrm{T}$，$H_0 = 7.3 \times 10^5\,\mathrm{A/m}$

空心の場合 (磁束が漏れないとして) $B_0 = 1.0 \times 10^{-3}\,\mathrm{T}$ なので約 920 倍の違いがある．

7 章

[1] 翼に生じる電場の強さは $E = vB = 1.0 \times 10^{-2}\,\mathrm{V/m}$，電位差 $0.60\,\mathrm{V}$

[2] 誘導起電力 $V_{\mathrm{em}} = -\dfrac{\mathrm{d}\Phi}{\mathrm{d}t}$，磁束 $\Phi = \dfrac{1}{2}\pi a^2 B\cos(2\pi\nu t)$，周波数 ν，振幅 $\pi^2 a^2 B\nu$

[3] 窓を開ける前後での枠を貫く磁束変化 $\Delta\Phi = BS = 3\times 10^{-5}\,\mathrm{Wb}$，枠を流れる電流 $I = \dfrac{1}{R}\left|\dfrac{\mathrm{d}\Phi}{\mathrm{d}t}\right|$，電気量 $Q = \dfrac{\Delta\Phi}{R} = 6\times 10^{-2}\,\mathrm{C}$

[4] (1) 誘導起電力 (絶対値) $\phi = \left|\dfrac{\mathrm{d}\Phi}{\mathrm{d}t}\right|$ を計算して

$$\phi = v\int_a^{a+b} B(x)\,\mathrm{d}x = \frac{\mu_0 I}{2\pi}v\int_a^{a+b}\frac{\mathrm{d}x}{x} = \frac{\mu_0 I v}{2\pi}\log\frac{a+b}{a}$$

(2) 誘導電流 $I_{\mathrm{em}} = \dfrac{\phi}{R}$，$F = I_{\mathrm{em}}\displaystyle\int_a^{a+b} B(x)\,\mathrm{d}x = \dfrac{\phi^2}{vR}$

(3) 力学的な仕事率 Fv と抵抗で消費される電力 ϕ^2/R は等しい．

[5] 誘導起電力 $\phi = Blv$，金属棒を流れる誘導電流 $I = Blv/R$ の向き ←，金属棒が受ける上向きの力 $F = IBl$ が重力 mg に等しくなる速度 $v_0 = mgR/B^2l^2$，数値計算の結果 $v_0 = 9.8\times 10^{-3}\,\mathrm{m/s}$

[6] ソレノイド内の磁束密度 $B = \mu_0 n I_0 \sin(\omega t)$,

$$E(t) = -\frac{1}{2\pi r}\cdot\pi a^2\frac{\mathrm{d}B}{\mathrm{d}t} = -\frac{a^2}{2r}\mu_0\omega n I_0\cos(\omega t)\quad (r > a)$$
$$E(t) = -\frac{1}{2\pi r}\cdot\pi r^2\frac{\mathrm{d}B}{\mathrm{d}t} = -\frac{r}{2}\mu_0\omega n I_0\cos(\omega t)\quad (r < a)$$

磁束密度の方向に右ねじを進めるときの回転の向きのとき $E > 0$

[7] (1) $B = \mu_0 I/l$

(2) 磁気的エネルギー $\dfrac{1}{2}LI^2 = \pi a^2 l\cdot\dfrac{B}{2\mu_0}$ より $L = \dfrac{\pi\mu_0 a^2}{l}$

[8] $a < r < b$ における磁場 $B(r) = \mu_0 I/2\pi r$

(1) $LI = \displaystyle\int_a^b B(r)\,l\,\mathrm{d}r = \dfrac{\mu_0 I l}{2\pi}\log\dfrac{b}{a}$，$L = \dfrac{\mu_0 l}{2\pi}\log\dfrac{b}{a}$

(2) $\dfrac{1}{2}LI^2 = \dfrac{1}{2\mu_0}\displaystyle\int_a^b B^2(r)\,2\pi r l\,\mathrm{d}r = \dfrac{\mu_0 I^2 l}{4\pi}\log\dfrac{b}{a}$，同じ結果を得る．

[9] 各コイルの巻き数を N_1，N_2，磁気回路の磁気抵抗を R_{m} とする．コイル 1 に電流 I_1 を流すときに磁気回路の断面に生じる磁束は $\Phi = \dfrac{N_1 I_1}{R_{\mathrm{m}}}$ であるから，磁束の漏洩がなければコイル 1 を貫く磁束は $\Phi_1 = N_1\Phi = \dfrac{{N_1}^2}{R_{\mathrm{m}}}I_1$，コイル 2 を貫く磁束は $\Phi_2 = N_2\Phi = \dfrac{N_1 N_2}{R_{\mathrm{m}}}I_1$，したがって $L_1 = \dfrac{\Phi_1}{I_1} = \dfrac{{N_1}^2}{R_{\mathrm{m}}}$，$M = \dfrac{\Phi_2}{I_1} = \dfrac{N_1 N_2}{R_{\mathrm{m}}}$ である．同様に，コイル 2 に電流 I_2 を流す場合を考え

て，$L_2 = \dfrac{N_2{}^2}{R_\mathrm{m}}$ である．以上から $M = \sqrt{L_1 L_2}$ を得る．

[10] 内側コイルによる磁束密度 $B_1 = \mu_0 n_1 I_1$，外側コイルを貫く磁束 $\Phi_2 = B_1 S_1 n_2 l_2$，$\Phi_2 = M I_1$ より $M = \mu_0 n_1 n_2 l_2 S_1$

[11] 直線電流 I によって円形導線内に生じる磁束密度 (円の中心を極座標の原点と取る) $B(r,\theta) = \dfrac{\mu_0 I}{2\pi(x + r\cos\theta)}$，
円形導線を貫く磁束 $\Phi = 2\displaystyle\int_0^a \mathrm{d}r \int_0^\pi B(r)\,\mathrm{d}\theta = \mu_0 I\,(x - \sqrt{x^2 - a^2})$，$\Phi = MI$ より $M = \mu_0(x - \sqrt{x^2 - a^2})$

[12] $R = 40\,\Omega$，$\sqrt{R^2 + (\omega L)^2} = 50\,\Omega$，$L = 30\,\Omega/(2\pi \cdot 50\,\mathrm{s}^{-1}) = 0.0955\,\mathrm{H}$，
$\cos\theta = 4/5$，$\phi_\mathrm{e} = 100\,\mathrm{V}$，$I_\mathrm{e} = 2\,\mathrm{A}$，$\phi_\mathrm{e} I_\mathrm{e} \cos\theta = I_\mathrm{e}{}^2 R$ が成り立つ．

[13] (1) 複素インピーダンス $Z = R + iR$，$I(t) = \dfrac{\phi_0}{\sqrt{2}\,R}\cos\left(\omega t - \dfrac{\pi}{4}\right)$

(2) $\phi_R(t) = RI(t)$，$\phi_L(t) = \sqrt{2}\,\phi_0 \cos\left(\omega t + \dfrac{\pi}{4}\right)$ なおコイルの起電力 $-L\mathrm{d}I/\mathrm{d}t = -\phi_L(t)$ と混同しないこと．
$\phi_C(t) = \dfrac{\phi_0}{\sqrt{2}}\cos\left(\omega t - \dfrac{3\pi}{4}\right)$

(3) 電流の実効値 $I_\mathrm{e} = \phi_0/2R$

(4) 抵抗で消費される電力 $I_\mathrm{e}^2 R = \phi_0^2/4R$ に等しい．

8章

[1] (1) m　(2) Wb　(3) W　(4) F　(5) Ω　(6) W　(7) s

[2] 電場のある空間に生じる電位差は高感度で簡単に測定可能であるが，磁場には対応する測定可能な物理量が存在しない．

[3] (1) 極板間の電束密度は一様であるとして $I_\mathrm{d} = \dfrac{\mathrm{d}D}{\mathrm{d}t}S$，および $DS = \sigma S = Q = C\phi$ (σ: 極板の面電荷密度)

(2) 交流電圧の振幅を ϕ_0，周波数を ν とする．$\left(\dfrac{\mathrm{d}\phi}{\mathrm{d}t}\right)_\mathrm{max} = 2\pi\nu\phi_0 = 1 \times 10^6\,\mathrm{V/s}$ より $\phi_0 = 3180\,\mathrm{V}$ ($\nu = 50\,\mathrm{Hz}$)，$0.16\,\mathrm{V}$ ($\nu = 1\,\mathrm{MHz}$)

[4] 交流電圧を $\phi(t) = \phi_0 \sin(2\pi\nu t)$ と表す．電極間の電束密度 $D(t) = \epsilon_0 \dfrac{\phi(t)}{d}$ の時間微分係数の最大値は $\left(\dfrac{\mathrm{d}D}{\mathrm{d}t}\right)_\mathrm{m} = 2\pi\nu\epsilon_0 \dfrac{\phi_0}{d}$
$r < a$ の場合には $2\pi r B(r) = \pi r^2 \dfrac{\mathrm{d}D}{\mathrm{d}t}$ より $B_\mathrm{m} = \dfrac{\pi\epsilon_0\nu\phi_0}{d} r$
$r > a$ の場合には $2\pi r B(r) = \pi a^2 \dfrac{\mathrm{d}D}{\mathrm{d}t}$ より $B_\mathrm{m} = \dfrac{\pi\epsilon_0\nu\phi_0 a^2}{dr}$

[5] 時間平均したポインティングベクトルの大きさは $10^6\,\mathrm{W/m^2}$，
$E_0 = 2.7 \times 10^4\,\mathrm{V/m}$，$B_0 = E_0/c = 9 \times 10^{-5}\,\mathrm{T}$

[6] (1) $+x$ 方向

(2) $+z$ 方向

(3) $B_0 = E_0/c = 30\,\mathrm{V/m}/3 \times 10^8\,\mathrm{m/s} = 1 \times 10^{-7}\,\mathrm{T}$

(4) $(1/2)\epsilon_0 c E_0^2 = 1.20\,\mathrm{W/m^2}$

[7] (1) $0 < z < a$ において，真空中のマクスウェル方程式のうち $\mathrm{rot}\boldsymbol{E} = -\dfrac{\partial \boldsymbol{B}}{\partial t}$，$\mathrm{div}\boldsymbol{E} = 0$，$\mathrm{div}\boldsymbol{B} = 0$ は満たされている．$\mathrm{rot}\boldsymbol{B} = \epsilon_0\mu_0 \dfrac{\partial \boldsymbol{E}}{\partial t}$ を満たすために $k^2 + \left(\dfrac{\pi}{a}\right)^2 = \epsilon_0\mu_0\omega^2$ の関係が必要．

(2) 導体表面における電場の接線成分は 0，磁場の法線成分は 0 である．

(3) 導体表面 $z = 0$ において，電場の法線成分は 0 なので表面電荷密度は 0，磁場の接線成分は $B_y = B_0\cos(ky - \omega t)$ なので表面電流密度は $i_x = -(B_0/\mu_0)\cos(ky - \omega t)$

[8] 時間微分を計算する．

$$\frac{\partial}{\partial t}\big(\mathrm{div}\boldsymbol{D} - \rho\big) = \mathrm{div}\left(\frac{\partial \boldsymbol{D}}{\partial t}\right) - \frac{\partial \rho}{\partial t} = \mathrm{div}\big(\mathrm{rot}\boldsymbol{H} - \boldsymbol{i}\big) - \frac{\partial \rho}{\partial t}$$
$$= -\left(\mathrm{div}\,\boldsymbol{i} + \frac{\partial \rho}{\partial t}\right) = 0$$

ここで $\mathrm{rot}\boldsymbol{H} = \boldsymbol{i} + \dfrac{\partial \boldsymbol{D}}{\partial t}$，ベクトルの恒等式 $\mathrm{div}(\mathrm{rot}\boldsymbol{H})=0$，電荷保存則 (連続の式) $\mathrm{div}\,\boldsymbol{i} + \dfrac{\partial \rho}{\partial t}$ を使った．

$$\frac{\partial}{\partial t}\big(\mathrm{div}\boldsymbol{B}\big) = \mathrm{div}\left(\frac{\partial \boldsymbol{B}}{\partial t}\right) = -\mathrm{div}\big(\mathrm{rot}\boldsymbol{E}\big) = 0$$

ここで $\mathrm{rot}\boldsymbol{E} = -\dfrac{\partial \boldsymbol{B}}{\partial t}$，ベクトルの恒等式 $\mathrm{div}(\mathrm{rot}\boldsymbol{E})=0$ を使った．
以上からある時刻で成り立てば，常に成り立つことがわかる．

[9] $\chi = -\frac{1}{2}xy$ と取れば $\mathrm{grad}\,\chi = \left(-\frac{1}{2}By,\, -\frac{1}{2}Bx,\, 0\right)$ である．

[10] 等速円運動は直交する 2 つの単振動の重ね合わせとして表される．各単振動による双極子モーメントの振幅は $p_0 = qa$ であるから，時間平均した放射電力は $\langle P \rangle = \dfrac{p_0^2\omega^2}{6\pi\epsilon_0 c^3}$

索　引

ナ 行

ハ 行

マ　行

ヤ　行

ラ　行

ワ　行

欧 文

著者略歴

伊東敏雄（いとう としお）

1940年　東京都に生まれる
1968年　東京大学大学院工学系研究科博士課程修了
　　　　前電気通信大学教授
　　　　工学博士

朝倉物理学選書 2
電　磁　気　学　　　　定価はカバーに表示

2008年5月10日　初版第1刷
2020年3月25日　　　第2刷

著　者　伊　東　敏　雄
発行者　朝　倉　誠　造
発行所　株式会社　朝　倉　書　店

東京都新宿区新小川町6-29
郵便番号　162-8707
電　話　03(3260)0141
F A X　03(3260)0180
http://www.asakura.co.jp

〈検印省略〉

中央印刷・渡辺製本

ISBN 978-4-254-13757-6　C 3342　　Printed in Japan